实用化工产品配方与制备
（四）

李东光　主编

中国纺织出版社

内 容 提 要

本书收集了与国民经济和人民生活密切相关的、具有代表性的实用化学品以及一些具有非常良好发展前景的新型化学品,内容涉及防锈漆、通用胶黏剂、家用洗涤剂、磷化液、汽车用化学品、食品添加剂、水处理剂、防雾剂、化学燃料、电镀化学镀液等方面,以满足不同领域和层面使用者的需要。本书可作为有关新产品开发人员的参考读物。

图书在版编目(CIP)数据

实用化工产品配方与制备 .4/李东光主编 . —北京:中国纺织出版社,2011.9

ISBN 978 - 7 - 5064 - 7733 - 8

Ⅰ.①实… Ⅱ.①李… Ⅲ.①化工产品—配方②化工产品—制备 Ⅳ.①TQ062②TQ072

中国版本图书馆 CIP 数据核字(2011)第 146075 号

策划编辑:朱萍萍　　责任编辑:赵东瑾　　责任校对:余静雯

责任设计:李　然　　责任印制:何　艳

中国纺织出版社出版发行

地址:北京东直门南大街6号　邮政编码:100027

邮购电话:010—64168110　传真:010—64168231

http://www. c-textilep. com

E-mail:faxing@c-textilep. com

三河市世纪兴源印刷有限公司印刷　三河市永成装订厂装订

各地新华书店经销

2011 年 9 月第 1 版第 1 次印刷

开本:880×1230　1/32　印张:11.75

字数:277 千字　定价:32.00 元

凡购本书,如有缺页、倒页、脱页,由本社图书营销中心调换

前　言

随着我国经济的高速发展,化学品与社会生活和生产的关系越来越密切。化学工业的发展在新技术的带动下形成了许多新的认识。人们对化学工业的认识更加全面、成熟,期待化学工业在高新技术的带动下加速发展,为人类进一步谋福。目前化学品的门类繁多,涉及面广,品种数不胜数。随着与其他行业和领域的交叉逐渐深入,化工产品不仅涉及与国计民生相关的工业、农业、商业、交通运输、医疗卫生、国防军事等领域,而且与人们的衣、食、住、行等日常生活也息息相关。

目前我国化工领域已开发出不少工艺简单、实用性强、应用面广的新产品、新技术,不仅促进了化学工业的发展,而且提高了经济效益和社会效益。随着生产的发展和人民生活水平的提高,对化工产品的数量、质量和品种提出了更高的要求,加上发展实用化工投资少、见效快,使国内许多化工企业都在努力寻找和发展化工新产品、新技术。

为了满足读者的需要,我们在中国纺织出版社的组织下编写了这套"实用化工产品配方与制备"丛书,书中着重收集了与国民经济和人民生活高度相关的、具有代表性的化学品配方以及一些具有非常良好发展前景的新型化学品配方,并兼顾各个领域和层面使用者的需要。与以往出版的同类书相比,本套丛书有如下特点:

一是,注重实用性,在每个产品中着重介绍配方、制作方法和特性,使读者据此试验时,能够掌握方法和产品的应用特性。

二是,所收录的配方大部分是批量小、投资小、能耗低、生产工艺简单,有些是通过混配即可制得的产品。

三是,注重配方的新颖性。

四是,所收录配方的原材料立足于国内。

因此,本书尤其适合于中小企业、乡镇企业及个体生产者开发新产品时选用。

本书的配方是按产品的用途进行分类的,读者可据此查找所需的配方。由于每个配方都有一定的合成条件和应用范围限制,所以在产品的制备过程中影响因素很多,尤其是需要温度、压力、时间控制的反应性产品(即非物理混合的产品),每个条件都很关键。再者,本书的编写参考了大量的有关资料和专利文献,我们没有也不可能对每个配方进行逐一验证,所以读者在参考本书进行试验时,应本着先小试后中试再放大的原则,小试产品合格后才能向下一步进行,以免造成不必要的损失。特别是对于食品及饲料添加剂等产品,还应符合国家规定的产品质量标准和卫生标准。

　　本书参考了近年来出版的书刊、杂志、各种化学化工期刊以及部分国内外专利资料等,在此谨向所有参考文献的作者表示衷心的感谢。

　　本书由李东光主编,参加本书编写工作的还有翟怀凤、李桂芝、吴宪民、吴慧芳、蒋永波、邢胜利、李嘉等,由于编者水平有限,书中难免有疏漏之处,请读者在应用中发现问题及不足之处及时予以批评指正。

编　者

2011 年 3 月 1 日

目　录

第一章　防锈漆

1

第二章　通用胶黏剂

第三章　家用洗涤剂

第四章　磷化液

第五章　汽车化学品

第六章　食品添加剂

第七章　水处理剂

第八章　防雾剂

第九章　化学燃料

第十章　电镀化学镀液

第一章　防锈漆

实例1　除锈防锈底漆

【原料配比】

原　料	配比（质量份）		
	1#	2#	3#
苯丙乳液	255	175	265
六偏磷酸钠	35	45	37
氧化铁红	97	113	103
锌铬黄	4	4	4
磷酸锌	14	24	18
滑石粉	50	68	55
铬酸 D	4	6	5
有机陶土	8	14	10
氨水	4	6	5
分散剂－E（聚丙烯酸钠）	9	14	13
增稠剂－JA（丙烯酸酯共聚乳液）	15	23	19
亚硝酸钠	1	1	1
多菌灵	1	3	2
磷酸三丁酯	19	27	20
丙二醇	7	13	10
双丙酮醇	4	7	6
水	175	155	165

【制备方法】

（1）先将水加入配料罐中，然后依次加入六偏磷酸钠、聚丙烯酸钠、丙烯酸酯共聚乳液、亚硝酸钠、多菌灵[N-（2-苯并咪唑基）-氨基甲酸甲酯]、磷酸三丁酯、铬酸 D、有机陶土、氧化铁红、锌铬黄、磷酸锌、滑石粉，搅拌 30min 后，进入砂磨机研磨，当细度达到规定（60μm以下）时，通过螺杆泵打入调漆罐中。

（2）将氨水加入苯丙乳液中，注入配料罐，再加入磷酸三丁酯、丙二醇、双丙酮醇，分散均匀后，通过螺杆泵打入调漆罐中。

（3）在调漆罐中，将两种浆料搅拌均匀，即得成品。

【产品应用】 本品主要用作底漆。

【产品特性】 本品以水为介质，故无毒、无味、无污染、不燃烧，并且操作安全方便，涂刷工具等易清洗。在通风不良或有明火的场所施工，更能显示出本品独特的优越性。本品还具有良好的力学性能、防锈性和耐久性。

实例 2　钢质材料用低表面处理的带锈防锈底漆

【原料配比】

原　料		配比（质量份）	
		1#	2#
A 组分	二甲苯	0.3	0.3
	正丁醇	0.3	0.3
	双酚 A 型环氧树脂	1	1
	单宁酸	0.3	0.3
	沉淀硫酸钡	0.2	0.2
	磷酸锌	0.2	0.2
	滑石粉	0.2	0.2
	氧化铁红	0.2	0.2
	ZBH-201 二甲基硅油	0.01	0.01
	AFCONA-5010 聚酯改性聚磷酸酯化合物	0.1	0.1
	聚酰胺蜡	—	0.01

原　　料		配比（质量份）	
		1#	2#
B 组 分	651 聚酰胺树脂	1	1
	二甲苯	0.4	0.3
	正丁醇	0.2	0.3

【制备方法】

（1）在不锈钢料桶中，先加入二甲苯、正丁醇，混合均匀，再加入双酚 A 型环氧树脂使其预先溶解，然后搅拌加入单宁酸，高速搅拌 30min 后，在搅拌的条件下加入沉淀硫酸钡、磷酸锌、滑石粉、氧化铁红、ZBH－201 二甲基硅油和 AFCONA－5010 聚酯改性聚磷酸酯化合物和聚酰胺蜡，然后用砂磨机循环研磨 1h 便制成 A 组分。

（2）在 651 聚酰胺树脂中，加入二甲苯和正丁醇，混合均匀便制成 B 组分。

（3）使用时，1 份的 A 组分、0.2 份的 B 组分加以均匀混合，即可制成钢质材料用低表面处理的带锈防锈底漆。

【产品应用】　本品主要应用于钢材表面。

【产品特性】

（1）本钢质材料用低表面处理的带锈防锈底漆，具有转化型和稳定型带锈涂料的双重特点，其涂层具有优良的附着力、柔韧性、耐腐蚀性，可应用于锈蚀不均、残留坚实氧化皮或旧漆的钢铁表面的防腐蚀。

（2）本钢质材料用低表面处理的带锈防锈底漆的制造工艺简单，无须特殊设备，价格比较低。

实例3　多功能除锈防锈漆

【原料配比】

原料	配比(质量份)		
	1#	2#	3#
磷酸	32	67	45
磷锌白	13	38	25
锌铬黄	3	5	4
氧化锌	3	5	4
乳化剂	0.2	0.6	0.45
防沉剂201P	0.6	2.3	1.5
有机膨润土	0.6	1.8	1.2
氧化铁红	12	—	—
氧化铁灰	—	18	—
氧化铁铝	—	—	15
聚醋酸乙烯乳液CX-08	37	54	42
水	12	32	22
分散剂	—	—	0.5
渗透剂	—	—	2

【制备方法】　将除磷酸外的其余各组分加入混合罐中进行配料,混合均匀后加入高速分散机进行分散,再用砂磨机砂磨,然后加磷酸反应,过滤后包装即得成品。

【产品应用】　本品可广泛用于船舶、车辆、机械、桥梁、铁塔、管道、锅炉、钢门、铝及木结构件等各种物件的防腐作业,作底面漆使用。

【产品特性】　本品无毒无害,无有害气味,阻燃、不爆、耐酸碱和海水腐蚀,无污染、不结皮,在90μm以内的锈层可带锈作业。本品不但在黑色金属上适用,而且可在铝、木建筑上使用。浮刷后的附着力、柔韧性、耐磨性、耐冲击性等是溶剂性油漆不可比拟的。本品还具有较好的延伸性,因而涂刷面积大,是普通油漆的 1.5 倍,可降低涂装成本费用 30% 左右;喷、涂、浸、滚、烘等涂装工艺均可采用。

实例4 氟磷酸钙丙烯酸防锈底漆

【原料配比】

原　料	配比（质量份）		
	1#	2#	3#
丙烯酸树脂	33	33	43
氟磷酸钙防锈粉	56	36	46
有机膨润土（防沉剂）	2	—	—
氨基树脂	8	8	4
丁醇、二甲苯混合溶剂	1	—	2
防沉剂 201P	—	10	—
二环乙酮（溶剂）	—	3	—
有机膨润土、201P 混合防沉剂	—	—	5

【制备方法】

(1)首先将 1/3 的丙烯酸树脂加入防沉剂中,预混合 5~10min,再加入溶剂混合均匀,最后加入氨基树脂混合均匀。

(2)将氟磷酸钙防锈粉分散加入到容器中搅拌,研磨。将剩余的 2/3 丙烯酸树脂补加入容器中,搅拌混合均匀,经检验合格后,过滤、分装,即可入库。

【产品应用】 本品主要用作防锈底漆。

【产品特性】 本品用具有优良性能及合理价格的氟磷酸钙防锈粉代替了红丹,对生物和环境均无毒害,并巧妙地应用了其他颜色、填料和助剂,得到了具有独特白色的产品,而且,本品与钢铁的亲和性及其本身的阳极缓蚀作用极强。

实例5　氟磷酸钙氟碳防锈漆

【原料配比】

原料	配比(质量份)		
	1#	2#	3#
氟碳树脂	49	30	40
氟磷酸钙防锈粉	40	60	50
有机膨润土(防沉剂)	8	—	—
复合干料催化剂	2	1	1
丁醇、二甲苯混合溶剂	1	—	—
防沉剂201P	—	3	—
丁醇(溶剂)	—	6	—
二甲苯(溶剂)	—	—	3
有机膨润土、201P混合防沉剂	—	—	6

【制备方法】

(1)首先将1/3的氟碳树脂和防沉剂加入到容器中,预混合5~10min,再加入溶剂混合均匀,最后加入复合干料催化剂混合均匀即可。

(2)将氟磷酸钙防锈粉分散加入到容器中搅拌,研磨,至细度达到国家标准后,将剩余的2/3氟碳树脂补加入容器中,搅拌混合均匀,经检验合格后,过滤、分装,即可入库。

【产品应用】　本品主要用作防锈漆。

【产品特性】　本品用氟磷酸钙防锈粉代替红丹,对生物和环境均无毒害,并巧妙地应用其他颜色、填料和助剂,得到了具有独特白色的产品,而且,产品与钢铁的亲和性及其本身的阳极缓蚀作用极强,耐盐浸泡时间可达600h(醇酸、环氧红丹国家标准耐盐水浸泡时间为24~96h),耐中性盐雾时间达200h以上,单体面积涂层的用量只是红丹的30%~40%。

实例6 改性醇酸防锈底漆

【原料配比】

原　　料		配比（质量份）				
		1#	2#	3#	4#	5#
中油度干性油醇酸树脂		25	—	—	—	—
醇酸树脂（50%±1%）		—	25	34	27.5	26.4
C$_9$石油树脂溶液（60%）		9.2	—	—	—	9.6
C$_5$/C$_9$石油树脂溶液（60%）		—	—	12.4	—	—
C$_5$石油树脂溶液（60%）		—	9.2	—	10	—
颜填料	氧化铁红	25	25	—	—	—
	氧化铁黑	—	—	16.5	—	—
	钛白粉	—	—	—	15	—
	锌钡白	—	—	—	25	—
	滑石粉（325目）	8.5	8.5	9.5	—	7
	重质碳酸钙	12.5	—	—	—	—
	沉淀硫酸钡	—	12.5	12.5	—	—
	高岭土（800目）	—	—	—	4.5	4.5
	磷酸锌铁	9	—	—	—	5.5
	磷酸锌	—	9	6.5	—	—
	三聚磷酸铝	—	—	—	5.5	—
	云母氧化铁红	—	—	—	—	35
	有机膨润土	0.4	—	—	0.3	0.3
	气相白炭黑	—	0.4	0.3	—	—
分散剂DP-100		0.4	0.4	—	—	—
分散剂DP-150		—	—	—	0.2	—
分散剂P-104S		—	—	0.2	—	0.2

续表

原　　料		配比(质量份)				
		1#	2#	3#	4#	5#
有机溶剂	100#重芳烃油	6	6	—	2.5	—
	150#重芳烃油	—	—	4.5	—	—
	200#重芳烃油	—	—	—	—	2.8
	200#溶剂油	2	2	1.3	6.5	6
催干剂	环烷酸钴(4%)	0.4	0.4	0.3	0.4	0.3
	环烷酸锆(10%)	1	1	—	—	—
	环烷酸钙(4%)	0.4	0.4	—	—	—
	环烷酸锰(3%)	—	—	0.3	0.5	0.5
	环烷酸稀土(4%)	—	—	1.4	1.8	1.5
抗结皮剂(98%)		0.2	0.2	0.3	0.3	0.2
流平剂[硅油液(1%)]		—	—	—	—	0.2

【制备方法】

(1)先将中油度干性油醇酸树脂或醇酸树脂、石油树脂溶液、颜填料、分散剂加入到搅拌缸中,用高速分散机将其分散至无团块和干粉为止,而后,再用砂磨机或立式球磨机将该色浆研磨至细度为50μm。

(2)将研磨好的色浆放入调漆缸中,加入抗结皮剂、催干剂和流平剂充分搅拌,混合至均匀。

(3)加入有机溶剂调整黏度。

(4)经120目尼龙绢过滤,即可制得产品。

【产品应用】　本品主要用作防锈底漆。

【产品特性】　本品低污染、干燥快、防锈性能好,不使用苯类溶剂和含铅、铬化合物的颜料及助剂。

实例7 高耐盐水性醇酸防锈漆

【原料配比】

原 料	配比（质量份）					
	1#	2#	3#	4#	5#	6#
醇酸树脂	27	29	31	33	32.5	28
氧化硅铝粉	9	6	6	3	6.5	6
沉淀硫酸钡	10	9	11	14	12.5	13
滑石粉	9	11	12	15	13.5	14
膨润土	0.2	0.3	0.35	0.6	0.1	0.45
防结皮剂	0.6	0.4	0.7	1	0.55	0.45
催干剂	0.3	0.5	0.55	1	0.6	0.75
200#溶剂汽油	3.4	5.8	6	9	7	3

【制备方法】 按配比将 2/3 量的醇酸树脂先加入球磨机中,在研磨搅拌下加入氧化硅铝粉、滑石粉、沉淀硫酸钡并控制研磨温度不大于 40℃,保证细度达到 50μm 以下,然后再分批加入余下的醇酸树脂以及 200#溶剂汽油、催干剂、膨润土、防结皮剂,充分搅拌均匀,通过检验仪器涂 −4 杯控制黏度在 70 ~80s 后过滤,经检验合格即为成品。

【产品应用】 本品可广泛应用于钢结建筑物、构筑物、化工设备、管道等领域。

【产品特性】 本品制造成本低、超耐盐性、附着力和耐候性优异。

实例8 黑灰色高性能丙烯酸防锈底漆

【原料配比】

原 料	配比（质量份）		
	1#	2#	3#
丙烯酸树脂	33	33	43
活性磁铁粉	56	36	46

续表

原　料	配比(质量份)		
	1#	2#	3#
有机膨润土(防沉剂)	2	—	—
防沉剂 201P	—	10	—
有机膨润土、201P 混合防沉剂	—	—	5
氨基树脂	8	8	4
丁醇、二甲苯混合溶剂	1	—	—
二环己酮(溶剂)	—	3	—
丁醇、二甲苯、二环己酮混合溶剂	—	—	2

其中活性磁铁粉配比:

原　料	配比(质量份)		
	1#	2#	3#
磁铁粉	75	55	65
分散剂 YB201A	5	—	—
分散剂 923S	—	10	—
分散剂 923S、分散剂 YB201A 混合物	—	—	5
钛白粉、滑石粉混合物	20	—	—
轻质碳酸钙、滑石粉混合物	—	—	30
钛白粉、轻质碳酸钙、滑石粉混合物	—	35	—

【制备方法】

(1)将磁铁粉、分散剂、钛白粉和滑石粉的混合物(或轻质碳酸钙、滑石粉混合物,或钛白粉、轻质碳酸钙、滑石粉混合物)放在一起,混合均匀后,放置备用。此混合物即为活性磁铁粉。

（2）按照配方1#、2#和3#的要求,将部分丙烯酸树脂加入到防沉剂中预混合5～10min,再加入溶剂混合均匀,最后加入氨基树脂混合均匀。

（3）将活性磁铁粉分散加入上述混合物中,充分搅拌研磨,达到国家规定的细度后,将剩余的丙烯酸树脂加入,待搅拌均匀后,过滤、检验、包装,即可入库。

【产品应用】 本品主要用作底漆。

【产品特性】 本品利用具有优良性能及合理价格的磁铁代替了红丹,对生物、环境均无毒害,并巧妙地应用其他颜料、填料及助剂,得到了具有独特黑灰色的产品,同时本品与钢铁的亲和性及其本身的阳极缓蚀作用极强,耐盐水浸泡时间可达600h以上(醇酸、环氧红丹国家标准耐盐水浸泡时间为24～96h),耐中性盐雾时间达200h以上,单位面积涂层用量只是红丹的30%～40%。

实例9 白色高性能醇酸防锈底漆

【原料配比】

原 料	配比（质量份）		
	1#	2#	3#
醇酸树脂	38	45	48
白色复合硅钛防锈粉	55	35	45
有机膨润土	5	—	3
分散剂923S	1	—	—
复合干料催化剂	1	1	0.8
分散剂YB201A	—	2	—
防沉剂201P	—	9	—
分散剂923S、分散剂YB201A混合物	—	—	1
200#溶剂油	—	8	—
二甲苯、200#溶剂油混合物	—	—	2.2

其中白色复合硅钛防锈粉配比：

原　　料	配比（质量份）		
	1#	2#	3#
硅酸盐(200 目)	75	—	—
硅酸盐(800 目)	—	55	—
硅酸盐(1200 目)	—	—	65
纳米氧化钛	2.5	5	3
酞酸酯偶联剂	2.5	5	1
轻质碳酸钙粉、滑石粉混合物	20	35	31

【制备方法】

（1）白色复合硅钛防锈粉的制备：将硅酸盐、轻质碳酸钙粉、滑石粉混合物、纳米氧化钛、酞酸酯偶联剂放在一起，混合均匀后放置备用。

（2）首先将 1/3 醇酸树脂加入到分散剂内预混合 5~10min，分散均匀后，将防沉剂加入混合均匀，再加入溶剂混合均匀。

（3）将白色复合硅钛防锈粉、有机膨润土分散后加入步骤（2）所得混合物中充分搅拌研磨，将剩余的醇酸树脂加入，搅拌均匀后，经过滤、检验合格即为成品。

【产品应用】　本品用作防锈底漆。

【产品特性】　本品利用具有优良性能及合理价格的白色复合硅钛防锈粉代替了红丹，对生物、环境均无毒害，并巧妙地应用其他颜料、填料和助剂，得到了具有独特白色的产品，而且，本品与钢铁的亲和性及其本身的阳极缓蚀作用极强，耐盐水浸泡时间可达 600h 以上（醇酸、环氧红丹国家标准耐盐水浸泡时间 24~96h），耐中性耐盐雾时间 200h 以上，单位面积涂层用量只是红丹的 30%~40%。

实例10 高性能环氧树脂防锈底漆(1)

【原料配比】

原　料	配比（质量份）		
	1#	2#	3#
环氧树脂	27	42	37
白色复合硅钛防锈粉	60	45	55
有机膨润土（防沉剂）	10	—	—
分散剂923S	1	—	—
防沉剂201P	—	7	—
分散剂YB201A	—	2	—
有机膨润土、201P 混合防沉剂	—	—	6
分散剂923S、分散剂YB201A 混合物	—	—	0.5
溶剂　丁醇、二甲苯混合物	2	—	—
溶剂　丁醇	—	1	—
溶剂　二甲苯	—	—	1.5

其中白色复合硅钛防锈粉配比：

原　料	配比（质量份）		
	1#	2#	3#
硅酸盐（200 目）	80	—	—
硅酸盐（800 目）	—	65	—
硅酸盐（1200 目）	—	—	71
纳米氧化钛	5	2.5	3
酞酸酯偶联剂	5	2.5	1
轻质碳酸钙粉、滑石粉混合物	10	30	25

【制备方法】

(1)白色复合硅钛防锈粉的制备：将硅酸盐、轻质碳酸钙粉、滑石粉混合物、纳米氧化钛、酞酸酯偶联剂放在一起,混合均匀后放置备用。

(2)首先将1/3环氧树脂加入到分散剂内预混合5~10min,分散均匀后将有机膨润土、201P混合防沉剂加入混合均匀,再加入溶剂混合均匀。

(3)将白色复合硅钛防锈粉分散加入到步骤(2)得的混合物中,充分搅拌研磨,达到国家规定的细度后,将剩余的环氧树脂加入,搅拌均匀后,经过滤、检验合格,即为成品。

【产品应用】 本品主要用作防锈底漆。

【产品特性】 本品利用具有优良性能及合理价格的白色复合硅钛防锈粉代替了红丹,对生物、环境均无毒害,并巧妙地应用了其他颜料、填料和助剂,得到了具有独特白色的产品,而且,本品与钢铁的亲和性及其本身的阳极缓蚀作用极强,耐盐水浸泡时间可达600h以上(醇酸、环氧红丹国家标准耐盐水浸泡时间为24~96h),耐中性耐盐雾时间200h以上,单位面积涂层用量只是红丹的30%~40%。

实例11 高性能环氧树脂防锈底漆(2)

【原料配比】

原　　料	配比(质量份)		
	1#	2#	3#
环氧树脂	27	42	37
活性磁铁粉	60	45	55
有机膨润土	10	—	—
防沉剂201P	—	7	—
分散剂YB201A	—	2	—
丁醇	—	1	—
分散剂923S	1	—	—
丁醇、二甲苯混合物	2	—	—

原　料	配比（质量份）		
	1#	2#	3#
有机膨润土、201P 混合防沉剂	—	—	6
分散剂 923S、分散剂 YB201A 混合物	—	—	0.5
二甲苯	—	—	1.5

其中活性磁铁粉配比：

原　料	配比（质量份）		
	1#	2#	3#
磁铁粉	80	65	71
分散剂 YB201A	1	—	4
分散剂 923S	—	5	—
钛白粉、滑石粉混合物	19	—	—
轻质碳酸钙、滑石粉混合物	—	30	—
钛白粉、轻质碳酸钙、滑石粉混合物	—	—	25

【制备方法】

（1）将磁铁粉、分散剂 YB201A（或分散剂 923S）、钛白粉、滑石粉混合物（或轻质碳酸钙、滑石粉混合物，或钛白粉、轻质碳酸钙、滑石粉混合物）放在一起，混合均匀后，放置备用，此混合物为活性磁铁粉。

（2）按照配方 1# 9 份、2# 13 份和 3# 12 份的要求，把部分环氧树脂加入到分散剂 923S（或分散剂 YB201A）中预混合 5 ~ 10min，分散均匀后，将防沉剂有机膨润土（或防沉剂 201P，或有机膨润土、201P 混合防沉剂）加入混合均匀，再加入丁醇、二甲苯混合物（或丁醇、二甲苯）混合均匀。

（3）将活性磁铁粉分散加入步骤（2）所得混合物中，充分搅拌研磨，达到国家规定的细度后，将剩余的环氧树脂加入，搅拌均匀后，经过滤、检验、包装，即可入库。

【**产品应用**】 本品主要用作底漆。

【**产品特性**】 同黑灰色高性能丙烯酸防锈底漆。

实例12　环氧防锈漆

【**原料配比**】

原　　料		配比(质量份)		
		1#	2#	3#
甲组分	E-44 树脂液	30	—	—
	E-20 树脂液	—	30	—
	E-42 树脂液	—	—	30
	灰云铁	50	50	50
	滑石粉	8	8	8
	AT-U 助剂	3	3	3
	甲苯	3	3	3
	异丙醇	2	2	2
乙组分	酚醛胺固化剂 NX-2015	30	30	30
	酚醛胺固化剂 NX-2040	5	5	5
	酚醛胺固化剂 NX-2041	10	10	10
	滑石粉	15	15	15
	甲苯	7	7	7
	异丙醇	8	8	8

其中树脂液的配比:

原　　料	配比(质量份)		
	1#	2#	3#
E-44 树脂	60	—	—
E-42 树脂	—	—	60

原　　料	配比(质量份)		
	1#	2#	3#
E-20 树脂	—	60	—
甲苯	20	20	20
异丙醇	20	20	20

【制备方法】

(1)树脂液的制备:将 E-44 或 E-42 或 E-20 树脂、甲苯、异丙醇加入反应锅内加热搅拌至均匀,温度控制在 50℃,使之呈均匀透明液体,至固含量为 60% 合格。

(2)甲组分的制备:将制得的树脂液、灰云铁、滑石粉、AT-U 助剂加入到高速调缸内搅拌 30min,使之呈均匀的液体,加入甲苯、异丙醇调节黏度至 150mPa·s 为合格,用 80 目筛过滤包装即为甲组分。

(3)乙组分的制备:将酚醛胺固化剂 NX-2015、酚醛胺固化剂 NX-2040、酚醛胺固化剂 NX-2041、滑石粉、甲苯、异丙醇混合均匀后,加入到调缸内搅拌 30min,使之呈均匀的液体后,用 80 目筛过滤包装即为乙组分。使用时,按照甲组分和乙组分质量比为(5~10):1混合搅拌均匀,在 2h 内用完。

【产品应用】 本品主要用作防锈漆。

【产品特性】 本品从改进其中的成膜物质出发,选用了改性的胺类固化剂与环氧基团进行反应,并添加了防流挂助剂,使用本环氧防锈漆涂装时,不会由于温度低于 5℃ 而使施工受到限制。另外,本品还可以采用一次性厚膜喷涂施工,湿膜厚度可达到 600μm,大大减少了施工周期。本环氧防锈漆具有良好的耐化学品性和防腐蚀性,生产过程中无副产物产生,无须后处理,因此工艺方法简单方便、节约能源、成本低。甲组分和乙组分混合均匀后,可在常温或低温(-10℃ 以上)下具有良好的成膜性能,且贮存稳定性好。

实例 13　纳米改性金属防锈面漆

【原料配比】

原料		配比（质量份）		
		1#	2#	3#
A 组分（防锈面漆主剂）	羟基丙烯酸树脂	40	30	25
	合成脂肪酸树脂	20	20	10
	二甲苯	1	—	—
	正丙醇	—	2	—
	1－丁醇	—	—	2
	异丙醇	—	—	5
	乙二醇乙醚醋酸酯	1	3	1
	醋酸丁酯	3.5	—	2.5
	醋酸乙酯	—	2	1
	CH 系列超分散剂	3	—	—
	分散剂 SN5040	—	5	—
	有机分散剂 HK－03	—	—	2.5
	钛酸 TC－3	1.5	—	—
	钛酸酯 TC－F	—	1.5	—
	钛酸酯 G－2	—	—	2.5
	环烷酸钴	0.2	—	—
	环烷酸锌	—	1	—
	环烷酸锰	—	—	1
	有机硅消泡剂	2	1	5
	有机硅流平剂	2.5	1.5	7.5
	金矿石型钛白粉	—	—	4
	钛铁粉	5	3	—
	氧化铁红	13	20	—
	氧化铁黑	3	2	24
	云母氧化铁粉	—	—	2

续表

原　料		配比（质量份）		
		1#	2#	3#
B 组分（纳米氧化添加剂）	纳米氧化锌	40	—	25
	纳米二氧化钛	60	—	30
	纳米氧化铁红	—	30	—
	纳米二氧化硅	—	40	—
	纳米氧化铁黄	—	30	—
	纳米氧化铁黑	—	—	30
	纳米三氧化二铝	—	—	15
C 组分（防锈面漆固化剂）	75%脂肪族异氰酸酯固化剂	40	35	35
	75%芳香族异氰酸酯固化剂	20	30	35
	二甲苯	5	8	5
	醋酸丁酯	15	10	12.5
	丙酮	10	10	—
	2－丁醇	10	7	12.5

【制备方法】

（1）将按配方混合好的 A 组分和 B 组分再按两者的比例（1#为8:2,2#为9:1,3#为9.5:0.5）加入搅拌桶中搅拌分散，混合均匀后，再经检验、过滤、称量、封装、贴标签后入库。

（2）将 C 组分原料加入搅拌桶中均匀分散 30min 左右，经检验、过滤、封装、贴标签后入库。

（3）按防锈面漆主剂及纳米氧化添加剂（A 组分＋B 组分）:防锈面漆固化剂（C 组分）＝8:2 的比例混合，搅拌均匀，静置 5～10min 至无泡后施工。

【产品应用】　本品被广泛应用于机械设备、注塑机、压铸机、火花机、CNC 加工中心、空气压缩机、电梯、电动机等设备及其制造业等的防护和装饰性涂装。

【产品特性】 本品所加入的纳米氧化物进一步提高了防锈面漆的品质;主剂中所加入的溶剂采用挥发性较低的醇类溶剂,大大减少了溶剂中的有毒成分,既保证了产品的低温成膜性能,又减少了对环境的污染程度;其他成分在含量和配比选择上,也摒弃了有害的含铅或含铬的化合物,符合绿色环保要求。

实例14 纳米改性专用防锈底漆

【原料配比】

原　　料		配比(质量份)			
		1#	2#	3#	4#
A组分（主剂及添加剂）	羟基丙烯酸树脂	10	10	8	15
	合成脂肪酸树脂	8.5	15	11	20
	纳米氧化铁红	2.5	—	—	—
	纳米氧化铁黄	—	1	—	—
	纳米氧化铁黑	—	—	1.5	—
	纳米三氧化二铝	—	—	—	3
	氧化铁黄	12	—	—	—
	氧化铁红	—	5.5	—	—
	氧化铁黑	—	—	10.5	6
	云母氧化铁粉	—	—	—	5
	滑石粉	12	8	8	6
	纳米氧化锌	1.5	—	—	—
	纳米氧化铁黄	—	1.5	—	—
	纳米二氧化硅	2	1	—	—
	纳米二氧化钛	—	—	2.5	2
	云母粉	—	—	1	—
	炭黑	—	—	3	—

原　料		配比（质量份）			
		1#	2#	3#	4#
A组分（主剂及添加剂）	钛铁粉	3	—	5.5	5.5
	磷酯铝	—	—	6.5	—
	偏硼酸钡	—	—	—	4.5
	分散剂 SN5040	—	—	3	3
	金红石型钛白粉	—	3	—	—
	磷酸锌	—	2	1	0.5
	磷酸锌铁	2	—	—	—
	三聚磷酸锌	6.5	—	—	—
	三聚磷酸铝	—	7	—	—
	CH 系列超分散剂	2	—	—	—
	有机分散剂 HK-03	—	3	—	—
	复合磷酸锌	1	1	—	—
	丙二醇醚	10	10	10	9
	有机硅流平剂	5	5	4	4
	有机硅消泡剂	5	5	4	4
	异丙醇	1.5	1.5	—	—
	石油磺酸钡	0.6	—	—	—
	辛酸二环己胺	—	0.5	—	—
	多羟基苯酚	—	—	0.5	—
	苯三唑	—	—	—	0.2
	钛酸酯偶联剂 TC-2	—	0.25	—	—
	钛酸酯偶联剂 G-2	—	—	0.25	—
	钛酸酯偶联剂 TA-13	—	—	—	0.15
	钛酸酯 TC-F	0.2	—	—	—
	羟基丙烯酸树脂	14.5	19.5	19.5	12

原　　料		配比(质量份)			
		1#	2#	3#	4#
B 组分 (固化剂)	75%芳香族异氰酸酯	55	60	66	65
	二甲苯	10	10	12	9
	醋酸丁酯	15	10	15	16
	丙酮	10	10	5	6
	2－丁醇	10	10	—	—
	环烷酸钴	—	—	2	—
	异辛酸钴	—	—	—	4
C 组分 (稀释剂)	二甲苯	20	—	—	—
	醋酸丁酯	30	17	15	—
	丙酮	15	—	—	—
	2－丁醇	15	—	—	—
	正丙醇	20	—	—	—
	异丙醇	—	20	25	25
	醋酸乙酯	—	15	—	—
	2－戊醇	—	13	—	—
	1－戊醇	—	—	—	20
	1－丁醇	—	20	—	—
	乙二醇乙醚醋酸酯	—	15	—	20
	甲苯	—	—	15	—
	碳酸丙烯酯	—	—	30	20
	乙二醇	—	—	15	—
	醋酸异戊酯	—	—	—	15

【制备方法】

(1)A 组分的制备。将羟基丙烯酸树脂、合成脂肪酸树脂、纳米氧化铁红、纳米氧化铁黄、纳米氧化铁黑、纳米三氧化二铝、氧化铁黄、氧化铁红、氧化铁黑、云母氧化铁粉、滑石粉、纳米氧化锌、纳米氧化铁黄、纳米二氧化硅、纳米二氧化钛、云母粉、炭黑、钛铁粉、磷酯铝、偏硼酸钡、分散剂 SN5040、金红石型钛白粉、磷酸锌、磷酸锌铁、三聚磷酸锌、三聚磷酸铝、CH 系列超分散剂、有机分散剂 HK－03、复合磷酸锌、丙二醇醚、乙二醇乙醚醋酸酯加入搅拌釜中高速分散 60min，再经过三辊研磨机研磨 2～3 遍，然后加入有机硅流平剂、有机硅消泡剂、异丙醇、石油磺酸钡、辛酸二环己胺、多羟基苯酚、苯三唑、钛酸酯偶联剂 TC－2、钛酸酯偶联剂 G－2、钛酸酯偶联剂 TA－13、钛酸酯 TC－F、羟基丙烯酸树脂，搅拌均匀,过滤、包装得到 A 组分。

（2）B 组分的制备。将各组分加入搅拌釜中高速分散 30min,过滤、包装得到 B 组分。

（3）C 组分的制备。将各组分加入搅拌釜中搅拌均匀,包装得到 C 组分。

【产品应用】 本品主要应用于机械设备、注塑机、压铸机、火花机、CNC 加工中心、空气压缩机、电梯、电动机等设备及其制造业等的防护和装饰性涂装。

使用时,按比例取 A、B、C 三种组分混合均匀,静置 5～10min 消泡后施工。A、B、C 三种组分比例分别为:1# 配方 A：B：C＝4：1：5;2# 配方 A：B：C＝3：0.5：6.5;3# 配方 A：B：C＝6：1：3;4# 配方 A：B：C＝5：1.5：3.5。

【产品特性】 本品对防锈底漆的组分和其配比进行了充分的优选和组合,大大降低了有毒、有害物质在产品中的含量,既保证了产品具有优异的低温成膜性能,又减小了对环境的污染程度,有效地保障了产品生产者、使用者以及周围环境中人们的健康,符合绿色环保要求,同时还进一步提高了防锈底漆的品质。

实例15　纳米水性防锈漆

【原料配比】

原　　料	配比(质量份)
去离子水	30.52
分散剂(羧酸盐)	0.5
消泡剂(有机硅氧烷)	0.1
润湿剂(烷基酚聚氧乙烯醇)	0.4
杀菌剂(四氯间苯二腈)	0.08
丙二醇	1.6
铁红粉	8
云母氧化铁红	12
滑石粉	10
绢云母	7
硅酸铝	1.5
亚硝酸钠	1
增稠剂(聚丙烯酸)	0.6
丙烯酸乳液92D	15
丙烯酸乳液6515	10
成膜助剂(二丙二醇丁醚)	1.5
纳米粉剂	0.2

【制备方法】　将去离子水、分散剂、消泡剂、润湿剂、杀菌剂、丙二醇、铁红粉、云母氧化铁红、滑石粉、绢云母、硅酸铝、亚硝酸钠和增稠剂放入容器中,经砂磨达到标准细度后,再加入丙烯酸乳液、成膜助剂和纳米粉剂,搅拌均匀即可包装得到成品。

【产品应用】　本品主要应用于交通运输、园林市政、工业产品等方面。

【产品特性】　本品的优点是能替代含有害、有毒成分的油性防锈漆,是一种无毒、无害、无味、安全、环保阻燃的防锈漆,使用时可以采用刷涂或喷涂进行施工。

实例16 水溶性醇酸防锈底漆

【原料配比】

原 料	配比(质量份)						
	1#	2#	3#	4#	5#	6#	7#
水溶性醇酸树脂溶液	48	48	48	50	50	35	55
氧化铁红	10	16	13	15	10	30	10
滑石粉	15	7	15	15	15	10	20
绢云母	16	18	13	9	14	10	—
助剂	1	1	1	1	1	4	5
环烷酸钴	0.25	0.25	0.25	0.25	0.25	0.5	0.2
环烷酸锰	0.25	0.25	0.25	0.25	0.25	0.5	0.8
水	9.5	9.5	9.5	9.5	9.5	10	9

其中水溶性醇酸树脂溶液配比:

原 料	配比(质量份)				
	1#	2#	3#	4#	5#
亚麻油酸	24	30	26	20	22
苯酐	9	7	8	11	10
季戊四醇	13	10	15	13	13
偏苯三酸酐	4	3	3	4	5
水	36	40	30	36	36
助溶剂	6	4	6	6	6
中和剂	8	6	10	8	8

原　　料	配比(质量份)				
	1#	2#	3#	4#	5#
二甲苯	适量	适量	适量	适量	适量

【制备方法】

(1)在反应釜中投入配方计量的亚麻油酸、季戊四醇和苯酐,开动搅拌,加二甲苯、升温到 200~230℃ 进行酯化,至酸值降到 20~30mgKOH/g 为第一步酯化反应终点。降温至 140~160℃,加入偏苯三酸酐,再逐渐升温到 170~200℃ 进行酯化,至酸值降到 50~60mgKOH/g 为反应终点。真空抽滤除去二甲苯,降温至 50~60℃,加入配方量的助溶剂、中和剂,调整 pH = 7~8,再加入水分散 3~5min,得固含量为 40%~60% 的水溶性醇酸树脂溶液。

(2)在配浆容器中加入计量准确的水、助剂、部分水溶性醇酸树脂溶液,用可调式高速分散机搅拌均匀;加入氧化铁红、滑石粉、绢云母,搅拌均匀得浆料。将浆料转移到研磨设备中,研磨至细度为 30~60μm,得色浆。在配漆容器中加入上述色浆,加入剩余的水溶性醇酸树脂溶液,搅拌均匀,再加入环烷酸钴和环烷酸锰,搅拌均匀,过滤包装,即得成品水溶性醇酸防锈底漆。

【注意事项】 本品所用助溶剂选取丙二醇单丁醚、丁醇中的一种或几种;中和剂选自 N-乙基吗啉、N,N-二甲基乙醇胺、三乙胺、氨水中的一种或几种。

【产品应用】 本品主要应用于交通工具、桥梁、贮罐、管道、机械设备等钢材的装饰与保护。

【产品特性】 本品漆膜机械强度高,耐腐蚀性强,可耐酸、碱、盐、油等腐蚀介质,耐候性、耐水性好;原料来源广,成本低,便于大规模推广应用;使用安全方便,以水为介质,改善了施工环境,避免了火灾隐患。

本品的各项指标已达到或超过溶剂型醇酸底漆,完全可以取代溶剂型醇酸底漆,而且已经证明,该底漆在交通工具、桥梁、贮罐、管道、机械设备等钢材装饰与保护上有很好的适应性。

实例17 水溶性带锈防锈底漆

【原料配比】

原 料	配比(质量份)
去离子水	43
乳化剂 TX-10	2
氧化铁红	10
磷酸锌	10
氧化锌	2
水溶性丙烯酸乳液	20
滑石粉	2
螯合剂(单宁酸)	2
磷化剂(磷酸)	2
消泡剂(磷酸三丁酯)	1

【制备方法】 在带有搅拌器的不锈钢反应釜中,加入去离子水、乳化剂 TX-10,开动搅拌器将其充分搅拌均匀,并升温至 50℃±2℃后,分别加入氧化铁红、磷酸锌、氧化锌、水溶性丙烯酸乳液、滑石粉、螯合剂、磷化剂和消泡剂,经充分搅拌反应 3h(搅拌速度 80r/min),冷却后经高速分散及砂磨机研磨至细度 <50μm,再经压滤机压滤后便得成品。

【产品应用】 本品主要应用于桥梁、船舶、海洋采油设备、油田管道、重型机械以及钢铁构筑物等。

【产品特性】 本品是以水作溶剂的,取代了对人体毒性较大、对环境污染严重的甲苯和有机溶剂,绿色环保。同时,由于是以水作溶剂,可以大大降低产品成本并免除了工厂处理废气所需投入的大量资金。在使用时,还可以任意在本品中加入普通自来水作稀释剂。此外,本品漆膜干得快,具有不用除锈就能涂布及带锈钝化等多功能特点。

实例18 水溶性化锈防锈漆

【原料配比】

原　　料	配比(质量份)
纯净水	18
苯丙乳液	40
氧化铁红	6
氧化铝	1
滑石粉	10
磷酸锌	5
硬质酸锌	4
氧化锌	2
分散剂	3
消泡剂	1
苯甲酸钠	3
保护胶	1

【制备方法】 在搅拌桶中加入纯净水,然后边搅拌边加入除分散剂和消泡剂以外的其余各原料,进行1200r/min高速分散搅拌;经过高速分散后的原料,再经高精细度砂磨机研磨,使其粒度达40μm以下;将经研磨后的漆液放入搅拌混合器中,边搅拌边加入增稠剂、消泡剂,搅拌均匀后,进行精细度过滤,除去粗粒或外来杂质,即成本品。

【产品应用】 本品主要应用于金属材料表面的防腐。

【产品特性】

(1)本品采用资源丰富、价格便宜的纯净水作溶剂,无毒无害,避免了有机溶剂给施工人员带来的危害,改善了施工人员的劳动条件。

(2)本品不燃不爆,使用安全,给生产、包装、运输、施工带来了方便。

(3)本品无三废、节约能源,不会对环境造成污染。

(4)使用本品可节省除锈费用,避免了工业废水造成的环境污染。

(5)本品常温固化、干燥迅速,省去了烘烤催干工序。

(6)本品的抗冲击、柔韧性、硬度、耐水、耐候性等指标均优于其他防锈漆,可大力推广应用。

实例19 水溶性无机硅溶液防锈底漆

【原料配比】

原　　料	配比（质量份）			
	1#	2#	3#	4#
水	20	18	16	20
无机硅溶液(TZG)	15	17	19	15
分散剂5040	0.4	0.4	0.4	0.4
消泡剂SA－3	0.1	0.1	0.1	0.1
润湿剂PE－100	0.1	0.1	0.1	0.1
中和剂Amp－95	0.1	0.1	0.1	0.1
乙醇	2	2	2	2
铁红	20	20	20	20
铁红土	5	5	5	5
沉淀硫酸钡	5	5	5	6
磷酸锌	1	1	1	1
重质碳酸钙	5	5	5	4
乳液	25	25	25	25
成膜剂	1	1	1	1
增稠剂	0.3	0.3	0.3	0.3

【制备方法】

(1)按配方将水、无机硅溶液、分散剂、消泡剂、润湿剂、中和剂和乙醇放入合成反应釜中,低速分散15min。

(2)将铁红、铁红土、沉淀硫酸钡、磷酸锌、重质碳酸钙放入合成反应釜中,高速分散35min。

(3)砂磨机砂磨,细度≤60μm。

(4)将乳液、成膜剂、增稠剂放入合成反应釜中,调整黏度≥30s,过滤后即为成品。

【产品应用】 本品主要用作防锈底漆。

【产品特性】

(1)本品不含铅、铬、镉、汞等重金属,不含苯类有机溶剂,无毒、无味、不燃,为环保产品。

(2)本品在常温下干燥迅速,涂膜附着力强,耐酸、耐碱,与各类水性及溶剂型面漆均有良好的配套性。

(3)本品成本低,涂覆面积大,涂覆量为10m²/kg,使用寿命长。

(4)本品施工方便,刷涂、辊涂、喷涂均可,能用水清洗及稀释。

实例20 水性丙烯酸防锈漆

【原料配比】

(1)水性防锈漆(铁红底漆)配比:

原　　料	配比(质量份)
水	15
氧化铁红	20
氧化锌	1
磷锌白	3
锌铬黄	0.1
滑石粉	2
轻质碳酸钙	1

原　　料	配比（质量份）
分散剂	1
防锈剂	0.5
成膜剂	1.5
增稠剂	3
苯丙乳液	35
水性环氧酯	5
防腐剂	0.2
消泡剂 TBP 0.2	0.2
氨水	适　量
水	余　量

（2）水性防锈漆（底面合一漆）配比：

原　　料	配比（质量份）		
	1#（橘黄色）	2#（中灰色）	3#（天蓝色）
水	15	15	15
氧化锌	1	1	1
钼铬红	5	—	—
中铬黄	0.5	—	—
炭黑	—	2	—
铁兰	—	—	10
钛白	—	10	10
锌黄	—	1	—
磷锌白	—	3	3
滑石粉	2	7	—
轻质碳酸钙	1	1	1
分散剂	1	1	1

原　料	配比(质量份)		
	1#(橘黄色)	2#(中灰色)	3#(天蓝色)
防锈剂	0.5	0.5	0.5
苯丙乳液	40	40	40
水性环氧酯	5	5	5
水性有机硅酸	5	5	5
防腐剂	0.2	0.2	0.2
增稠剂	3	3	3
成膜剂	1.8	1.8	1.8
消泡剂	0.2	0.2	0.2
氨水	适量	适量	适量
水	余量	余量	余量

(3)水性防锈漆(白色面漆)配比:

原　料	配比(质量份)
钛白	20
沉淀硫酸钡	2
分散剂	1
防锈剂	0.3
成膜剂	1.8
增稠剂	3
苯丙乳液	40
水性有机硅改性醇酸树脂	10
防腐剂	0.2
消泡剂 TBP 0.2	0.2
氨水	适量
水	余量

其中水性环氧酯配比:

原　　料	配比(质量份)
环氧树脂 E - 20	15
亚麻油酸	37.5
亚麻油	41.5
顺酐	11
丁醇	20
一乙醇胺	8 ~ 10

其中水性有机硅改性醇酸树脂配比:

原　　料	配比(质量份)
失水偏苯三甲酸	15.5
邻苯二甲酸酐	37
季戊四醇	26.5
大豆油	79.5
黄丹	0.015
二甲苯	5
有机硅低聚物	20
丁醇	20
一乙醇胺	8 ~ 10

【制备方法】

(1)水性环氧酯的制备:将亚麻油酸投入反应釜中,搅拌加热至120 ~ 150℃;加入环氧树脂,开动搅拌,通入二氧化碳,继续升温至240℃保持酯化,保温1h后开始取样测黏度;待黏度为35 ~ 50s 时加入亚麻油,停止搅拌,加入顺酐,开动搅拌并快速升温至 240℃保持30min;然后迅速降温至120℃以上加入丁醇,搅拌均匀,60℃以下加入一乙醇胺,调节 pH 值达7.5 ~ 8.5 时出料。

(2)水性有机硅改性醇酸树脂的制备:将大豆油、季戊四醇加入反应釜内,搅拌升温,通入二氧化碳,加热至120℃,加黄丹,继续升温至230℃,保持2.5~3h,待醇解完全后降温至180℃,停止搅拌,加入二甲苯、失水偏苯三甲酸、邻苯二甲酸酐,保持酯化,当酸值降到80左右时加入有机硅低聚物,继续酯化至酸值为60~65时降温,冷却至120℃加入丁醇溶解,至60℃以下加入一乙醇胺,调节pH值为7.5~8.5出料。所得产物为透明黏稠液体,可用自来水稀释。

(3)水性防锈漆的制备:将水、分散剂、颜料、填料、防锈剂和部分消泡剂加入配料罐中高速搅拌均匀,送入砂磨机,研磨至细度为30~60μm,送入分散罐,向其中加入增稠剂,搅匀,加氨水,再搅匀;加入其余的助剂搅拌均匀,再加入乳液和水性环氧酯、水性有机硅改性醇酸树脂,搅匀,用氨水调pH值为7.5~8.5,经过滤得成品。

【产品应用】 本品主要应用于各种金属材料的防锈、建筑物和家具的装饰与保护。

【产品特性】 本品具有无毒、无污染、无燃爆危险,贮运、施工安全方便的特点。底漆无闪蚀和返锈现象,可带锈涂装,面漆光泽好,耐候、耐污染,适用于各种金属材料的防锈、建筑物和家具的装饰与保护。

实例21　水性常温自交联丙烯酸改性醇酸防锈漆

【原料配比】

原　　料		配比(质量份)
BM-6核壳构型丙烯酸改性醇酸乳液		35
活性防锈颜料		5
惰性防锈颜料		15
填料	云母粉	10
	高岭土	10

原　料	配比（质量份）
消泡剂、流平剂、分散剂	0.3
pH 调节剂	0.02 ~ 0.05
水性催干剂	0.2 ~ 0.5
去离子水	25

其中基体醇酸树脂配比：

原　料	配比（质量份）
高碘值干性油混合酸	10
豆油酸	40
三羟甲基丙烷	20
2 - 甲基 - 1,3 - 丙二醇	6
间苯二甲酸	19
ε - 多酸	5
助剂	0.3
去离子水	70
丙烯酸	20

其中 BM - 6 核壳构型丙烯酸改性醇酸乳液配比：

原　料	配比（质量份）
基体醇酸树脂	120
苯乙烯	5
甲基丙烯酸甲酯	8
甲基丙烯酸丁酯	5
丙烯腈	2
引发剂	0.5
链终止剂	0.03
去离子水	40

【制备方法】

(1)基体醇酸树脂的制备:先按配方比例依次将高碘值干性油混合酸、豆油酸、三羟甲基丙烷、2-甲基-1,3-丙二醇和间苯二甲酸投入不锈钢树脂合成釜中,然后加热物料,升温到100~120℃时开动搅拌机,边升温边搅拌至物料温度到190~220℃时,控制加热量对物料保温,以进行酯化反应,同时分出酯化水,保持4~6h;期间取样检测酸值,小于30mgKOH/g时即可缓慢补加ε-多酸和助剂,接着继续保温反应,每隔0.5h取样检测酸值,直到取样检测物料的酸值小于20mgKOH/g时即为反应终点;停止加热,把物料温度降至100℃以下,加入去离子水和丙烯酸进行勾兑即得基体醇酸树脂。

(2)BM-6核壳构型丙烯酸改性醇酸乳液的制备:预先将苯乙烯和引发剂投入1#高位槽,甲基丙烯酸甲酯、甲基丙烯酸丁酯和丙烯腈投入2#高位槽,待用,将去离子水、基体醇酸树脂投入搪瓷反应釜中,加热到90℃时开始以1kg/h速度匀速滴加1#高位槽中的混合物溶液,2h后暂停滴加,在90℃保温1.5h;继续升温到110℃保温,并开始以0.7kg/h的速度匀速滴加1#高位槽的混合物溶液、以5kg/h速度匀速滴加2#高位槽的混合物溶液;当2#高位槽滴加完毕后,暂停1#高位槽滴加,保温1.5h再继续把1#高位槽余下的物料一次性补入反应釜,保温2h后一次性把链终止剂加入反应釜,保温1.5h后降温至40℃以下,经过滤便得到核壳构型丙烯酸改性醇酸乳液。

(3)水性常温自交联丙烯酸改性醇酸防锈漆的制备:将核壳构型丙烯酸改性醇酸乳液投入配漆缸中,用pH调节剂调整pH值至8~9;在搅拌下加入防锈颜料、填料、消泡剂、流平剂、分散剂和配比量4/5的去离子水,高速搅拌分散;用砂磨机研磨至细度≤50μm,补加水性催干剂,搅拌均匀后,再用剩余的pH调节剂将pH值调整至8.5左右,用剩余的去离子水调整漆液的黏度,经检验合格后过滤、包装,即得水性常温自交联丙烯酸改性醇酸防锈漆成品。

【产品应用】 本品主要应用于钢结构建筑、工程机械、石油化工设备,交通车辆等钢材表面的涂装。

【产品特性】 本品可取代各类油性自干防锈漆,对钢材表面起防腐防锈作用。本品水性常温自交联成膜不含有表面活性剂或乳化剂,所以它具有优异的耐水耐盐雾性,所制成的水性铁红防锈漆耐盐雾可达300h以上。本品具有突出的机械稳定性和冻融稳定性,且VOC含量极低,在制漆过程中不添加成膜助剂,制成的水性防锈漆中VOC的含量不超过10g/L,远低于目前常用的乳液型工业防锈漆中的VOC含量。本品中采用了分子组装技术合成的具有核壳结构的无表面活性剂自交联丙烯酸改性醇酸乳液,通过壳上的丙烯酸聚合物对核中的醇酸树脂进行包裹,消除了醇酸树脂侧链酯键在碱性水溶液中易被水解的弊端,对醇酸树脂起到了扬长避短的作用,从而提高了产品的性价比。其中,核上所含的不饱和双键,在常温干燥过程中接触空气中的氧分子可发生交联聚合反应,从而提高涂膜的致密性和耐水、耐溶剂性,而壳上的丙烯酸基团则提供了良好的耐候性和硬度。此外,壳为亲水疏油的结构,核为亲油疏水的结构,这种双亲双疏结构保证了树脂在水中的稳定性,使贮存稳定性可达两年以上,用它制成的水性防锈漆具有明显的快干性、防锈性能高和低VOC的排放等特点。

实例22 水性丙烯酸树脂防锈漆

【原料配比】

原　　料	配比（质量份）	
	1#	2#
丙烯酸	20	—
丙烯酸丁酯	50	40
甲基丙烯酸甲酯	—	30
丙烯酸二甲基氨基乙酯	—	30
十八烷基三甲基氯化铵	—	8
过氧化氢	—	6
苯乙烯	30	—

原　料	配比（质量份）	
	1#	2#
十二烷基硫酸钠	6	—
过硫酸铵	0.4	—
去离子水	200	200
锌粉	适量	适量
三乙醇胺	适量	适量
增稠剂 FU－335	—	2

【制备方法】

（1）1#制备方法：将丙烯酸、丙烯酸丁酯、苯乙烯混合均匀；将十二烷基硫酸钠溶于 160 份的去离子水中，然后将该溶液加入到装有搅拌器、冷凝器、温度计与加料漏斗的 500mL 四口烧瓶中。加热升温，当内温升至 83℃时，同时滴加丙烯酸等的混合单体和溶于 40 份去离子水的引发剂溶液。要求在 80～84℃，于 1.5～2h 内将料加完。在相同温度下，继续反应 1.5h 即可降温出料。将所得物料与锌粉在搅拌下混合并以三乙醇胺调 pH 值至 8 后，出料包装。

（2）2#制备方法：将 150 份水加入装有搅拌器、冷凝器、温度计与加料漏斗的 500mL 四口玻璃反应瓶中，并将十八烷基三甲基氯化铵放入其中在搅拌下使其溶解。将 6 份过氧化氢放入 50 份水中稀释。当反应瓶升温至 85℃时，开始同时滴加混合单体和过氧化氢溶液，3h 内加完。在此温度下，反应 3h 后，即加完物料后继续在此温度下，反应 2h 便可降温出料。在此料中加入增稠剂使其增稠，再将锌粉混入其中即得防锈漆。

【产品应用】　本品用作防锈漆。

【产品特性】　本品的基料为丙烯酸酯乳液，具有一定的导电性能和吸水性能，可使锌粉之间、锌粉与钢铁之间无须直接接触即能形成完好的电路而达到防锈目的，锌粉用量小，黏合力高，漆膜牢固。

实例23　水性防锈底漆(1)

【原料配比】

原料	配比(质量份)			
	1#	2#	3#	4#
氯乙烯—偏氯乙烯共聚乳液	17.6	15	18.6	16
424#松香树脂	7.2	4.6	7.52	6.5
非离子型乳化剂	0.67 (Oπ型)	0.53 (Oπ型)	0.97 (OS型)	0.75 (OS型)
200#溶剂油	7.2	4.6	7.52	6.4
邻苯二甲酸二辛酯	0.42	0.42	0.62	0.68
三聚磷酸钠	0.11	0.1	0.15	0.01
滑石粉	14	17	14	16
颜料	10 (氧化铁红)	17 (氧化铁红)	14+1.6 (氧化铁黑+炭黑)	9+1 (氧化铁黄+防锈黄)
二甲苯	0.31	0.1	0.45	0.5
膨润土	0.2	0.5	0.4	0.38
鞣酸	0.56	0.5	0.8	0.5
水溶性丙烯酸型增稠剂	1.2	0.4	1.2	0.9
非硅系列聚醚型消泡剂	0.8	0.3	0.42	0.78
水	39.7	38.9	37.5	40.3

【制备方法】

(1)取料:首先按表中的配比选取原料,再将所选取的水按总水量分为四份,每份分别为:

1#:第一份5.55,第二份13.90,第三份4.62,余量为第四份

2#：第一份5.18,第二份12.50,第三份3.90,余量为第四份

3#：第一份4.76,第二份13.45,第三份4.76,余量为第四份

4#：第一份4.03,第二份16.24,第三份5.03,余量为第四份

第一份水需加热至45~55℃。

(2)制色浆:将三聚磷酸钠溶于第一份温水中,制成三聚磷酸钠水溶液,将滑石粉、膨润土、颜料和第二份水加入到上述水溶液中,再用球磨机研磨6~8h,研磨成粒度≤60μm的糊状,制成色浆。

(3)制乳液:将200#溶剂油和二甲苯混合,作为溶剂,在搅拌条件下,向上述溶剂中缓缓加入玉米粒大小的424#松香树脂碎块,直致碎块全部溶解后,再加入邻苯二甲酸二辛酯,继续搅拌,混合均匀,制成松香树脂溶液;将松香树脂溶液、非离子型乳化剂和第三份水放入乳化器中,在温度26~48℃,转速1600~2000r/min的条件下使其乳化,形成乳液;在温度为26~48℃,转速为1600~2000r/min的条件下,向上述乳液中加入鞣酸,使鞣酸均匀分散在乳液中,形成鞣酸—树脂乳液。

(4)合成底漆:用合成器在60r/min的搅拌条件下,将色浆、鞣酸—树脂乳液、氯乙烯—偏氯乙烯共聚乳液和第四份水均匀混合,再加入水溶性丙烯酸型增稠剂和非硅系列聚醚型消泡剂,搅拌均匀,经500目的网过滤后即得水性防锈底漆。

【产品应用】 本品主要应用于防锈底漆。

【产品特性】 本品成本低、性能稳定、无环境污染、不燃烧,能替代油性防锈底漆。

实例24 水性防锈底漆(2)

【原料配比】

原　　料	配比(质量份)			
	1#	2#	3#	4#
PVDC 共聚乳液	100	100	100	100
单宁酸	2.5	1.5	4.5	4.5

原　料	配比（质量份）			
	1#	2#	3#	4#
磷酸	2	3	1.5	1.5
异丙醇	10	12	8	8
改性环氧硅烷偶联剂	—	—	2	1.2

【制备方法】　将 PVDC 共聚乳液和磷酸按比例搅拌均匀,再将由单宁酸和异丙醇组成的混合物加入,混合均匀后加入改性环氧硅烷偶联剂,分散均匀即得产品。

【注意事项】　PVDC 共聚乳液由偏二氯乙烯(90%～95%)、能和偏二氯乙烯共聚的单体(5%～15%)组成的单体混合物(100 份),在非离子型乳化剂(1.5～6 份)及聚合引发剂的存在下进行乳液聚合而成。

【产品应用】　本品主要应用于金属制品和金属构件,如车辆、船舶、桥梁、槽罐等的防锈。

【产品特性】

(1)本品可溶解被涂装表面上的锈,有净化被涂装表面的作用。

(2)本品不会在被涂装物的表面产生化学凝析,且涂装膜平滑,同时能牢固地粘接在被涂装物的表面。

(3)由本品形成的涂装膜能够阻断从外部来的水分和氧气,阻隔性优秀。

(4)本品还具有无毒无污染、阻水、阻氧、耐油性、自熄性、耐化学药品性、防霉等优异性能。因此,特别适用于作带锈金属防护用防锈底漆。

实例25　水性防锈漆(1)

【原料配比】

原　料	配比（质量份）
六偏磷酸钠	4～5
分散剂	4～5

原　　料	配比(质量份)
消泡剂①SPA 202	9 ~ 13
亚硝酸钠	1 ~ 1.4
蒸馏水	160 ~ 180
铁红	125 ~ 140
锌铬黄	5 ~ 5.5
磷酸锌	20 ~ 25
滑石粉	76 ~ 78
防锈剂	2 ~ 4.5
有机膨润土	18 ~ 23
8301 乳液	360 ~ 380
双丙酮醇	8 ~ 16
丙二醇	8 ~ 12
消泡剂②SPA 202	24 ~ 26
增稠剂	14 ~ 15

【制备方法】

(1)配制色浆:

①预先将配制好的 10%六偏磷酸钠水溶液及 20%亚硝酸钠水溶液用蒸馏水配好。

②将 10%六偏磷酸钠水溶液、分散剂、消泡剂①SPA 202、亚硝酸钠、水配入料缸中,分散均匀。

③在搅拌状态下,依次加入铁红、锌铬黄、磷酸锌、滑石粉、防锈剂和有机膨润土粉料,高速分散 15 ~ 20min。

④用砂磨机研磨两道,至细度≤60mm 时待用。测固含量(在80℃条件下测定,理论量为 60.76%)。

(2)配漆工艺:

①先将 8301 乳液加入配料罐中,在搅拌状态下,将双丙酮醇及丙

二醇慢慢加到乳液中,搅拌均匀待用。

②在搅拌状态下,慢慢加入色浆、消泡剂②SPA 202、增稠剂,搅拌均匀后用砂磨机研磨二道,至细度≤60mm 后过滤包装,此时理论上的固含量为 54.53%。

【产品应用】 本品为黑色金属用防腐防锈底漆。

【产品特性】 本品具有以下优点:

(1)以水为介质,无毒、无味、不燃烧、无污染、操作简便,涂刷工具易清洗,生产过程中无三废排放。

(2)本品的耐盐水性明显超出一般醋酸乙烯防锈底漆,浸入3%的盐水中 10 天不起泡不脱落;附着力为一级。

(3)涂料的贮存稳定期在一年以上,在 15℃的气温下 3min 即可涂刷第二遍,比有机溶剂型防锈底漆缩短施工工期2/3 左右。

(4)具有良好的阻燃性,安全性强,对箱型钢结构的内部防腐,其安全性尤为显著。

(5)耐介质性强,可与醇酸橡胶、环氧橡胶、氯化橡胶等溶剂性面漆配套使用。

实例26 水性防锈漆(2)

【原料配比】

原　　料	配比(质量份)		
	1#	2#	3#
水性纳米浆料	8	3	5.5
表面活性剂	0.3	0.8	0.55
分散剂 TC – AT	1	0.5	0.75
消泡剂 BX – 825 或 DF380	0.2	0.6	0.4
防闪锈剂 CH07A	1	0.5	0.75
含氯的酮消菌剂	0.08	0.2	0.14
丙二醇	1.6	1	1.3

原　　料		配比（质量份）		
		1#	2#	3#
颜填料	复合铁钛粉	10	15	12.5
	氧化铁红粉	15	10	12.5
	氢氧化镁钛酸钾晶须	1	3	2
	云母粉	6	2	4
	滑石粉	5	10	7.5
丙烯酸乳液		20	12	16
水性丙烯酸树脂		12	20	16
醇酯-12成膜助剂		1.2	0.8	1
二甲基乙醇胺中和剂		0.2	0.5	0.35
流变剂AF-288		1	0.8	0.9
去离子水		16.42	19.3	17.86

【制备方法】　首先将各种颜填料与去离子水和水性纳米浆料、分散剂、防闪锈剂、含氯的酮消菌剂，在1400r/min转速下混合分散30~40min至均匀，送入砂磨机砂磨；达到标准细度后，经过滤，再加入丙烯酸乳液，水性丙烯酸树脂，醇酯-12成膜助剂；测pH值和黏度，并调整pH值在8~9之间，将黏度调整到90~100s(涂-4杯)，即可包装成品。

【注意事项】　本品所述水性纳米浆料是以天然累托石矿粉为原料，经精选后，按一定比例加到去离子水中，先将天然累托石钠基化，再用氯碳表面活性剂和复合季铵盐对其进行插层改性，使有机铵阳离子进入累托石层间，并使层间距变为2.41~4.75nm，甚至剥离，制得的具有纳米级累托石片层的水性浆料，其固含量为10%；累托石水性纳米浆料对水性涂料可起到良好的改性作用，使涂料的附着力、耐冲击力、柔韧性、硬度等性能有明显的提高。

所述表面活性剂为氟硅类的表面活性剂，具体为全氟辛基四乙基铵盐[$C_8F_{17}\overset{+}{N}(C_2H_5)_4$]、全氟丁基磺酸钾($C_4F_9SO_3K$)、全氟辛基季胺碘化物($C_{14}H_{16}F_{17}IN_2O_2S$)、全氟丁基磺酰胺($C_{10}H_6F_9O_2NS$),以上表面活性剂为单剂使用。

所述分散剂为水溶性涂料分散剂 TC – AT,本品为螯合型钛酸酯,溶于水,是涂料工业中一种新型的分散剂。它除了可使涂料施工方便不流挂外,还可提高漆膜的斥水性和耐磨性。

所述消泡剂可以是涂料专用消泡剂 BX – 825,是一种非离子型不含有机硅的复合型消泡剂,消泡迅速,无毒、无气味,干燥速度快,辅助成膜性好。由于其含有多种优质的消泡成分,因而适用面广,特别适用于消除丙胶乳、乙丙胶乳、纯丙胶乳、醋酸乙烯胶乳等体系的泡沫。也可以采用水性通用性消泡剂 DF380,该消泡剂适合用于水性建筑涂料,工业涂料,水性树脂涂料,苯丙、乙丙、纯丙、聚醋酸乙烯共聚物乳液的疏水性外墙涂料等的消泡。

【产品应用】 本品为黑色金属用防腐防锈底漆。

【产品特性】 本品无毒、无害、安全、环保,且防锈性能优良,超过醇酸红丹防锈漆;经权威机构检测,其耐盐水的能力达到 500h 以上,价格也相对合理。

实例27 水性改性聚酯带锈防锈漆

【原料配比】

原　　料		配比(质量份)		
		1#(铁红底漆)	2#(绿色哑光面漆)	3#(白色哑光面漆)
颜料	铁红	16	—	—
	立德粉	—	—	30
	滑石粉	—	—	1
	高岭土	—	—	1
	美术绿	—	12	—

续表

原　　料		配比(质量份)		
		1#(铁红底漆)	2#(绿色哑光面漆)	3#(白色哑光面漆)
填料	羟甲基纤维素	—	1	—
	碳酸钙	5	—	—
膨润土(防沉剂)		5	—	—
水性改性聚酯树脂		73.6	85	54
聚丙烯酸		0.1	0.2	0.1
苯甲酸钠		0.2	0.5	0.5
甲基硅油		0.1	0.2	0.2
磷酸三丁酯		—	1.1	—
辛醇		—	—	2
UV531		—	—	0.2

其中水性改性聚酯树脂配比:

原　　料	配比(质量份)		
	1#	2#	3#
甘油松香酯	25	—	—
季戊四醇松香酯	—	60	—
松香失水苹果酸季戊四醇酯	25	—	55
聚乙烯醇	35	26	25
聚氧乙烯山梨糖醇酐单油酸酯	—	25	—
正辛醇聚氧乙烯醚	15	—	—
壬基酚聚氧乙烯醚	—	—	20

【制备方法】

(1)将甘油松香酯和/或季戊四醇松香酯类树脂用有机溶剂溶解,配成40%~60%的溶液;将聚乙烯醇在水中加热溶解,配成8%~

20%的溶液;将甘油松香酯和/或季戊四醇松香酯类树脂溶液与非离子表面活性剂混合搅拌 10～30min 后,加入聚乙烯醇溶液混合搅拌 10～30min 直至黏稠,便得到水性改性聚酯树脂。

(2)先将颜料和填料分别与水混合研磨至粒径为 20～40μm,最好配成 50%～70% 的浆料;将防沉剂与水混合,快速搅拌 30min 后,用 300 目滤布过滤,最好配成 2%～10% 的溶液;然后,将水性改性聚酯树脂、聚丙烯酸、苯甲酸钠、甲基硅油、磷酸三丁酯、辛醇和 UV531 混合搅拌 1～2h,用 200 目滤布过滤,便可得到产品。

【产品应用】　本品主要用作防锈漆。

【产品特性】　本品采用市场上廉价易得的原料,省去了生产树脂的工序,从而使本水性工业漆的成本大幅下降,而其质量与同类的油性漆相比,有非常明显的提高,耐水性提高了 29 倍,耐盐水性提高了 9 倍,耐热(200℃×8h)、耐机油性和耐碱性特别好,且可以带锈涂装,免去了除锈和磷化工序,降低了使用成本。本品无毒、无味,不污染环境,因而具备了取代同类油性漆的条件。

实例28　水性工业防锈漆

【原料配比】

原　　料	配比(质量份)		
	1#	2#	3#
水性丙烯酸改性环氧树脂	8	10	11
丙烯酸乳液	40	36	33
消泡剂	0.3	0.2	0.1
润湿剂	0.05	0.1	0.15
分散剂	0.5	0.4	0.3
防闪锈剂	0.3	0.4	0.5
氧化铁红	7.5	8.5	9
滑石粉	6	7.5	8

原　料	配比（质量份）		
	1#	2#	3#
改性磷酸锌	5	8	10
三聚磷酸铝	2.5	8	10
沉淀硫酸钡	3	3.2	3.5
氧化锌	0.5	0.6	0.8
云母氧化铁	3	3.5	5
醇酯 - 12（成膜助剂）	2	1.5	1
三乙醇胺	1	1.5	2
增稠剂	0.3	0.5	0.6
防腐剂	0.05	0.1	0.05
去离子水	20	10	5

其中防闪锈剂配比：

原　料	配比（质量份）		
	1#	2#	3#
聚二醇	0.5	6	8
亚硝酸环己胺	0.5	2.5	3
亚硝酸钠	1	5	8
苯甲酸钠	0.1	2.3	2.8
硫脲	0.1	0.2	0.2
三乙醇胺	0.5	7	10
磷酸	0.1	2	3
磷酸三钠	0.2	5	5
水	97	70	60

【制备方法】

（1）预处理：将水性丙烯酸改性环氧树脂与丙烯酸乳液混合，并进行缓慢搅拌,使其充分混匀,即制得防闪锈剂。

(2)色浆制备:在匀速搅拌下,于去离子水中加入分散剂、润湿剂、防闪锈剂和消泡剂;在高速搅拌下依次加入氧化铁红、改性磷酸锌、三聚磷酸铝、滑石粉、沉淀硫酸钡,待搅拌分散均匀后,注入砂磨机研磨至细度为 $40 \sim 60 \mu m$,即得色浆。

(3)混合调漆:在低速搅拌下,于成膜物质水性丙烯酸改性环氧树脂、丙烯酸乳液中慢慢加入色浆、消泡剂、成膜助剂醇酯-12、增稠剂、防腐剂,调 pH 值至 $8 \sim 8.5$,反应 $2 \sim 3d$ 后过滤包装即得成品。

【产品应用】 本品主要应用于船舶、各种车辆、机械设备、铁塔、锅炉等钢铁构件的防锈防腐涂装。

【产品特性】 与国内外同类产品相比,本品解决了闪锈和早锈问题,防锈性好、自干快、附着力强、硬度高、耐磨、施工性较好,解决了同类产品 VOC 含量偏高及重金属离子如 Cr^{6+}、Pb^{2+}、Hg^{2+} 含量超标的问题,符合环保要求,且制备工艺合理,可操作性强,产品性能稳定。

实例29 水性金属自干防锈漆

【原料配比】

原　　料	配比(质量份)		
	1#	2#	3#
SD-688 纯丙乳液	20	30	10
SD-588 苯丙乳液	20	10	30
SE-60 环氧乳液	15	5	30
MO-2140 聚氨酯树脂	5	10	20
纳米有机硅乳液	2	5	2
丙二醇甲醚	2	—	—
丙二醇苯醚	—	—	20
超细云母粉	5		
超细磷铁粉	3		

原　　料	配比(质量份)		
	1#	2#	3#
超细云母粉和超细磷铁粉	—	—	8
醇酯－12	—	15	—
磷酸锌粉	—	10	—
Additol VXW 6206/6240 催干剂	1	5	—
水性催干剂	—	—	1
水性防沉剂 ASA－1	5	8	5
水性增量剂 BC－1	2	3	2
乙醇	3	—	—
异丙醇	—	10	—
乙酸乙酯	—	—	20

【制备方法】 将纯丙乳液和苯丙乳液加入分散容器中,以 600r/min 的转速低速搅拌 10～15min,使其均匀混合,再依次加入聚氨酯树脂、纳米有机硅乳液和丙二醇甲醚或丙二醇苯醚以 600r/min 的转速搅拌 10～15min,使其均匀混合,然后依次加入超细云母粉和/或超细磷铁粉、醇酯－12、磷酸锌粉、催干剂和防沉剂,低速搅拌 10～30min 后,再以 1200r/min 的转速高速分散 30～50min,检测细度≤45μm 时,将转速降低至 800r/min,最后加入增量剂、乙醇(或异丙醇或乙酸乙酯)后,低速搅拌 10～20min,取样检测,合格后包装入库。

【产品应用】 本品用作防锈漆。

【产品特性】

(1)本品通过改善成膜物——纯苯乳液、苯丙乳液、环氧乳液、聚氨酯和有机硅以及加入各种助剂,可使成膜物的温度降低,同时增大固体含量,并让稀释剂迅速挥发,以达到快速成膜的目的。

(2)独特的防腐蚀、耐候机理:本品以改性丙烯酸乳液、环氧乳液、聚氨酯树脂、有机硅等树脂为成膜物,使油溶性树脂分散于水中,形成热力学稳定体系,兼顾氧化型同自乳化型树脂的复配同接枝,使水性环氧得到了良好的平衡。优选新一代离子稳定型自乳化"核—壳"结构的水性树脂,采用低吸油、吸水的锌盐、磷盐、硅酸锌颜料及片状高封闭性填料,形成了三维结构的网状漆膜,具有硬度高、附着力强、耐水、耐盐、耐碱、耐酸、耐候的防腐效果。

(3)漆膜的性能优异:本品形成的漆膜,具有硬度高、耐划伤、附着力强、耐盐雾、耐盐水、耐酸碱、耐水、耐油、抗紫外光、耐老化、抗低温、耐湿热、在旧漆膜表面可重复使用,不会造成漆膜损伤,超强的漆膜柔韧性等。一般漆膜的寿命可达8~10年。

(4)增效节能降低成本:本品采用的原料全部为纳米级,省去了砂磨操作,即有利于确保产品质量,又有利于降低加工成本。

实例30 水性铁锈转化防锈底漆

【原料配比】

原　　料	配比(质量份)	
	1#	2#
单宁酸	27	35
磷酸	8	—
柠檬酸	—	5
偏氯乙烯改性丙烯酸树脂乳液	48	50
脂肪醇聚氧乙烯醚	0.5	0.5
丙二醇	10	5
磷酸三丁酯	0.5	0.5
山梨酸钾	0.3	0.3
去离子水	5.7	3.7

【制备方法】 按配比在料桶中加入去离子水,加入脂肪醇聚氧乙烯醚,同时升温至65℃;加入丙二醇,开动高速分散机,将转速调整到

500r/min 以上保持 10min;加入磷酸三丁酯、山梨酸钾、单宁酸、磷酸或柠檬酸,并将转速调至 1200r/min,搅拌 50min,再冷却到 22℃;加入偏氯乙烯改性丙烯酸树脂乳液,将转速调至 800r/min,搅拌 15min 后出料。

【产品应用】 本品主要使用在已经产生锈蚀的钢铁表面,一般常见的钢件是热轧及冷轧件,热轧件的表面有一层蓝灰色的氧化皮,具有一定的防腐能力,但在短时间内就会因为基材生锈而使氧化皮浮起,而本品对氧化皮也有较好的转化效果。冷轧板表面一般有一层防锈油,需要先用脱脂剂将防锈油彻底除去,这样再使用本品就有较好的效果。其他的铸铁件因为表面存在空隙及微裂纹等,较钢件等更容易生锈,且浮锈等更严重。尽管产品设计时已最大限度地考虑了对铁锈转化的彻底性,但为降低底漆的材料成本,建议用钢丝刷将浮锈、浮氧化皮或较厚的锈层去除掉。本品可以直接使用,一般不建议兑水。

【产品特性】

(1)本品可直接在有锈的钢铁表面涂装,且涂装方式不受限制,刷、辊、浸、喷均可,对锈层的转化非常彻底。

(2)转化膜附着力极好,柔韧性好,适合各种形状的工件。

(3)转化膜有非常好的抗性,且与各种面漆的配伍性良好。

(4)本品能满足钢结构表面既要防腐又要有一定防火能力的要求。

实例31 特种除锈防锈漆

【原料配比】

原　　料	配比(质量份)
聚乙烯醇缩丁醛树脂	7.5
乙醇	37.5
酚醛树脂	9
甲苯	15
磷酸	3.2

原　　料	配比（质量份）
柠檬酸	1.8
滑石粉	5
氧化铁红	8
锌铬黄	0.6
氧化锌	4
水	3

【制备方法】　将配方中各组分在混合罐中混合均匀，然后研磨至要求细度便得到产品。

【产品应用】　本品被广泛应用于桥梁、车辆、集装箱、船舶、钢窗、机械设备及管道等需除锈防锈的工件上。

【产品特性】

（1）将本品涂刷在有锈的钢铁构件表面后，溶剂逐渐蒸发，体积缩小，使分散的聚乙烯醇缩丁醛树脂和酚醛树脂分子相互接近，直到形成漆膜。这两种树脂成膜后的机械性能优良，且与转锈剂（磷酸、柠檬酸）相溶（转锈剂能与铁锈形成络合物或螯合物，这种物质又溶于漆膜中，变成了有用成分），乙醇、水、锌铬黄、氧化锌对那些没完成转化的铁锈具有润湿、渗透、稳定等作用，将铁锈分离并包围在漆料中，阻止锈蚀的进一步发展。用锌铬黄作稳定剂，无毒、易购，它能和金属表面及树脂形成高分子络合物。

这种络合物可以和漆料的极性基团进一步络合，生成稳定的交联络合物以增强漆膜的耐水性和附着力，同时又和 Fe^{3+}、Fe^{2+} 形成络合物，阻止锈的形成和发展。在漆料中加入少量的水，既对酸的反应起活化作用，加强了转锈剂与稳定剂对锈的转化力，又降低了成本。

（2）本品与金属的络合能力好、防锈寿命长、干燥快、使用方便、成本低，漆膜可耐180℃的高温，是目前较为理想的除锈防锈漆。

实例32 铁红水溶性防锈底漆

【原料配比】

原　　料	配比（质量份）
漆料	0.52
环烷酸铅	0.0015
环烷酸锰	0.015
轻质碳酸钙	0.091
滑石粉	0.05
沉淀硫酸钡	0.091
氧化铁红	2.08

其中漆料配比：

原　　料	配比（质量份）
线麻油	0.32
顺酐	0.08
烃类树脂	0.09
氨水	0.082
丁醇	0.1
去离子水	1.097

【制备方法】

（1）漆料的制备方法：按配比称取各原料，先将线麻油加入合成釜中，开动搅拌，然后将粉碎好的顺酐和烃类树脂加入釜中，加热升温，逐渐升温到205~215℃，保温1.5~5h，取样测定黏度，当达到6~8s时为合格，停止加热；然后降温到100℃加入丁醇，再降温到60℃缓慢加入氨水，使反应液的pH值达到8~8.5为止，然后加入去离子水进行稀释，使黏度降为1.0~1.5s，即得漆料。

（2）底漆的制备方法：将黏度 1.0~1.53s 的漆料按量加入配漆釜中，在高速搅拌下，逐步加入配方中的其余组分，混合均匀后，经过研磨机进行研磨分散，使研磨细度达到 50μm 以下，即为成品。

【产品应用】　本品主要用作防锈底漆。

【产品特性】　该底漆的生产方法工艺简单，原材料来源丰富易得，从根本上取消了苯类有毒溶剂，解除了底漆生产和施工中存在的环境污染和对人身的危害，显著降低了原材料成本，提高了产品质量。

第二章　通用胶黏剂

实例1　淀粉树脂胶黏剂

【原料配比】

原　　料	配比(质量份)
淀粉	100
水(1)	100
水(2)	250
硫酸亚铁铵(催化剂)	1.5
过氧化氢(27.5%)	适量
膨润土(络合剂)	32
氢氧化钠(98%)	6.5
硼砂(95%)	1.2
催干剂(树脂)	4
消泡剂(磷酸三丁酯)	0.48

【制备方法】　在搅拌机中加入 60～70℃ 的水(1),投入淀粉,搅拌均匀后加入过氧化氢、硫酸亚铁铵,反应 1～1.5h;然后,加入氢氧化钠,糊化以上被氧化的淀粉溶液,糊化完成后,再加入水(2)、膨润土进行络合;反应完成后,加入硼砂、催干剂,最后加入消泡剂即可得成品。

【产品应用】　本品可以适用于多种领域。

【产品特性】　本品生产设备无特殊要求,工艺流程简单;在化学反应过程中不需要加热,生产周期短;性能优良,干燥速度快,粘接效果好。

实例2　多功能环保胶黏剂

【原料配比】

原　　料	配比（质量份）			
	1#	2#	3#	4#
母液	60	55	65	70
偶联剂	8	10	8	10
增黏剂（增黏树脂或松香增黏剂）	15	20	20	10
固化剂（环氧树脂 C-2）	4	4	2	5
增白剂 VBL	10	8	5	5
石膏粉	2	3	—	—
白水泥	1	2	—	—

其中母液和偶联剂配比：

原　　料		配比（质量份）			
		1#	2#	3#	4#
母液	废旧橡胶轮胎	10	15	10	10
	废旧聚苯乙烯	30	35	30	30
	200#溶剂油	60	80	60	60
偶联剂	废旧玻璃	30	20	30	30
	沥青	100	60	100	100

【制备方法】

（1）将废旧橡胶轮胎及废旧聚苯乙烯除污洗净晾干，然后送入封闭式强力粉碎机进行粉碎，与200#溶剂油按1:1.5进行配比，再投入半封闭式的容器中，于常温下搅拌均匀，便制得母液。

（2）将废旧玻璃除污洗净捣碎，与沥青按0.3:1进行配比，然后投入高压反应器中，在200~250℃温度下，搅拌至充分溶解，便制得有机硅偶联剂。

(3)将母液、有机硅偶联剂、增黏剂、固化剂、增白剂、石膏粉、白水泥放入反应器中,在 65～100℃ 的温度下,搅拌均匀,反应时间约为 2～3h,待充分聚合后,自然冷却,然后进行杂质分离,便可制得成品。

【产品应用】 本品适用于多种领域。

【产品特性】 本品原料易得,充分利用了废旧聚苯乙烯及废旧橡胶制品,从而降低了成本,减少了资源的浪费。本品中无有害物质,不损害人体健康,有利于环境保护。

实例3 多用途胶黏剂

【原料配比】

原　　料	配比(质量份)		
	1#	2#	3#
丁腈橡胶	100	100	100
腰果油树脂	100	—	100
酚醛树脂	200	300	200
乙酸乙酯	300	300	300
丁酮	100	100	100
乙醇	50	—	—
二氧化锰	2	—	2
氧化镁	2	2	—
硬脂酸	1	1	1
乌洛托品	6	—	—
KH-550	0.3	0.2	0.2
促进剂 PX	0.5	0.5	0.5
炭黑	10	10	10
硫黄	2	2	2
促进剂 M	1	1	1

【制备方法】　将各组分在混合罐中混合均匀即得成品。

【产品应用】　本品可用于房屋装饰中有关木、纸等物质的粘接，特别适用于火车、汽车刹车片的粘接。使用时,可进行喷涂、条涂、刷涂、浸胶,固化时间为 40min 至 3h,使用温度为 −50～350℃。

【产品特性】　本品性能优良,黏合力强,粘接效果好,耐高温,无毒无公害;成本低,工艺流程简单,使用方便。

实例4　防水胶黏剂

【原料配比】

原　　料		配比（质量份）		
		1#	2#	3#
废旧发泡聚苯乙烯接枝共聚物	聚苯乙烯胶液	100	100	100
	增塑剂	15	5	15
	松香	7	15	7
增黏树脂		8	24	16
填料		232	192	120
稳定剂		10	5	24
紫外线吸收剂		2	5	1

【制备方法】　将废旧发泡聚苯乙烯接枝共聚物、增黏树脂、填料、稳定剂和紫外线吸收剂投入到混凝土搅拌机中进行混匀,然后将已混合的胶料引入三辊研磨机中进行研磨分散,达到 250～350 目即制得成品。

【注意事项】　废旧发泡聚苯乙烯接枝共聚物采用聚苯乙烯（EPS）接枝共聚物,即将 EPS 胶液与增塑剂、松香等单体用化学接枝的方法进行制备,所用的增塑剂可选用邻苯二甲酸酯类（如邻苯二甲酸二丁酯、邻苯二甲酸二辛酯）。具体制备方法如下:将回收的废旧聚苯乙烯泡沫 EPS 不加清洗投入到有溶剂（可选用芳香烃、氯代烃、溶剂油、甲乙酮、二甲苯等）罐中,而后封闭自化 96h,再用油泵将已溶好的胶液抽出备用;在带有搅拌器、冷凝器的三口烧瓶中加入聚苯乙烯胶液、增塑剂、松香,加热进行熔化,温度控制在 65~85℃,反应时间为 40~60min,即可得到共聚物。

增黏树脂可选用羧基丁苯胶乳、丁腈橡胶、松香树脂、PVC 树脂等。

填料可选用 250~325 目大理石粉、300~325 目透辉石粉、250~400 目硫黄粉、200~300 目高铝水泥、200~300 目石膏粉、150~450 目黑黏土、150~450 目轻烧粉、325 目高岭土、400~600 目滑石粉、氧化锌、硼砂粉、氧化镁、松香粉中的两种或两种以上的混合物。其中,黑黏土、轻烧粉作为助黏剂,石膏粉、高铝水泥作固化耐碱剂,硫黄粉作耐酸助剂,高岭土用于提高耐干湿、耐碱、抗老化性,滑石粉作稳定剂、润滑助剂。

稳定剂可选用氧化锌、硬脂酸钙、硬脂酸铝、炭黑银粉、钛白粉等。

紫外线吸收剂可选用 2-(3′,5′-二特丁基-2′-羟基苯基)-5-氯苯并三唑。

【产品应用】　本品可用于游泳池、厨房、地下室、卫生间、浴池及内外墙壁装饰的大理石、花岗岩、陶瓷砖、釉面砖、马赛克、水泥制地板砖、木制地板砖、塑料地板砖等的粘贴,也可用于屋面防漏、地面防潮、管道防渗等。

【产品特性】　本品成本低,稳定性好,贮存期长;防水性能优异,浸泡 100h 无剥落、开裂现象;剪切强度高,耐酸碱及耐温度变化性能好;用途广泛,使用方便,不造成二次污染,有利于环境保护。

实例 5　改性胶乳压敏胶黏剂

【原料配比】

原　　料	配比(质量份)	
	1#	2#
改性天然橡胶胶乳	50	45

续表

原　　料	配比（质量份）	
	1#	2#
增黏树脂	45	45
改性剂	5	10

其中改性天然橡胶胶乳配比：

原　　料	配比（质量份）	
	1#	2#
天然橡胶胶乳	100	100
乳化剂（十二烷基硫酸钠）	3	5
稳定剂（酪素）	3	5
催化剂（芳香碱）	适量	适量
单体	40	30
引发剂	0.09	1.5

【制备方法】

（1）先将天然橡胶胶乳放入反应釜中，启动搅拌器并升温，当温度升至55℃时，分别加入乳化剂和稳定剂，搅拌100min后，加入催化剂，继续搅拌80min后，在55℃温度下保温反应20h；冷却后，加入单体与引发剂，控制升温速度为5℃/h，当温度升至30℃时，反应3h，即完成降解共聚过程，制得改性天然橡胶胶乳。

（2）将改性天然橡胶胶乳与增黏树脂、改性剂混合，在常温下搅拌均匀，即得成品。

【注意事项】　本品中乳化剂可选用十二烷基硫酸钠，稳定剂可选用酪素，催化剂可选用芳香碱。

【产品应用】　本品广泛适用于多种领域。

【产品特性】　本品与被粘物表面的流动性和润滑性好，粘接力强，粘接牢固，性能稳定；成本低，工艺流程简单，设备投资少，无副产品,对环境无污染,经济效益好。

实例6　工程装饰胶黏剂

【原料配比】

原　　料		配比(质量份)
A组分	异氰酸酯	83
	聚醚树脂	17
B组分	异氰酸酯	6
	蓖麻油(或聚醚树脂)	84
	聚醚树脂	10
	促进剂(三乙烯二胺)	0.5
	活性剂(硅油)	5
	膨胀剂(氟利昂11)	50
	阻燃剂(三氧化二锑)	17

【制备方法】

(1)在带有搅拌器的1#反应釜中加入异氰酸酯3份、聚醚树脂,在常压下搅拌预聚合,搅拌速度为200r/min,温度控制在80~120℃,预聚合时间为4~8h;然后,再加入异氰酸酯80份,搅拌混合便得A组分。

(2)在带有搅拌器的2#反应釜中加入异氰酸酯、蓖麻油,在常压下搅拌预聚合,搅拌速度为200r/min,温度控制在80~120℃,预聚合时间为4~8h。

(3)在3#反应釜中,加入聚醚树脂、促进剂,加热至60~80℃搅拌溶解,然后将物料放入2#反应釜中,再加入活性剂混合搅拌,使之充分混匀。

(4)取2#反应釜中的混合液放入另一混合器中,加入膨胀剂、阻燃剂,混合搅拌后得淡黄色液体,作为B组分。

(5)将A组分与B组分混合为泡沫状成品,即可使用。

【产品应用】 本品可用于一般纸、木质装饰材料的黏合,也可用于水泥板、花岗岩板、大理石、瓷片、玻璃、塑料、金属板、石膏装饰板的黏合,还可用于补漏。

【产品特性】 本品粘接功能多,粘接力强,操作简便,效率高,防火防潮性能好,无毒无味,对环境污染小。

实例7 固体胶黏剂

【原料配比】

原　　料	配比(质量份)
聚乙烯醇缩丁醛	16
酚醛树脂	6.1
环氧树脂	3.6
乙醇	32
丙酮	8.1
硬脂酸	4.8
月桂酸	2.4
氢氧化钠	1.6
氢氧化钾	0.3
水	22
甘油	0.5
聚乙二醇	0.5
山梨醇	0.6
淀粉	0.8
碳酸钙	0.7

【制备方法】

(1)在容器A中将聚乙烯醇缩丁醛溶解于一部分乙醇中,然后加入酚醛树脂并搅拌均匀;在容器 B 中将环氧树脂溶解于丙酮;再把容器 A、B 中的两种溶液倒在一起混合均匀,制得液体①。

(2)将硬脂酸和月桂酸加热融化,再滴入事先配好的氢氧化钠和氢氧化钾的混合溶液,边滴加边搅拌,滴完后,再加入剩余的乙醇,使其充分溶解,制得液体②。

(3)将液体①和液体②混合,水浴加热,在搅拌情况下加入甘油、聚乙二醇、山梨醇、淀粉和碳酸钙,温度控制在 65~85℃,反应时间为 30~70min,直至全部变为黏稠状胶体,然后将胶体趁热注入口红式的管状容器中成型,冷却凝固后即为成品。

【产品应用】 本品适用于粘接纸张、木材和织物,也可用于粘接玻璃、陶瓷和金属。

【产品特性】 本品质地细腻,粘接力强,固化速度快,收缩率较小,耐水性能好,保存期限长,适用性广。

实例8 环氧结构胶黏剂

【原料配比】

原　料		配比(质量份)
改性环氧树脂	羧基丁腈橡胶	16.7
	环氧树脂	83.3
固化剂	二元胺	36.6
	双酚 A	7.2
	丙烯腈	18.3
	环氧树脂	20.7
	咪唑类化合物	13.3
	硅烷偶联剂	3.9
无机填料		适量
触变剂白炭黑		—

【制备方法】

(1)将羧基丁腈橡胶与环氧树脂放入反应器中,在 120～170℃抽真空(余压 1333～3999Pa)恒温反应 1～2h 制得改性环氧树脂,作为 A 组分。

(2)在另一反应器中放入二元胺,加热使之溶解,在搅拌情况下加入双酚 A、丙烯腈、环氧树脂恒温反应 1～2h,再在抽真空下(余压 1333～3999Pa)反应 1～2h,加入咪唑类化合物反应 1～2h,然后加入(最好是冷却后加入)硅烷偶联剂,制得固化剂(合成反应温度为 70～150℃,最佳为 90～120℃,整个反应时间为 3～6h),作为 B 组分。

(3)将固化剂(B 组分)与改性环氧树脂(A 组分)充分混合均匀,便得成品,即可使用。

【注意事项】 在本品中,无机填料或触变剂可根据需要添加于 A 或 B 组分中,不过最好在 B 组分中加入。环氧树脂可选用酚醛环氧树脂、氨基多官能环氧树脂、双酚 A 环氧树脂。二元胺可选用己二胺、间苯二胺、4,4-二氨基二苯基-甲烷。咪唑类化合物可选用咪唑、2-乙基-4-甲基咪唑、2-甲基咪唑等,最佳为 2-甲基咪唑。硅烷偶联剂可选用 γ-氨丙基三乙氧基硅烷(最佳)、γ-环氧化丙氧基三乙氧基硅烷、二乙烯三氨基丙基三乙氧基硅烷。无机填料可选用瓷粉、硅微粉、玻璃纤维、铸铁粉、二硫化钼、碳化钨等。

【产品应用】 本品适用于潮湿面、油面及对金属、塑料、陶瓷、硬质橡胶、木材等多种材料的粘接。使用时,将胶液均匀地涂布于被粘物表面上即可黏合,并施加压力,使两黏合面达到良好的接触。

【产品特性】 本品原料丰富易得,成本低,技术路线合理可行,产品质量稳定;粘接牢固,室温固化,低温下也可固化,韧性强,耐高温,具有优异的耐油、耐水、耐酸碱及耐有机溶剂的性能;无三废排放,对环境无污染。

实例9 环氧树脂胶黏剂

【原料配比】

原　　料	配比(质量份)			
	1#	2#	3#	4#
环氧树脂	100	100	100	100
环氧端基聚硫橡胶	190	70	150	220
固化剂	12	7	9	12
固化促进剂	10	3	6	10
消泡剂	0.5	1.2	1	0.3
硅烷偶联剂	0.5	1.5	0.8	0.5
颜料	100	30	100	120
填料	60	80	50	40
触变剂	2	2	4	8

【制备方法】　将固化促进剂、固化剂和环氧端基聚硫橡胶置于100℃油浴中反应1h,得到预反应产物;冷却后,加入环氧树脂、填料、颜料、消泡剂、硅烷偶联剂、触变剂,搅匀后置于三辊机上辊轧两遍,再置于压力容器内,于搅拌下抽真空脱泡,即得成品。

【注意事项】　生产过程中,环氧树脂可选用双酚A环氧树脂、双酚F环氧树脂、酚醛环氧树脂、缩水甘油酯型环氧树脂、缩水甘油胺型环氧树脂等其中的一种或者几种的混合物。环氧端基聚硫橡胶为增韧剂,并可先经过预反应处理,具体做法是先将环氧端基聚硫橡胶与固化剂和固化促进剂在90～100℃下预反应50～60min。经该方法处理的聚硫橡胶,在胶黏剂体系中将作为环氧树脂的固化剂。固化剂选用环氧树脂的常用固化剂双氰胺。固化促进剂可选用2-乙基-4-甲基咪唑、2-苯基咪唑、2-苯基-4-甲基咪唑、2-十一烷基咪唑、2-十七烷基咪唑及它们的三嗪复合物系列,氰尿酸复合物系列以及3-苯基-1,1-二甲基脲中的一种或几种。消泡剂选用不含硅的高相对分子质量聚合物的消泡剂,具体可选用 BYK - 051、BYK - 052、BYK - 053、BYK - 055、BYK - 057、BYK - 555 等。偶联剂选用硅烷偶联剂,具体可选用 KH - 550,KH - 560,KH - 570 等。颜料可选用钛白粉和炭黑。填料可选用碳酸钙、硅微粉、氧化铝粉中的一种或几种。触变剂常用的为气相二氧化硅、有机膨润土、聚乙烯蜡、触变树脂等。

【产品应用】 本品为工程胶黏剂,广泛用于多种金属和非金属材料的粘接。

【产品特性】 本品工艺简单合理,粘接性能优良,黏度适宜,可用机械泵输送,弹性、触变性、耐水耐候性好,剪切及剥离强度高,使用方便。

实例 10 胶黏剂(1)

【原料配比】

原　　料	配比(质量份)
A90 氯丁胶片	13.27
天然橡胶	1.47
210 树脂	5.16
松香	0.29
古马龙树脂	0.147
甲苯	64.9
120# 汽油	14.74

【制备方法】 依次将甲苯、120#汽油、A90 氯丁胶片、天然橡胶、210 树脂、古马龙树脂、松香投入反应罐中,投料的同时反应罐运转,反应时间为 16 ~ 18h,反应结束后即可制得成品。

【产品应用】 本品适用于皮革、橡胶、木材等材料的粘接。

【产品特性】 本品成本低,工艺流程简单,各项物理性能良好,粘接强度及抗拉强度高,性质稳定,使用方便。

实例11 胶黏剂(2)

【原料配比】

原　料			配比(质量份)	
			1#	2#
A组分	半成品	氧化沥青	22	20.5
		澄清油	15	18
		膨润土	10	9
		轻质碳酸钙	0.5	0.5
		十二烷基硫酸钠	0.03	0.03
		水	52.47	51.97
	溶剂		50	50.5
	添加物		0.7	0.5
B组分	泡沫塑料		20	21
	芳烃溶剂		22	25
	合成橡胶		24	26
	松香酸		3	1
	松香		1	—
	30#石油醚		适量	26

【制备方法】

(1)将水温升至40～60℃,将膨润土调成糊状,在不断搅拌的情况下,分数批加入已混合好的氧化沥青和澄清油混合物,依次分批加入水、十二烷基硫酸钠、轻质碳酸钙,维持温度在50～90℃,反应3～5h,经过滤干燥制得半成品,再加入溶剂和添加物,搅拌3～5h,可制得A组分。

(2)在反应釜内加入芳烃溶剂,分批加入泡沫塑料,在不断搅拌的情况下加入碎块的合成橡胶、松香或松香酸,温度控制在40～60℃,待完全溶解后,加入30#石油醚,便可制得B组分。

（3）按比例将 A 组分与 B 组分混合，不断搅拌约 1~2h，即得成品，贮于密封容器内，安置于通风阴凉处。

【注意事项】 生产本品时所用的溶剂可选用石脑油、抽余溶剂油、30#石油醚或120#橡胶溶剂油。添加物可选用炭黑、滑石粉或气相二氧化硅。泡沫塑料可选用聚苯乙烯泡沫塑料。芳烃溶剂可选用混合二甲苯或 C_9 芳烃溶剂。合成橡胶可选用顺丁橡胶、丁苯橡胶或氯丁橡胶。

【产品应用】 本品可用于水泥、木材、瓷砖、纸张、钢材、玻璃、塑料、陶瓷等材料的粘接。特别适合于不仅要求粘接牢，且粘接后要求长期工作于水、盐水、强酸、弱碱溶液的领域。

【产品特性】 本品原材料丰富易得，成本低、制造工艺简单；粘接强度大，固化时间短，防腐与密封隔水性能好，使用方便。

实例12 胶黏剂（3）

【原料配比】

原 料	配比（质量份）				
	1#	2#	3#	4#	5#
苯乙烯－丁二烯－苯乙烯嵌段共聚物（SBS）	20	20	25	22.5	21.5
氯磺化聚乙烯（CSPE）	10	10	5	7.5	8.5
金属氧化物	1	1	2	1.5	1
稳定剂	5	5	10	7.5	5
氯化石蜡	—	—	—	—	5
甲苯	100	100	120	120	120
松香	30	20	10	15	12
C_5 石油树脂	10	20	30	25	28
甲苯二异氰酸酯（TDI）	6	8	10	8	5
防老剂	0.5	0.5	1	1	1

【制备方法】

(1)将 SBS、CSPE、金属氧化物、稳定剂、氯化石蜡与65% ~75%用量的甲苯混合后溶解,再加入松香和 C_5 石油树脂溶解。

(2)将 TDI 与其余的甲苯混合溶解,然后将该溶液分批加入上步 SBS 的混合物中,控制温度在 80 ~ 85℃,反应 3h,加入防老剂,冷却后出料即可。

【注意事项】 生产本品所用稳定剂可选用 SBS 与甲基丙烯酸甲酯(MMA)及丙烯酸(AA)的接枝聚合物溶液。可通过以下方法制得:在装有电动搅拌器、温度计、回流冷凝管、加热水浴的三口烧瓶中加入甲苯和 SBS,搅拌使之溶解,加热至 85℃;加入溶有引发剂的甲基丙烯酸甲酯,搅拌,通 N_2 保护,温度保持在 89 ~91℃,反应 1h;加入丙烯酸,继续反应 2h;加入防老剂,搅拌均匀,冷却后倒出,即得到无色透明黏稠胶液——稳定剂。其具体配比(质量份)如下:SBS 为50,甲苯200,甲基丙烯酸甲酯35,丙烯酸3,引发剂[过氧化苯甲酰(BPO)]0.4,防老剂1。

金属氧化物选用 MgO 和/或 ZnO;防老剂选用 2,6 - 二叔丁基对甲酚(BHT)。

【产品应用】 本品适用于金属与非金属间的粘接,可用于通风管道和保温材料间的粘接,也可用于其他通用场合如木材与木材、木材与防火板的粘接。

【产品特性】 本品的粘接强度高,附着力强,耐热性能好,价格低廉,无须专门设备,操作简便。

实例13 聚氨酯胶黏剂(1)

【原料配比】

原 料		配比(质量份)					
		1#	2#	3#	4#	5#	6#
A组分	聚酯多元醇Ⅰ	100	80	—	—	—	—
	聚酯多元醇Ⅱ	—	—	100	100	100	92.3

续表

原　　料		配比（质量份）					
		1#	2#	3#	4#	5#	6#
A组分	乙酸丁酯	14.4	16	5.2	5.4	5.5	6.9
	乙酸乙酯	58.8	58.8	19.3	20	20.3	15.1
	二异氰酸酯	13.1	13.6	5.2	8.6	8.2	8.26
	1,4－丁二醇	—	—	—	—	2.1	1.83
	丙酸与双酚A环氧树脂加成多元醇	20	20				
	乳酸与双酚A环氧树脂加成多元醇	—	5	—	—	—	—
	丁酮	34	34	10.5	10.8	11.1	9
B组分	二异氰酸酯	400	400	400	400	400	400
	乙酸乙酯	167	167	167	167	167	167
	三羟甲基丙烷	99.6	99.6	99.6	99.6	99.6	99.6

【制备方法】

（1）A组分的制备：

①1#、2#配方：将聚酯多元醇Ⅰ和乙酸丁酯加入带冷凝器的反应瓶中，在搅拌条件下加入二异氰酸酯，反应温度控制在50~70℃，反应1h后加入丙酸与双酚A环氧树脂加成多元醇、乳酸与双酚A环氧树脂加成多元醇，继续反应1h，反应温度控制在90~100℃；反应结束后，加入丁酮及乙酸乙酯，稀释成固含量为50%的溶液即可。

②3#、4#配方：将聚酯多元醇Ⅱ和二异氰酸酯、乙酸丁酯加入带冷凝器的反应瓶中，在搅拌条件下，控制反应温度，保温1h，然后加入丁酮和乙酸乙酯，稀释成固含量为75%的溶液即可。

③5#、6#配方：将乙酸丁酯和二异氰酸酯加入带冷凝器的反应瓶中，在搅拌条件下缓缓滴加1,4－丁二醇，保持反应温度在60~65℃，滴加完后在65~70℃下继续反应1h，然后加入聚酯多元醇Ⅱ，在搅拌

条件下,控制反应温度继续反应 1h;反应结束后,加入丁酮和乙酸乙酯,稀释成固含量为 75%的溶液即可。

(2)B组分的制备:在装有搅拌器、温度计、冷凝器的反应瓶中加入二异氰酸酯和乙酸乙酯,然后在搅拌条件下分 6~10 次加入三羟甲基丙烷,控制反应温度在 60~65℃,加完后在 70℃下继续反应 1h,制得固含量为 75%的异氰酸根封端的加成物(多异氰酸酯Ⅰ)。

【注意事项】 聚酯多元醇Ⅰ可通过以下方法制得:将对苯二甲酸、间苯二甲酸、己二酸、甲基丙二醇和乙二醇混合后在氮气保护下进行缩聚,反应温度控制在 160~230℃ 之间,当反应体系的酸值降至 10mgKOH/g 以下时,抽真空继续反应,直到酸值降至 1mgKOH/g 以下即可。

聚酯多元醇Ⅱ可通过以下方法制得:将马来松香、对苯二甲酸、己二酸和一缩二乙二醇混合后在氮气保护下进行缩聚,反应温度控制在 200~230℃ 之间,当反应体系的酸值降至 10mgKOH/g 以下时,抽真空继续反应,直到酸值降至 1mgKOH/g 以下即可。

【产品应用】 本品可用作食品包装中的铝/塑复合材料、建筑装饰材料、光缆、电缆等连接用胶黏剂。使用时,将 A、B 两组分按 100: 15 比例混合均匀,再加入 130 份醋酸乙酯,混合均匀后,涂布于塑料薄膜、塑料板材或铝箔表面,然后进行复合即可。

【产品特性】 本品性能优良,具有极高的剥离强度,耐沸水蒸煮。

实例 14　聚氨酯胶黏剂(2)

【原料配比】

原　　料		配比(质量份)		
		1#	2#	3#
主剂	聚酯醇	100	100	100
	聚酰胺	6.8	3	4
	多异氰酸酯	10	5	12
	有机溶剂	116.8	58	50

续表

原　　料		配比（质量份）		
		1#	2#	3#
固化剂	多异氰酸酯	120	适量	120
	多元醇	30	适量	30
	有机溶剂	150	适量	150

【制备方法】

(1)将聚酯醇与聚酰胺及多异氰酸酯溶解于有机溶剂中,在 50 ~ 100℃温度下反应 2 ~ 4h,可得聚氨酯预聚物溶液,即主剂。

(2)将多异氰酸酯与多元醇混合,在 40 ~ 100℃温度下反应 1 ~ 6h 后,降温至 50 ~ 70℃,加入有机溶剂,制得异氰酸根值为 10% ~ 15%,游离二异氰酸酯含量小于 0.5%的固化剂。

(3)将主剂和固化剂按 100:(10 ~ 20)比例混合为成品即可使用。

【注意事项】 生产本品时所用的多元醇可选用乙二醇、1,2 - 丙二醇、1,4 - 丁二醇、1,6 - 己二醇、新戊二醇、二甘醇、一缩二丙二醇、三羟甲基丙烷、甲基丙二醇、1,2,6 - 己三醇、甘油、季戊四醇、双酚 A 中的一种或两种以上的混合物;最佳为乙二醇、二甘醇、新戊二醇、1,4 - 丁二醇中的一种或两种以上的混合物。

生产预聚物的聚酯醇可以通过真空熔融法生成,具体方法如下:将多元酸和多元醇加入真空反应器中,加热,待物料由固态变成液态时,搅拌均匀,加入催化剂(可选用钛酸四丁酯或醋酸锌),封闭该反应器,通入惰性保护气体(常用氮气),继续加热升温,当反应容器的温度达到 150℃时,分离出甲醇或水,同时控制分馏塔顶的温度为 100 ~ 102℃,这样保持反应容器中的温度在 220 ~ 250℃的情况下,反应 5 ~ 8h,待甲醇或水分离完毕后,停止通惰性气体,开始抽真空,至真空度为 0.05MPa,同时保持反应温度为 220 ~ 230℃,再继续反应 6 ~ 8h,然后缓慢降温至 80℃,停止抽真空即可。

有机溶剂可选用酯类、酮类或芳香烃类溶剂中的一种或几种,可选用乙酸乙酯、醋酸乙酯、甲乙酮、甲苯中的一种或几种。固化剂为多异氰酸酯和多元醇按照 NCO∶OH=2∶1 的比例反应的加成物。多异氰酸酯可选用甲苯二异氰酸酯、二苯基甲烷 −4,4′−二异氰酸酯、多亚甲基多苯基多异氰酸酯中的一种或几种。多元醇可选用三羟甲基丙烷、二甘醇或 3−羟甲基−2,4−戊二醇中的一种或几种。

【产品应用】 本品特别适合于聚酰胺膜的复合，可用于皮革、织物和各种薄膜等软材料的粘接，也可用于硬材料的粘接。

【产品特性】 本品可进行常温固化，也可进行加热固化；初粘性好，最终粘接强度大；剥离强度高，柔韧性好，使用本品制成的复合膜可多次折叠而无折痕、不断裂。

实例15　聚苯乙烯胶黏剂（1）

【原料配比】

原　　料	配比（质量份）			
	1#	2#	3#	4#
基料	10	16	30	10
甲苯	50	40	35	50
高分子化合物	4	2	1	4
抗氧化剂	20	9	5	20
填料	40	30	10	16
活性基团物质（乙酸乙酯、丙酮和三氯甲烷）	适量	适量	适量	适量

【制备方法】 先用水缸或玻璃容器或其他耐有机溶剂、有机酸的容器盛装甲苯溶剂，在室温下向溶剂中投入基料；在甲苯溶解基料的过程中，可以添加活性基团物质（加入乙酸乙酯、丙酮，基料溶解后滴加三氯甲烷），然后添加高分子化合物，使其与溶解液交联，再添加抗氧化剂和填料，即得成品。

【注意事项】 生产本品时所用的基料为聚苯乙烯或废旧聚苯乙

烯泡沫;填料可选用高岭土、黏土、石英粉和金属氧化物等;抗氧化剂可选用抗氧化剂330、抗氧化剂2246、抗氧剂CA等。

高分子化合物可选用树脂类或橡胶类高分子化合物,其种类可依使用对象的不同而定:若粘接木器或建筑物品,则采用酚醛树脂或呋喃树脂类;若粘接纺织品、皮革或橡胶制品,则采用天然橡胶或合成橡胶,合成橡胶可选用氯丁橡胶。

乙酸乙酯(或异氰酸酯)、丙酮(或环己酮)、三氯甲烷(或3-氯丙烯)均为活性基团物质。

【产品应用】 本品可用于竹木器、纺织品、皮革和橡胶制品、纸张、玻璃、陶瓷器皿以及建筑等的粘接。

【产品特性】 本品成本低,工艺简单(无须添加聚合釜设备及进行加温处理,只需在一般容器及室温下进行即可),能耗低,适用范围较广;粘接性能优良,可明显提高产品质量,且被粘物无须特殊处理,使用方便。

实例16 聚苯乙烯胶黏剂(2)

【原料配比】

原 料		配比(质量份)	
		1#	2#
基料(聚苯乙烯)		150	150
溶剂	甲苯	300	—
	乙酸乙酯	—	300
增黏剂	松香	15	—
	酚醛树脂	—	15
活化改性剂(铝酸酯偶联剂)		7	7
填料(轻质碳酸钙或硅酸钙)		适量	适量

【制备方法】 将聚苯乙烯原料净化,加入溶剂、增黏剂、活化改性

剂进行共聚反应,反应温度为 30~60℃,反应时间控制在 2~4h,再加入填料即得成品。

【产品应用】 本品适用于水泥、大理石、瓷砖、马赛克等硅酸盐类材料的粘接;也可用于木材、日用塑料制品、塑料贴面、塑料墙纸及铭牌的粘贴;还可用于多孔性日用品(如织物、皮革、发泡塑料底凉鞋)的粘接。除此以外,本品还可以取代泡花碱、氧化淀粉,用作瓦楞纸箱封口纸带的粘接。

【产品特性】 本品粘接性能好,干燥快,剪切强度高,不跑边,具有防霉、防潮、防水的性能,耐候性好;用料少,成本低,生产工艺简单,适用范围广,充分利用了废旧聚苯乙烯泡沫塑料,减轻了环境污染。

实例17 聚乙烯醇胶黏剂

【原料配比】

原　料	配比(质量份)	
	1#	2#
聚乙烯醇	14	12
偶联剂(硼砂或硼酸)	2	3
水	84	85

【制备方法】 将聚乙烯醇、偶联剂和水装入反应釜内,在常温下以 40~50r/min 的速率搅拌均匀,升温至 92~98℃,以 60~70r/min 的速率搅拌约 2~2.5h,即得成品。

【产品应用】 本品适用于纸/涤纶布复合、纸/玻璃纤维夹筋复合袋的粘接,也可用于木材、纸张的粘接,还可用于贴页、书籍的装订以及墙纸(布)的粘接等。

【产品特性】 本品原料易得,成本低,工艺流程简单,生产周期短,无毒无公害。

实例18　绿色无毒胶黏剂

【原料配比】

原　　料	配比（质量份）		
	1#	2#	3#
聚乙烯醇	8.6	8.6	8.6
葡萄糖	12.6	12.6	—
乳糖	—	—	10.8
酸	适量	适量	适量
水	120	120	120
催化剂	0.3	—	—
催化助剂（硝酸铵）	1	—	—
强碱溶液	适量	适量	适量

【制备方法】

（1）将聚乙烯醇加入到 30～50℃ 水中，加热到 80～100℃，保温搅拌至聚乙烯醇全部溶解后，向其中加入葡萄糖、乳糖和酸，加入催化剂及催化助剂（可缩短反应时间），于 80～100℃ 反应 2～8h。

（2）用强碱溶液调节聚乙烯醇混合物的 pH 值至 6～8，冷却后即得成品。

【注意事项】　生产本品所用的催化剂是有机或无机金属离子盐，如 Cu、Zn、Fe、Co、Ni、Al 和 Cr 的有机或无机盐，具有代表性的是 $CuCl_2$、$Cu(NO_3)_2$、CuI_2、$CuBr_2$、$CuSO_4$、$Cu(CH_2COO)_2$、$Fe(NO_3)_2$、$FeCl_3$、$FeSO_4$、$Fe_2(SO_4)_3$、$ZnCl_2$、$ZnSO_4$、$Zn(NO_3)_2$、$CoCl_2$、$NiCl_2$、$NiSO_4$、$CrCl_3$、$Cr_2(SO_4)_3$、$Al_2(SO_4)_3$，其中理想的催化剂为铜盐。

酸包括 H_2SO_4、HCl、HNO_3、H_3PO_4、氨基磺酸、对甲苯磺酸、十二烷基苯磺酸等，最佳的为 HCl。

强碱溶液可选用 KOH、$NaOH$、$Ca(OH)_2$ 等水溶液，浓度为 1～6mol/L。

【产品应用】　本品可用于层压制品、人造板材、建筑用胶、内墙涂料、纸制品及文具用胶等,如打底腻子,粘贴壁纸、壁布,粘接瓷砖、瓷片、天然石材、木工板、三合板、五合板、木地板、桌面板、刨花板、纤维板、宝丽板和纸箱,也可用于制作可降解一次性餐具等。

【产品特性】 本品成本低廉,工艺流程简单;综合性能好,黏度大;无色、无毒,不损害人体健康;无三废排放,对环境无污染。

实例19 氯丁橡胶接枝胶黏剂

【原料配比】

原　　料	配比(质量份)
氯丁橡胶 LDJ - 240	20
氧化镁	1.5
氧化锌	1
防老剂 D	0.5
甲基丙烯酸甲酯	10
环烷酸钴	0.5
不饱和聚酯	8
苯乙烯	4
叔丁基酚醛树脂	1.5
甲苯	12
醋酸丁酯	18
汽油	10
丙酮	13

【制备方法】 将3/4配比量的氯丁橡胶放在开放式辊筒炼胶机内塑炼15遍,随后加入氧化镁、氧化锌和防老剂 D 继续混炼;在上述塑炼和混炼中要常打三角包,以保证炼胶均匀,再放入其余1/4配比量的氯丁橡胶,再炼4遍;炼好后拉成片,切碎,投入到装有甲苯、醋酸丁酯、汽油和丙酮溶剂的有夹套的反应釜中,溶解均匀后,向反应釜夹

套通热水使反应釜中的温度控制在 70～80℃;在此条件下,放入甲基丙烯酸甲酯、苯乙烯、环烷酸钴、叔丁基酚醛树脂、不饱和聚酯,进行接枝反应 2h,形成稳定的共聚物,其单体聚合率在 55% 左右,经自然冷却即得成品。

【产品应用】　本品适用于 PVC 人造革、PU 合成革、尼龙布、猪绒革、仿羊革以及天然皮革、硫化橡胶、改性 PE 发泡片材、橡胶仿皮底、PVC 塑料成型底等材料的粘接。

使用本品时,对于天然皮革、硫化橡胶、改性 PE 发泡片材、橡胶仿皮底、PVC 塑料成型底材料,需经机械打磨并除净附在其表面的粉尘。

【产品特性】　本品原料易得,成本低;粘接强度高,耐水性能好,具有较好的耐温性能;稳定性好,在避光、干燥和密闭的环境中存放可达 2 年以上不分层;毒性小,使用安全。

实例 20　氯丁橡胶胶黏剂

【原料配比】

原　　料	配比(质量份)
2442 氯丁橡胶	17.5
环戊烷 B 型溶剂	50
甲乙酮	2
醋酸乙酯	17
120# 汽油	3.45
2402 叔丁基酚醛树脂	8
氧化镁	1.52
氧化锌	0.45
苯甲酸	0.05
水	0.03

【制备方法】　将 2442 氯丁橡胶、环戊烷 B 型溶剂、醋酸乙酯、甲

乙酮、120#汽油、氧化镁、氧化锌、苯甲酸、2402叔丁基酚醛树脂和水一次性投入到带搅拌的封闭的混合器中,转速为 100~200r/min,搅拌 6~8h后停止搅拌,启动与搅拌器连接的齿轮泵,将物料从搅拌器的底部抽出,经齿轮剪切后再打入搅拌器的上部,如此循环6~12h,并控制温度小于50℃,即可得成品。

【产品应用】 本品适用于多个领域。

【产品特性】 本品成本低,能源消耗量小,采用齿轮泵循环工艺代替了传统的炼胶工艺,减轻了劳动强度;涂刷性能好,粘接强度高,耐久性好、耐油、耐水、耐酸碱,胶层柔韧,稳定性好,不易分层,便于贮存,使用方便;不含苯类溶剂,无毒无害,不损害人体健康,减少了环境污染。

实例21 纳米复合胶黏剂

【原料配比】

原　　料		配比(质量份)
A 组 分	纳米复合热塑性丁苯橡胶	20
	萜烯树脂	20
	石油树脂	4
	改性松香	1.5
	防老剂 264	0.3
	阻燃剂 CH－ClZR－1	1
	溶剂(三氯乙烯:四氯化碳=2:1)	58
B 组 分	纳米复合氯丁橡胶	35
	2402 叔丁基酚醛树脂	10
	防老剂	0.5
	溶剂	50

【制备方法】 将 A 组分与 B 组分混合,进行搅拌后,在 25~30℃

温度下,静置 1 ~ 2h 即得成品。

【注意事项】　原料中的纳米复合橡胶可通过以下方法制得:

(1)利用机械设备的剪切和撞击,使纳米粉体粒子在橡胶中通过机械化学效应达到混合、分散、复合。

(2)采用高速搅拌,间歇式叶片式混合器在氮气保护下运行,控制温度在 40 ~ 45℃,搅拌时间 10 ~ 20min。

纳米复合橡胶中各组分的配比(质量份)范围如下:第一种纳米粉体 $SiO_2 - x$ ($x = 0.4 ~ 0.8$)为 0.2 ~ 3,第二种纳米粉体 $CaCO_3$ 为 0.5 ~ 5,橡胶为 93 ~ 98.7。

【产品应用】　本品主要用于粘接金属、玻璃、陶瓷、建筑材料、橡胶、皮革、织物、木材等材料,广泛适用于建筑装修、制鞋工业、汽车制造行业。

使用方法如下:将被粘接物表面处理干净、打毛,然后均匀涂胶,在室温下需要晾凉 5 ~ 10min,然后将物件对接合拢、适当给压,24h 后可达到最高强度。

【产品特性】　本品制作工艺简单,适用性强,使用方便;粘接强度大,具有阻燃、抗菌性能;性质稳定,不沉淀。

实例22　纳米有机胶黏剂

【原料配比】

原　　　料	配比(质量份)
废聚苯乙烯泡沫塑料	10
松香树脂	6
丙酮	12
无铅汽油	72
纳米二氧化硅粉体	0.5
铝银粉或铜粉	10 ~ 25

【制备方法】

(1)将废聚苯乙烯泡沫塑料洗净晾干,将其中一部分和松香树脂放入反应釜内,然后加入丙酮和无铅汽油,密封搅拌 4 ～6min。

(2)再将其余的废聚苯乙烯泡沫塑料分 5 ～ 10 次,每次间隔 1min,均匀加入反应釜中,投料时保持搅拌机工作。

(3)当反应釜内的废聚苯乙烯泡沫塑料完全溶解后,加入纳米二氧化硅粉体,搅拌 20 ～30min。

(4)停止搅拌后,将铝银粉或铜粉加入反应釜内,密封搅拌 20 ～30min,最后边搅拌边排放灌装,即得成品。在制备过程中,每次向反应釜中加完料后,应保证反应釜在密封状态下进行搅拌,避免溶剂挥发。

【产品应用】 本品广泛适用于金属、塑料、木材、混凝土、石材等各种材料的装饰,特别是金属的表面装饰和防腐,如车辆、船舶、油罐、铁塔、暖气片、楼梯、护栏、门窗、管道、发动机、铁艺装饰件等的表面涂饰。

在使用本品时,不用再增加任何材料,开罐搅拌均匀即可直接涂刷或喷涂。涂饰前,基材表面要处理干净,用后将漆罐盖子盖好,使用时注意通风。

【产品特性】 本品的原料中不含苯、甲苯、二甲苯、甲醛等有害物质,不损害人体健康,使用安全;充分利用了废聚苯乙烯泡沫塑料,降低了成本且有利于环境保护;附着力好,遮盖力强,并具有防腐、防锈、耐热、反光、速干等特点,在环境温度大于 30℃时可存放 18 个月而不变质。

实例23 耐高温有机硅胶黏剂

【原料配比】

原 料		配比(质量份)	
		1#	2#
硅树脂	水玻璃	60	80
	六甲基二硅氧烷	20	10
	乙醇	20	20

原　料		配比（质量份）	
		1#	2#
硅树脂	盐酸	35	35
	甲苯	100	100
	无水氯化钙	适量	适量
羟基封端硅橡胶	八甲基环四硅氧烷	100	100
	乙烯基环四硅氧烷	0.25	0.26
	羟基硅油	0.05	0.08
	四甲基氢氧化铵硅醇盐	0.3	0.5
有机硅胶黏剂	硅树脂（MQ树脂）	10	12
	羟基封端硅橡胶	15	13
	碱催化剂（NaOH、KOH或四甲基氢氧化铵等）	0.01	0.012
	去离子水	2	2
	异丁醇	1.25	1.25
	甲苯	100	100

【制备方法】

（1）将六甲基二硅氧烷与水玻璃放入盐酸和乙醇中，于60～70℃下共水解1～1.5h(共水解的方式可以是将六甲基二硅氧烷和乙醇加入盐酸中，于60～70℃下搅拌水解20～30min，再加入水玻璃继续共水解20～40min；也可以将盐酸加热至60～70℃，然后依次加入水玻璃、MM和乙醇，共水解20～40min)，然后加入甲苯，在70～80℃下回流2～4h。静置后，分离出上层有机层，用水洗涤至中性，加入无水氯化钙浸泡以除尽水分，最后蒸馏除去甲苯，便可得到淡黄色粉末状硅树脂(MQ树脂)。

（2）将八甲基环四硅氧烷、乙烯基环四硅氧烷、羟基硅油和四甲基氢氧化铵硅醇盐加入反应瓶中，在50～60℃下抽真空0.5～1h，然后通氮气，升温至80～90℃，反应1～3h；升温至110～120℃，继续反应1～3h；再升温至150~180℃并抽真空0.5h左右,即可制得羟基封端硅橡胶。

(3)将羟基封端硅橡胶与甲苯加入反应瓶中,搅拌下升温至80~100℃,使硅橡胶完全溶解,停止加热,冷却至室温;将碱催化剂溶于去离子水和异丁醇中,并与MQ树脂一起加入上述硅橡胶溶液中,于100~115℃下回流2~3h,然后抽真空尽量除去溶剂,即可得到成品。

【产品应用】 本品广泛适用于建筑、船舶、机械、航空航天、通信设施等领域。

【产品特性】 本品成本低,制备条件温和,操作简单;粘接性能好,耐高温,在200℃下长期使用不破坏,且使用方便。

实例24 气雾剂型胶黏剂

【原料配比】

原　料		配比(质量份)		
		1#	2#	3#
溶剂		100	100	100
合成原材料	丙烯酸正丁酯	14	—	15
	丙烯酸异丁酯	6	—	—
	丙烯酸	0.5	1	1
	甲基丙烯酸	—	—	5
	丙烯酸乙酯	—	10	—
	醋酸乙烯酯	—	15	—
	丙烯酸-β-羟丙酯	—	5	—
	丙烯酸-β-羟乙酯	—	—	5
合成助剂	乳化剂	1	1	1
	链调节剂	0.08	0.1	0.08
	引发剂	0.1	1	0.1
	消泡剂	0.05	0.05	0.05
	pH值调节剂	0.5	0.15	适量

【制备方法】

(1)将合成助剂中的引发剂、乳化剂、链调节剂、pH 值调节剂、消泡剂放入溶剂中溶解,用搅拌器搅匀,速度控制在 30～40r/min,得到溶液 A 备用。

(2)将合成原材料中的各组分混合,得到混合液 B 备用。

(3)将溶液 A 慢慢升温到 80～90℃,开始滴加混合液 B,在 1～4h 内滴加完,得到溶液 C,将其在 70℃时保温 1h,然后慢慢降至室温。

(4)用 pH 值调节剂调节溶液 C 的 pH 值至 8 左右。

(5)将溶液 C 用耐压罐灌装、封口,充丙烷、丁烷无臭混合气 80～120g(最好为 90～100g),包装即得成品。

【注意事项】 生产本品所用的溶剂可选用正己烷、环己烷其中的一种或两种的混合物;乳化剂可选用十二烷基硫酸钠、烷基酚聚氧乙烯醚或十二烷基苯磺酸钠;链调节剂选用十二烷基硫醇;引发剂可选用过氧化苯甲酰或过氧化氢特丁基;消泡剂可选用正辛醇或异辛醇;pH 值调节剂可选用碳酸氢钠或氢氧化钠。

【产品应用】 本品适用于各种物体的粘接。使用时,直接喷雾粘接即可。

【产品特性】 本品性能优良,粘接力强,固化时间快,使用及携带方便,应用广泛。

实例 25 水溶性胶黏剂

【原料配比】

原 料	配比(质量份)						
	1#	2#	3#	4#	5#	6#	7#
淀粉	100	100	100	100	100	100	100
水	100	150	200	200	150	100	400
尿素	80	80	60	80	70	20	80

原　　料	配比(质量份)						
	1#	2#	3#	4#	5#	6#	7#
过硫酸铵(过硫酸钾或过硫酸钠)	8	10	0.5	7	6	0.2	7
环氧氯丙烷(交联剂)	—	—	—	5	2	0.5	3

【制备方法】

(1)不添加环氧氯丙烷时的制备方法:将水加入反应釜中,加入尿素和过硫酸铵,搅拌,使尿素和过硫酸铵充分溶化,再加入淀粉,充分搅拌,加热升温,温度在50~60℃时,淀粉糊化,此时黏度很高,继续加热升温到90~96℃,尿素与淀粉发生反应,逐渐液化,黏度降低,反应1~3h(也可以先将尿素加入水中搅拌,使尿素溶化,然后加入淀粉,搅拌均匀,加热升温至60~90℃,使淀粉充分糊化约1h,冷却至50℃以下;加入过硫酸铵,充分搅拌均匀,再加热升温至90~96℃反应1~3h),凝胶状的尿素、淀粉混合物转化为黄色胶状液体,待到胶液中无气泡逸出时反应终止,冷却至常温,即得到成品。

(2)添加环氧氯丙烷时的制备方法:将尿素、过硫酸铵、环氧氯丙烷加入水中搅拌,使其均匀分散,充分溶解,再加入淀粉,搅拌均匀后,加热升温至90~96℃。在此过程中,当温度升到50~60℃时淀粉糊化成凝胶状,黏度很高;当温度达到90~96℃时,尿素与淀粉反应,渐渐转化成黏度较低的黄色胶状液体,反应1~3h,液体中不再有气泡产生时反应终止,冷却后即得成品。

【产品应用】　本品对各种材料,包括非极性材料,特别是聚丙烯、聚乙烯材料有良好的粘接性能,可用于制作塑料编织袋和纸的复合水泥包装袋。

制作复合包装袋时,可以将圆筒形的塑料编织袋作为内层,外层为纸,内外层之间用本品粘接;复合袋的两端可以用本品粘贴成方底,也可以用线缝合成平底。

【产品特性】　本品成本低,工艺简单,使用效果好;用本品生产复合包装袋,效率高,纸层不易破碎,水泥包的破损率低,并且用过的水泥袋的纸层和塑料编织袋易于分离回收。

实例26　羧甲基淀粉胶黏剂

【原料配比】

原　　料	配比(质量份)		
	1#	2#	3#
糯米	85	90	87.5
氯乙酸	0.3	0.25	0.45
纯碱	0.35	0.4	0.3
苯甲酸钠	0.15	0.2	0.25
明矾	0.2	0.15	0.25
轻质碳酸钙	14	9	11.25

【制备方法】　先将糯米、氯乙酸和纯碱混合搅拌均匀后,让其自然反应3～5h,再加入苯甲酸钠、明矾充分搅拌均匀;将拌好后的原料放入膨化机内膨化,再经粉碎机粉碎至细度为250～325目,最后加入轻质碳酸钙搅拌均匀,即得成品。

【产品应用】　本品可作为涂料、制鞋、纸箱、石油化工等行业的原料。

使用时,用冷水直接调制,可根据行业用料的不同自行调配稀稠度。

【产品特性】　本品成本低,稳定性高,抗酸碱性强;不虫蛀、不发霉、不吸潮、不变质、不损害人体健康,无环境污染;不需要加温设备,不用提前处理,使用方便。

实例27 压敏胶黏剂

【原料配比】

原 料	配比(质量份)		
	1#	2#	3#
丁基橡胶	27	27	27
硬脂酸	16	16	16
白炭黑	5.4	10	5.4
氧化镁	21.6	17	21.6
白云石粉	11	7	11
三缩四乙二醇	5.4	5.4	5.4
环烷油	5.4	5.4	5.4
邻苯二甲酸二辛酯	5.4	5.4	5.4
4,4′-亚丁基双(3-甲基-6-叔丁基苯酚)(防老剂)	0.54	0.54	0.95
水杨酸甲酯(增香剂)	0.14	0.14	0.14
铬黄	0.81	0.81	0.81

【制备方法】

(1)将丁基橡胶置于普通开炼机中塑炼10~15min,取下。

(2)将辊温升至70~90℃,加入已塑炼的丁基橡胶,再加入硬脂酸,混合均匀后取下,在室温下放置24h。

(3)将混合物料置于开炼机中,依次加入白炭黑、氧化镁、白云石粉、三缩四乙二醇、环烷油、邻苯二甲酸二辛酯混合均匀,然后加入4,4′-亚丁基双(3-甲基-6-叔丁基苯酚)、水杨酸甲酯,最后加入铬黄,混合均匀即得成品。

【产品应用】 本品可作为美术用粘贴胶,可代替图钉固定图片、文稿、美术作品等,被贴物可为纸张、墙面、玻璃、金属、木质家具等,也可用于密封门窗、填补裂缝、清除衣物上的绒毛等。

【产品特性】 本品成本低,工艺流程简单,无须使用溶剂,加工周期短,污染小;粘接力强,使用方便,剥离后不会残留在被粘物上,也不会损坏被粘物表面。

实例28 有机胶黏剂

【原料配比】

原　料	配比(质量份)
聚苯乙烯泡沫塑料	23
汽油	54.7
丙酮	5
松香树脂	14
环氧树脂	2
固化剂	1.2
偶联剂	0.1

【制备方法】 将松香树脂、汽油和丙酮混合放入密闭的反应罐中,在常温、常压的条件下搅拌30min,使松香树脂完全溶化,再逐步加入聚苯乙烯泡沫塑料,待全部溶化后搅拌20min,再将偶联剂、固化剂和环氧树脂分别加入,搅拌均匀即得成品。

【注意事项】 本品中聚苯乙烯泡沫塑料可选用聚苯乙烯泡沫塑料废弃物,如各种食品包装盒、一次性快餐盒、各种电器和器皿包装箱的防震内衬、泡沫塑料厂的下脚料、建筑行业及工业用各种废塑料泡沫等。汽油、丙酮均为溶剂,能很好地溶解聚苯乙烯泡沫塑料成为匀质体。松香树脂可以起到改性作用,解决聚苯乙烯拉丝的缺陷,并增加基材与界面的粘接力。固化剂可选用环氧树脂固化剂、聚酰胺树脂固化剂、酚醛胺及脂肪胺中的一种。偶联剂可选用有机硅烷偶联剂。

【产品应用】 本品广泛适用于工业、建筑业、维修业及日常生活的各个领域。

【产品特性】 本品具有很好的稳定性、粘接性和耐老化性,同时原料丰富易得,成本低,对环境污染小。

实例29 阻燃型胶黏剂

【原料配比】

原 料	配比(质量份)		
	1#	2#	3#
氯丁橡胶	90	105	120
210 树脂(松香改性酚醛树脂)	14	20	28
2402 树脂(叔丁基酚醛树脂)	5	8	10
三氯乙烯	400	500	700
二氯甲烷	150	200	250
氧化镁	0.04	0.08	0.1
防老剂	0.5	0.7	1

【制备方法】 在常温下,将氯丁橡胶、210 树脂、部分三氯乙烯和二氯甲烷混合,生成反应物 A;将 2402 树脂、氧化镁和剩余三氯乙烯混合,生成反应物 B;再将反应物 A 和反应物 B 混合,并加入防老剂,即可得成品。

【产品应用】 本品特别适用于煤矿、火力电厂等重点防火单位的棉帆布芯、聚乙烯醇缩甲醛、聚酰胺等输送带接头的粘接,也可用于橡胶、化纤、棉织物、皮革、竹木、装饰材料及部分塑料的粘接。

【产品特性】 本品生产工艺简单,使用周期长,粘接强度高(20min 剪切强度可达 $210N/cm^2$,最终剪切强度为 $402N/cm^2$),固化快,遇明火不燃,安全可靠。

第三章　家用洗涤剂

实例1　家用电器清洁剂

【原料配比】

原　料	配比（质量份）					
	1#	2#	3#	4#	5#	6#
乳化型表面活性剂	2	3	5	2	3	5
乙二醇	10	7	4	10	7	4
脂肪醇聚氧乙烯醚	20	25	30	20	20	24.0
中和剂	5	4	2	5	4	2
水	63	61	59	59.5	61.7	59
乙醇	—	—	—	3	4	5
香精				0.5	0.3	0.1

【制备方法】　将水加入混合罐中,依次加入配方中的各组分,搅拌混合30min,使之形成均匀的溶液即可。

【产品应用】　本品可用于家用电器的清洁。

【产品特性】　本品克服了现有清洁剂存在的缺陷,且不含有任何有毒有害物质,无异味,还具有防菌杀菌的作用,在生产制备过程中,无污水排放,防止了环境污染,维护了生态平衡,同时也有利于保护人体的皮肤。

实例2　冰箱消毒清洁剂

【原料配比】

原　料	配比（质量份）
十二烷基二甲基苄基氯化铵	0.3 ~ 0.5

原　料	配比(质量份)
甘氨酸盐酸盐	0.2 ~ 0.5
乙醇	30 ~ 40
脂肪醇聚氧乙烯醚硫酸钠	5 ~ 10
椰油醇二乙酰胺	5 ~ 10
碳酸钠	1 ~ 3
氯化钠	1 ~ 3
纯化水	加至100
香精和染料	适量

【制备方法】

(1)将十二烷基二甲基苄基氯化铵、甘氨酸盐酸盐按比例进行混合,加温至45℃溶解。

(2)将乙醇按比例溶解于纯化水中,并加入上述溶液中再进行冷却。

(3)依次加入脂肪醇聚氧乙烯醚硫酸钠、椰油醇二乙酰胺并同时搅拌以避免产生大量气泡。

(4)按比例加入碳酸钠、氯化钠进行乳化反应。

(5)按需加入香精和染料。以80r/min的搅拌速率混匀5min,冷却后进行分装,经检验合格后入库。

【产品应用】　本品专业用于冰箱的消毒、杀菌。

【产品特性】　本品抗菌去污效果显著,无毒、无色、无味、无刺激、无腐蚀性,化学性质极为稳定;对冰箱内壁和冰箱架子表面异味的祛除和对病菌的杀灭有特效;本品制备工艺简单,成本低。

实例3 空调用杀菌清洗剂

【原料配比】

原料		配比（质量份）					
		1#	2#	3#	4#	5#	6#
表面活性剂	脂肪醇聚氧乙烯醚	1.0	—	—	0.6	—	—
	椰子油二乙醇酰胺	—	—	—	—	0.8	0.4
	十二烷基苯磺酸钠	—	0.8	—	0.2	—	—
	脂肪醇醚硫酸钠	—	—	0.5	—	—	0.3
溶剂	异丙醇	60	—	50	60	30	20
	乙二醇甲醚	—	—	10	6	—	5
	乙二醇	—	70	—	—	30	30
杀菌剂	三氯二羟基二苯醚	0.5	—	0.2	—	—	0.25
	戊二醛	—	2	—	1	—	—
	洗必泰	—	—	0.1	—	0.5	—
香精		0.3	0.3	0.3	0.3	0.3	0.3
水		38.2	26.9	38.9	31.9	38.4	43.75
气雾剂LPG（丙丁烷气体）		适量	适量	适量	适量	适量	适量

【制备方法】 将表面活性剂加入水中,于室温下搅拌,使之溶解于水中,再加入溶剂,于室温下搅拌溶解;将杀菌剂加入,并加入香精,混合均匀,将8份混合液和2份气雾剂LPG充入气雾剂瓶中,常温下,其压力为0.3~0.4MPa,即获得本品。

【产品应用】 本品用于空调的杀菌、清洗。

【产品特性】 本品清洗效果显著,清洗彻底,洗涤完成后,无须用水冲洗;能迅速杀灭空调过滤网和散热片上的细菌和霉菌,并在清洗部位形成一层杀菌膜,可以有效预防细菌和霉菌的生长繁殖。该制剂无毒、无色,安全无腐蚀。

实例4 空调杀菌除螨清洗剂

【原料配比】

原料		配比(质量份)		
		1#	2#	3#
表面活性剂	脂肪醇聚氧乙烯(9)醚	0.5	0.5	1
	椰子油酸三乙醇胺	—	0.5	—
	油酸三乙醇胺	—	—	1
溶剂	乙醇	20	30	30
	乙二醇丁醚	1	1	5
杀菌除螨剂	$O-$甲基$-O-$(2-异丙氧基羰基苯基)$-N-$异丙基硫代磷酰胺	0.2	—	—
	1,2-苯并异噻唑啉酮	—	0.5	—
	3,5-二硝基邻甲苯酰胺	—	—	1
卡松		0.1	—	1
香精		0.5	0.5	0.5
去离子水		加至100	加至100	加至100
气雾推进剂二甲醚(DME)		适量	适量	适量

【制备方法】 将表面活性剂加到去离子水中,于室温下充分搅拌,待搅拌均匀后,将溶剂加入到上述表面活性剂的水溶液中,同样在室温下搅拌均匀;将杀菌除螨剂和卡松、香精加入到上述溶液中,于室温下彻底搅拌均匀;然后,取配制好的料液按比例倒入气雾罐中,再冲入气雾推进剂二甲醚(DME),使罐内的压力在室温下保持在0.2~0.5MPa,即制得空调杀菌除螨清洗剂。

【产品应用】 本品可用于杀灭空调中的螨虫、霉菌及常见细菌。

【产品特性】 本清洗剂不仅使用方便,能迅速向空调的散热片和送风系统渗透分散,快速去除积聚在空调内部的各种灰尘、污垢等,尤其可有效清除滋生在空调内部的螨虫、霉菌和有害细菌等,是一种环保、性能优良的空调清洗产品。

实例5 家用空调清洗剂

【原料配比】

原　　料	配比（质量份）		
	1#	2#	3#
硅酸钠	0.5	1	1
十二烷基苯磺酸钠(30%~60%)	4	7	5
脂肪醇聚氧乙烯醚	4	7	5
聚乙二醇	0.4	1	2
乙二胺四乙基胺	1	5	7
三乙醇胺	5	7	4
乙醇	8	7	6
杀菌剂(1227)	0.1	1	1
去离子水	加至100	加至100	加至100
柠檬香精	适量	适量	适量

【制备方法】 取32份去离子水与硅酸钠在不锈钢桶内,温控在40℃的条件下溶解,直至硅酸钠全部溶解;取十二烷基苯磺酸钠、脂肪醇聚氧乙烯醚、聚乙二醇、乙二胺四乙基胺、三乙醇胺、乙醇3.5份、杀菌剂(1227)放在带推进式搅拌器的不锈钢反应釜内,室温10℃的条件下混溶搅拌,搅拌速率50r/min,搅拌时间0.5h;将不锈钢桶内的无机组分在搅拌下,加入到已混溶好的有机组分的不锈钢反应釜内,温度控制在40℃,补加余下的乙醇和水;温度控制在50℃,搅拌维持1h,补加柠檬香精少许;抽样检测、成品包装。

【产品应用】 本品主要用于家用空调的清洗。

【产品特性】 本品不含磷、不含有机溶剂(除食品级乙醇外)pH

接近中性,为绿色产品。本品在使用中,泡小量多,去污力强,尤其对尘垢、油污和锈垢去除快而且彻底。本品有形成杀菌防锈膜的作用,对螨虫、军团菌作用明显。由于本品能镀膜,因此其防锈缓蚀作用好。本产品所用原料全部国产,来源丰富、价格便宜。

实例6 洗衣机槽清洗剂(1)

【原料配比】

原　　料	配比(质量份)		
	1#	2#	3#
过碳酸钠	16	35	—
过硼酸钠	—	—	45
三聚磷酸钠	0.2	3	5
碳酸钠	1	5	—
碳酸氢钠	—	—	9
五水偏硅酸钠	10	—	—
九水偏硅酸钠	—	4	—
五水硅酸钠	—	—	1
十二烷基硫酸钠	4.8	—	—
脂肪醇聚氧乙烯醚	—	0.5	1.5
脂肪醇聚氧乙烯醚硫酸钠	—	—	1.5
无水硫酸钠	68	51.5	35
香精	—	0.5	1
酶制剂	—	0.5	1

【制备方法】 将各组分按比例加入混合罐中,搅拌混合均匀即可。

【产品应用】 本品用于清洁洗衣机槽。

【产品特性】 本品可以有效杀灭或抑制有害病菌,避免衣物的二次污染;采用复合去污技术和复合缓蚀技术,可有效去除洗衣槽内的顽固污垢并对洗衣机无腐蚀性。本品无刺激性,对人体安全。

实例7　洗衣机槽清洗剂(2)

【原料配比】

原　　料	配比(质量份)		
	1#	2#	3#
过碳酸钠	65	45	50
三聚氰胺	30	45	35
丙烯酸—马来酸酐共聚物钠盐(MA-Co-AA钠盐)	0.5	1	1
异噻唑啉酮	2	3.5	3
非离子表面活性剂(DOWFAX类产品)	1.5	3.5	4
EDTA—4Na	1	2	7

【制备方法】

(1)称取过碳酸钠和三聚氰胺组分,放入搅拌罐1中搅拌均匀。

(2)称取丙烯酸—马来酸酐共聚物钠盐、异噻唑啉酮、DOWFAX类产品和EDTA—4Na,放入搅拌罐2中,边搅拌边加热到70℃,搅拌均匀。

(3)在搅拌下,将搅拌罐1中的混合物倒入搅拌罐2中,搅拌10min至均匀即可制得成品。

【产品应用】　本品用于清除洗衣机内的污染物。

【产品特性】　本品集低泡清洗、除垢、抗菌、抗污垢再次沉积等多种功能于一体,其配伍性和洗涤性能好,且易于生物降解,对环境友好,能有效地清除洗衣机内积存的污垢、纤维、杂质和细菌等污染物,从而达到抗洗衣机二次污染的目的。

实例8　洗衣机桶洗涤剂

【原料配比】

原　　料	配比（质量份）		
	1#	2#	3#
过硼酸钠	750	600	400
硼酸钠	200	—	—
碳酸氢钠	—	200	—
过碳酸钠	—	—	300
碳酸钠	—	—	200
脂肪醇聚氧乙烯醚	50	50	—
AEO－15	—	—	75
过氧化氢	—	100	—
吐温－40	—	50	—
脂肪醇聚氧乙烯醚	—	—	25

【制备方法】　将各组分加入到混合罐中,搅拌混合均匀即可。

【产品应用】　本品适合于目前各类洗衣机的清洁。

【产品特性】　本产品能有效清除洗衣机内、外桶附着和积累的污渍及细菌,可消除洗衣过程中交叉感染细菌的根源。本品在使用时操作简便且生产成本低廉,不会对洗衣机和衣物造成损害,洗涤后的排放物对环境没有破坏作用。

实例9　燃气热水器积炭清洗剂

【原料配比】

原　　料	配比（质量份）
脂肪醇聚氧乙烯醚硫酸钠	3～4.5
脂肪酸烷醇酰胺	1～2

原　料	配比（质量份）
脂肪醇聚氧乙烯醚	1.5～2.5
三聚磷酸钠	1～2
焦磷酸钠	0.5～1
乙醇	1～3
2－溴－2－硝基－1,3－丙二醇	0.02～0.06
柠檬酸	0.5～2
水	82.94～91.48

【制备方法】　取三聚磷酸钠、焦磷酸钠,将其充分溶解在水中。在搅拌下,将乙醇加入上述的制成物中。在不停地搅拌下,按比例将脂肪醇聚氧乙烯醚硫酸钠、脂肪酸烷醇酰胺、2－溴－2－硝基－1,3丙二醇、脂肪醇聚氧乙烯醚加入,混合均匀。最后将柠檬酸加入,将其pH值调节为小于等于9.5。然后装瓶,包装,即为成品。

【产品应用】　本产品专用于家用燃气热水器积炭的清洗。

【产品特性】　本燃气热水器积炭清洗剂具有良好的渗透、润湿、分散、乳化、去污性能,能有效地去除燃气热水器换热器翅片表面和燃气喷嘴的积炭,防止其堵塞或变窄,造成燃气不能充分燃烧,而引起一氧化碳中毒事故;和提高翅片的吸热效率和燃气的燃烧效率,达到节省能源的目的。该燃气热水器积炭清洗剂安全无毒,对热水器部件无腐蚀性,使用简单方便,可采用喷淋的方式清洗,而无须拆卸热水器。

实例10　首饰清洗剂(1)

【原料配比】

原　料	配比（质量份）		
	1#	2#	3#
橘皮油	40	40	40

原　料	配比（质量份）		
	1#	2#	3#
精制乙醇	50	—	50
异丙醇	—	50	—
月桂酸甲酯	5	5	5
脂肪醇聚氧乙烯醚	3	3	1
顺丁烯二酸二辛酯碳酸钠	—	—	1.5
水	2	2	2.5

【制备方法】　取橘皮油、精制乙醇（或异丙醇）装入容器中加以搅拌混匀，再加入月桂酸甲酯搅匀后，加入已经混匀的脂肪醇聚氧乙烯醚、顺丁烯二酸二辛酯碳酸钠、水的混合液，搅拌均匀即可。

【产品应用】　本品用于珠宝首饰的清洗，使用的具体方法如下：

（1）将清洗剂倒入小杯中，然后放入首饰液泡数分钟（脏污较重时，浸泡时间稍长），可用小刷刷液洗死角处，取出之后放入漂洗液中漂洗。

（2）漂洗采用配制的漂洗液或用洗发香波溶液进行漂洗，漂洗时适当晃动，除去首饰表面吸附的清洗剂，明显增加黄金首饰亮度；再用水清洗擦干即可。

本品还可用于清洗电视机荧光屏及机壳、电话机等家用电器，使用时用棉花蘸着擦洗。

【产品特性】　本清洗剂最大特点是无毒、无化学反应、不污染环境，去污力强，可多次使用，称之为绿色清洗剂。本品气味芳香，使人闻之心旷神怡，除烦解闷，经无数次清洗试验证明，清洗之后的黄金珠宝首饰无任何损伤，显示更加光彩夺目。

实例11　首饰清洗剂(2)

【原料配比】

原　　料	配比(质量份)		
	1#	2#	3#
柠檬酸	100	100	100
十二烷基苯磺酸钠	50	40	60
硅酸钠	50	40	60
异丙醇	40	30	50
去离子水	750	700	800

【制备方法】　将柠檬酸、十二烷基苯磺酸钠按上述比例混合均匀,加热至60~80℃,然后按配比依次加入硅酸钠、异丙醇、去离子水混合均匀,再置于超声波水浴中,加热至85~95℃,冷却后装瓶即可。

【产品应用】　本品用于清洗嵌钻铂金及钯金首饰。

【产品特性】　本品性能良好,能将钻石清洗如新,不仅可以去除污垢,还可使首饰的光亮度提高,并且清洁环保,性价比较高。

实例12　宠物香波

【原料配比】

原　　料	配比(质量份)
脂肪醇聚氧乙烯醚硫酸钠	12
脂肪醇二乙醇酰胺	3
咪唑啉	3
十二醇硫酸钠	1
甜菜碱两性表面活性剂	3
桃叶、桃仁萃取液	10
驱避胺	9

原　　料	配比(质量份)
蒸馏水	69
香精	1
柠檬酸	适量
防腐剂	1
苯甲酸钠	0.81

【制备方法】　将脂肪醇聚氧乙烯醚硫酸钠、脂肪醇二乙醇酰胺、甜菜碱两性表面活性剂、咪唑啉、十二醇硫酸钠和蒸馏水按比例称量搅拌混溶后,搅拌加热至90℃恒温30min,再加入桃叶、桃仁萃取液,并继续搅拌使其温度降至70℃,加入化妆品复合防腐剂和苯甲酸钠进行搅拌,直至温度降到45℃时,再加入香精和柠檬酸进行搅拌使其温度冷却至40℃,最后加入驱避胺搅拌冷却至38℃,停止搅拌并使产品静置12h,产品进行抽样检验,合格的产品过滤后装瓶即成为成品。

【产品应用】　本品用作宠物洗涤用品,能彻底清洗宠物身上的污垢,并有驱避寄生虫和防止蚊虫叮咬的作用。

【产品特性】　用该方法制作出来的产品,除具有与人类洗发香波同等的洗涤效果外,还具有驱避寄生虫和防止蚊虫叮咬的作用,给宠物清洗一次,可保持动物在1~2周内不被蚊虫叮咬和不产生寄生虫。

实例13　膏状器皿洗涤剂

【原料配比】

原　　料	配比(质量份)		
	1#	2#	3#
膨润土	20	30	25
过硼酸钠	1	2	3

续表

原　料	配比（质量份）		
	1#	2#	3#
椰子油十二烷基硫酸钠	0.5	0.8	1
硫酸钠	3	—	—
碳酸钠	—	5	—
碳酸钾	—	—	4
碳酸氢钠	8	7	6
硅酸钠	4	3	2.5
水	加至100	加至100	加至100

【制备方法】　在常温和常压下,将膨润土放入容器中用水膨化,然后将已膨化的膨润土置于搅拌器或搅拌机中,加入碱金属过硼酸钠搅拌均匀,使之被膨润土吸附。在室温或加热到40～50℃的条件下,不断搅拌,依次加入椰子油十二烷基硫酸钠、硫酸钠、碳酸钠、碳酸钾、碳酸氢钠。最后,加入碱金属硅酸钠,并搅拌至混合物呈均匀细腻的膏状物即为成品。

【产品应用】　本洗涤剂可用于清洗沾有污垢的器皿。其手工清洗方法是:先将少许此膏状洗涤剂涂抹于沾有污垢的器皿表面,然后用清水冲洗干净;其机械清洗(如用洗盘机等清洗餐具)方法是:先将此膏状物用水稀释成膏状物质量30～50倍的液体,将沾有油污的器皿放于此液体中浸泡1～2min,然后用水清洗器皿。经处理和清洗过的器皿,表面光洁明亮。

【产品特性】　由于采用的碳酸氢钠中和了其他碱金属盐类的高碱性,而使产品的pH=7～9,对人的皮肤更为安全,而现有的同类产品多半为高碱性;本洗涤剂采用的漂白/消毒剂为过硼酸盐,不同于现有产品中所用的能释放氯离子的氯化物和次氯酸盐的合成物,因而本洗涤剂具有非触变性,产品性状更为稳定;本洗涤剂中除少量添加剂为有机物外,95%～99%为无机化学物质,有别于含有大量有机物的洗涤剂。

实例14　含生物摩擦材料的清洁剂

1. 棉纤洁面膏(增减水的用量可得奶、乳、液、霜等)

【原料配比】

原　料	配比(质量份)
硬脂酸	7
棕榈酸	7
肉豆蔻酸	9
月桂酸	4
羊毛脂	1
香料	0.2
尼泊金乙酯	0.2
甘油	17
氢氧化钾	4
蒸馏水	39.6
棉纤维末(长度≤0.1mm)	10
甲基纤维素	1

【制备方法】　将氢氧化钾、蒸馏水加热溶解,再加入甘油,加热到70℃得到水相,同时将硬脂酸、棕榈酸、肉豆蔻酸、月桂酸、羊毛脂、尼泊金乙酯混合,加热至70℃搅拌得油相;将油相慢慢加入水相中,保温在70℃,使之皂化完全;加入棉纤维末、甲基纤维素充分搅拌完全,冷却到50℃,加入香料继续搅拌冷却到25℃灌装,即得产品。灌装前,可通过调整水分得到不同状态的产品,过稠的为膏和霜,稀释可得奶、乳、液等。可用来洗脸和沐浴。

2. 皿洁膏

【原料配比】

原　料	配比(质量份)
直链烷基苯磺酸钠	45
脂肪醇聚氧乙烯醚硫酸钠	12
烷基磺酸钠	26
果壳粉(如核桃壳粉,粒度≥80目)	12
硅藻土	3
水	2

【制备方法】 将各组分充分搅拌混合即可。根据情况可酌加适量染料和香料。核桃壳粉可以经过漂白处理。在用于清洁较笨重的物品表面时(如清洁油烟机),可用较粗的核桃壳粉及辅加一些木屑粉。

【产品应用】 本清洁剂可用于清洁各种物体表面,如衣物(领袖等较脏处);饰物;器皿,如生活日用、医用、实验室所用的器皿等;器具、器物表面;机器、车辆等设备表面;建筑、门窗、玻璃、瓷砖等装修物及各类地面等;动物体及人体表面;其他表面。

【产品特性】 由于本产品在以往各类清洁剂的基础上,添加了生物摩擦材料,所以不但具有以往清洁剂的漂洗去污能力,而且在表面活性剂及助剂疏松瓦解污垢作用的基础上,辅加了机械摩擦去污功能,主要强化了对物体表面污垢的摩擦搓洗和清洁。

实例15 汽雾熨斗易去污熨烫剂

【原料配比】

原　料	配比(质量份)	
	1[#]	2[#]
聚乙烯醇	2.5	2

续表

原　　料	配比（质量份）	
	1#	2#
聚乙二醇（相对分子质量为6000）	1.2	1.5
吐温-60	3	1.8
羧甲基纤维素钠	—	0.6
硼酸	0.25	0.2
脂肪醇聚氧乙烯醚	—	0.7
香精	适量	适量
去离子水	加至100	加至100

【制备方法】　将水加入混合罐中，然后加入配方中的各组分，搅拌混合均匀即制得易去污熨烫剂产品。

【产品应用】　本品适于以汽雾熨斗和/或汽雾式服装定型整理设备对衣物熨烫或定型使用，并可使衣物穿着后的洗涤去污更加容易。在衣物净洗后或成衣加工制作完成后，将本品按比例兑入水中，加到汽雾熨斗或汽雾式定型机中即可对衣物或成衣进行熨烫、定型。

当进行喷雾熨烫时，熨烫剂中的水溶性高分子化合物会在表面活性剂的作用下，扩散到衣物纤维表面并渗入纤维中，经烫压均匀膜附在纤维上，冷却干燥后，即使得衣物纤维平滑、有序，服装舒展、挺括、带有清香。依据衣物材质的不同，兑以1～15倍的清水，倒入熨斗即可依常规对衣物及成衣进行熨烫、定型整理。

【产品特性】　本品经汽雾熨斗或汽雾式定型机对衣物或新制的成衣进行熨烫整理，可使服装长时间保持舒展、挺括，且具有防沾污、易去污的特性及杀菌、防蛀、增香的优点，功能齐全，使用方便。

实例16 手机清洗剂

【原料配比】

原　　料	配比（质量份）	
	1#	2#
脂肪醇聚氧乙烯醚	3.5	17.5
十二烷基苯磺酸钠	2.1	10.5
无味煤油	6.7	33.5
日化香精	0.2	1
烷基二甲基苄基氯化铵	1.4	7
聚二甲基硅氧烷	2.5	12.5
去离子水	83.6	372.5

【制备方法】

（1）在搪玻璃真空乳化釜中加入去离子水，投入脂肪醇聚氧乙烯醚、十二烷基苯磺酸钠，搅拌5～10min，使之完全溶解。

（2）投入无味煤油、聚二甲基硅氧烷，搅拌5min，使之乳化均匀。

（3）再投入烷基二甲基苄基氯化铵、日化香精，搅拌5～10min，使之乳化成白色均匀液体。

（4）停止搅拌，取样送检。

（5）通过输送泵，将上述料液送至气雾剂灌装机机头；用净容量为80mL铝质气雾罐，每罐灌装上述料液65.6g；插入气雾剂阀门，然后在封口机上封口；在气雾剂抛射剂充填机上充气，每罐充入丙丁烷6.4g。

（6）往上述灌装完毕的半成品上安装上与其配套的气雾剂阀门促动器；安装上塑料帽盖；按每箱30罐的装量，装入瓦楞纸箱。

【产品应用】　本品主要用于手机的清洗，同时也可用于清洗电脑、电话机、电视机等各类电子产品的外壳。使用时，通过喷头作用，将清洗剂料液以泡沫形态作用于手机外壳表面，达到清洗目的，从而有效避免了清洗剂进入手机内腔而造成腐蚀或产生故障的可能。

【产品特性】 本品采用气雾剂包装形式,以泡沫的形式作用于手机外壳进行清洗,具有使用方便、便于携带、易于保存、用量节省等其他手机清洗方式所不具备的优点。在选用表面活性剂、有机溶剂而发挥清洗功能的同时,特地添加上光剂、除菌剂以及香精等功能成分,使清洗、上光、除菌、芳香四种功能同时完成。

实例17 鞋类除臭液体洗涤剂

【原料配比】

原 料	配比(质量份)
沸石	5
硫酸钠	5
磷酸钠	3
净洗剂6501	3
硅藻土	10
高岭土	2
坡缕黏土	2
膨润土	1
水	67

【制备方法】 在常温下,将各组分加入水中搅拌,充分混合溶解后即为产品。

【产品应用】 本品是一种鞋类专用的洗涤剂,能有效地消除鞋臭,特别是运动鞋在穿着时产生的鞋臭而引起的脚臭。本产品具有较强的吸水性,能使鞋在穿着时,保持清爽干燥,故对脚气有预防和辅助治疗的作用。

【产品特性】 本品除臭力强,作用时间长。运动鞋用本品洗涤一次,可使其在穿着时保持清爽无味十天以上;去污力强,本品可除去鞋内外的各种污垢;本品还可除去手脚异味,如因鞋臭而引起的脚臭,用本品可迅速消除臭味。

实例18 真皮去污膏

【原料配比】

原 料	配比（质量份）	
	1#	2#
动物油酸	17.5	—
植物油酸	—	18.5
液体石蜡	32	29
聚乙二醇辛基苯基醚	4	4
甘油	1	1
氢氧化钠水溶液（5%）	40	42
苯甲酸钠水溶液（10%）	1	1
2,6-二特丁基对甲酚	0.13	0.13
三氯乙烯	4.37	3.87

【制备方法】

（1）混合液的配制：将2,6-二特丁基对甲酚溶解于三氯乙烯中摇匀备用。

（2）膏体合成：将动物油酸或植物油酸放入搪瓷桶内,然后分别放入液体石蜡、聚乙二醇辛基苯基醚和甘油,每种原料放入时均充分搅匀,即得A组材料。用塑料桶称取含5%氢氧化钠的水溶液,将氢氧化钠水溶液以细流状倾入搅拌中的A组材料中,在常温常压下继续搅拌,直至膏体生成。放置5~30min后,将10%的苯甲酸钠水溶液加入膏体中并充分搅拌,在搅拌下加入2,6-二特丁基对甲酚与三氯乙烯的混合液,充分搅匀,即配制成去污膏。将配好的去污膏体灌装在塑料管壳体内封装好,即成保护真皮的去污膏成品。

【产品应用】 本品用于真皮制品的去污保养。

【产品特性】 本品感官感觉好,无异味,对皮肤无刺激;使用范围广,使用本品白色皮面显自然本色,彩色皮面不掉色;生产工艺操作简单,原材料易得;对环境无污染。

实例19 玻璃防雾清洁剂

【原料配比】

原 料	配比(质量份)			
	1#	2#	3#	4#
AES	0.6	3.8	3	2
水	91	89.15	88.47	90.4
十二烷基二甲基甜菜碱(BS-12)	5.7	2.2	5	4
脂肪酰胺聚氧乙烯醚磺基琥珀酸单酯二钠盐(BG-2C)	0.4	1.8	0.5	1
苯甲酸钠	0.4	0.05	0.03	0.4
工业乙醇(95%)	1.4	3	2	2
香精	0.5	—	1	0.5

【制备方法】 先将 AES 投入水中搅拌溶化,然后投入 BS-12、BG-2C 和苯甲酸钠搅拌均匀,再加入工业乙醇和香精搅拌均匀即得产品。

【产品应用】 本品可广泛应用于家庭、浴室、宾馆、车船、摩托车头盔等处玻璃的防雾,也可以防止冬天玻璃上结霜,并兼有清洁玻璃以及空气清新的作用。

【产品特性】 本产品无毒、无臭、无副作用,生产工艺简单,应用范围广。

实例20 多功能清洗液

【原料配比】

原 料	配比(质量份)
十二烷基苯磺酸钠	12
脂肪醇聚氧乙烯醚	6

续表

原　料	配比（质量份）
二乙醇胺	4
乙二醇丁醚	6
异丙醇	12
环氧丙烷	4
尿素	15
水	加至 100

【制备方法】　将各组分加入混合罐中，搅拌混合均匀即可。

【产品应用】　本品可清洗金属制品、玻璃制品、塑料制品等。

【产品特性】

(1)常温下配制即可，具有强化除油效果。

(2)无公害、无毒、无腐蚀性，不含有危害人类环境的 ODS 物质，不含磷酸、硝酸盐等。

(3)洗净工件不含有电子行业最忌讳的四大性离子的残留物，无损作业人员身体健康。

(4)清洗液不需经过处理可以直接排放，符合排放标准，安全可靠。

实例21　多功能消毒灭菌洗涤剂

【原料配比】

原　料		配比（质量份）				
		1#	2#	3#	4#	5#
氯-羟基二苯醚类化合物	一氯-羟基二苯醚	0.1	—	—	3	—
	二氯-羟基二苯醚	—	5	—	—	—
	三氯-羟基二苯醚	—	—	10	—	8

续表

原料		配比（质量份）				
		1#	2#	3#	4#	5#
季铵盐化合物	十二烷基季铵盐	50	—	—	10	—
	六烷基季铵盐	—	0.1	—	—	—
	十八烷基季铵盐	—	—	120	—	—
	$C_{8\sim12}$长链季铵盐	—	—	—	—	80
双胍类化合物	醋酸氯己啶	50	—	—	10	—
	葡萄糖酸氯己啶	—	0.2	—	—	—
	聚甲基双胍盐酸盐	—	—	25	—	40
螯合剂	多聚磷酸盐	1	—	—	—	—
	烷基二胺四乙酸	—	25	—	10	—
	烷基二胺四乙酸钠	—	—	50	—	—
	烷基二胺四乙酸盐	—	—	—	—	30
脂肪醇	乙醇	300	—	—	—	—
	异丙醇	—	10	—	—	—
	乙二醇	—	—	200	—	—
	丙三醇	—	—	—	50	—
	丙二醇	—	—	—	—	250
有机酸	苹果酸	20	—	—	—	—
	酒石酸	—	0.1	—	—	—
	柠檬酸	—	—	30	—	—
	氨基磺酸	—	—	—	10	—
	乳酸	—	—	—	—	1
非离子表面活性剂	脂肪醇聚氧乙烯醚	200	—	—	100	—
	椰油酰胺	—	0.1	—	—	—
	聚烷基葡萄糖苷	—	—	150	—	10
香料		0.1	1	10	5	0.5

原　　料	配比（质量份）				
	1#	2#	3#	4#	5#
颜料（亮蓝）	0.01	0.1	5	3	1
去离子水	500	300	700	700	600

【制备方法】

（1）按照配方量将螯合剂化合物、季铵盐化合物、双胍类化合物、脂肪醇、非离子表面活性剂依次放入反应釜中，搅拌均匀后，加入配方量1/3的去离子水，同时启动加热装置，在20~90℃的条件下持续搅拌30~60min。

（2）随后，将氯-羟基二苯醚类化合物加入到上述反应液中，继续加热搅拌40~50min，停止搅拌和加热。

（3）加入剩余的去离子水搅拌20~30min，加入有机酸。

（4）最后加入香料和颜料，再搅拌30~40min后停止。

（5）静置60~120min，过滤即得成品。

【产品应用】　本品可以广泛应用于人体皮肤、宠物、医疗设备、公共环境、食品工业设备、水果蔬菜、餐饮器皿、美容医疗设备、健美运动设备、儿童玩具等的消毒洗涤处理，对于不耐热的如内窥镜、肠镜、胃镜等直接接触人体黏膜、血液和血管的精密医疗设备尤其适用。

【产品特性】　本消毒灭菌洗涤剂对人畜均安全而且快速、高效、广谱，无毒、无副作用，清洁、灭菌消毒效果好，刺激性小，安全性高，对环境无污染。

实例22　节水环保清洗剂

【原料配比】

原　　料	配比（质量份）			
	1#	2#	3#	4#
碳酸钠	30	30	28	28

续表

原　　料	配比(质量份)			
	1#	2#	3#	4#
硅酸钠	18	18	20	20
无水硫酸钠	10	10	15	8
$C_{12 \sim 14}$脂肪醇聚氧乙烯醚	5	5	7	6
α-烯基磺酸钠	10	10	8	9
柠檬酸钠	15	15	8	15
乙二胺四乙酸	3	3	3	2
淀粉	8	8	10	10
羧甲基纤维素钠	1	1	1	2
碳酸氢钠	—	8	—	—

【制备方法】　先将碳酸钠、硅酸钠、无水硫酸钠、柠檬酸钠、乙二胺四乙酸、淀粉和羧甲基纤维素钠在高效预混器中充分混匀,然后再将 $C_{12 \sim 14}$脂肪醇聚氧乙烯醚和 α-烯基磺酸钠这几种液体原料用高压泵一次性均匀喷洒在上述混匀的固体成分中,继续搅拌混合均匀后加入碳酸氢钠,混合均匀,便得到抗硬水性提高的无磷节水环保清洗剂。

【产品应用】　本品可去除常见洗涤剂洗不掉的重油污渍、血渍、奶渍、果汁、菜汁等污垢。

【产品特性】

(1)无磷、无铝、无酶制剂、无荧光增白剂等不安全原料。

(2)节水、节电,水电消耗为普通洗涤剂的 60% ~ 70%,洗时泡沫丰富,漂洗时泡沫消失。

(3)对难以清洗的污渍具有较强的去除能力。

(4)对植物中残存的化肥或农药有很强的乳化及分解能力,生物降解度为 99.5%。

实例23 污垢清洁剂

【原料配比】

原　　料	配比（质量份）		
	1#	2#	3#
N-十二烷基-N-(2-羟基-3-磺酸亚丙基)二甲基铵	4	6	8
去离子水A	40	30	20
C_{12~14}脂肪醇聚氧乙烯醚羧酸盐	3	4	6
十八烷基二羟乙基甜菜碱	3	4	6
去离子水B	50	40	20
去离子水C	60	40	30
SX-1酸性缓蚀剂	0.3	0.4	0.6
33%~36%的盐酸	20	15	10
过氧乙酸	5	8	10
氯化钠	2	1.5	1

【制备方法】 将 N-十二烷基-N-(2-羟基-3-磺酸亚丙基)二甲基铵、去离子水A加入第一个反应器进行搅拌使之溶解,再将 C_{12~14}脂肪醇聚氧乙烯醚羧酸盐、十八烷基二羟乙基甜菜碱、去离子水B加入另一反应器内进行搅拌,溶解后加入第一个反应器内溶解的物料中继续搅拌,再逐渐加入去离子水C、SX-1酸性缓蚀剂、33%~36%的盐酸、过氧乙酸和氯化钠,搅拌10~20min,静置0.5~1.0h,即制得成品。

【产品应用】 本品用于地板砖、墙瓷砖、坐便器、塑料器皿、楼体外墙、铝合金卷拉门、不锈钢器具的去污和光亮。

【产品特性】 本产品具有强力去污溶垢的效果,又具有杀菌除臭、使用方便、清洗速度快、成本低等优点。

实例24 物体表面清洗剂

【原料配比】

原　料	配比(质量份)	
	1#	2#
氢氧化钠溶液(95%)	25	30
乙醇(95%)	10	8
杀菌液	45	40
樟脑	3	5
食醋	6	8
香精	0.2	0.2
明矾	10	8
氯化钠	1	1

【制备方法】

(1)制备杀菌液:称苦参10份,陈皮5份,水65份,置煎器内文火煎40min,将药渣药液分离,并将药液过滤,弃药渣,便制得杀菌液。

(2)将制得的杀菌液置入容器内,加热到50~60℃,加入氢氧化钠溶液、食醋、明矾搅拌,保温1h,继续加入乙醇搅拌,保持0.5h,再加入樟脑、氯化钠、香精,搅拌10min,得到本清洗剂。

【产品应用】 本品可用于清洗门窗、灶具、洁具、陶瓷、玻璃以及衣、鞋、袜等物品。

【产品特性】 本清洁剂高效、去污力强,可直接使用或稀释后使用,其效果良好,可一物多用,节约时间,节省费用。

实例25　消毒灭菌洗涤剂

【原料配比】

原　　料	配比(质量份)		
	1#	2#	3#
油酸皂	0.5~1	0.5~0.8	0.75
三乙醇胺皂	0.5~1.5	0.8~1	1
三乙醇胺油酸皂	1~2	1.2~1.6	1.5
碳酸钠	1~3	1.5~2.5	2
羧甲基纤维素	0.1~0.2	0.1~0.15	0.1
硅酸钠	0.5~1.5	0.8~1.2	1
烷基磺酸钠	2~4	2.5~3.5	3
烷基醚硫酸盐	3~5	3.5~4.5	4
净洗剂6501	2~4	2.5~3.5	3
稀土(45%混合氯化稀土)	0.001~0.003	0.0015~0.0025	0.002
黄连与大青叶1:1混合物	0.3~0.6	—	0.5
黄连	—	0.3~0.6	—
水	加至100	加至100	加至100

【制备方法】　先将油酸皂加水溶解,在一次性加入三乙醇胺皂、三乙醇胺油酸皂、碳酸钠、羧甲基纤维素和硅酸钠,便组成混合物A;再将烷基磺酸钠、烷基醚硫酸盐、净洗剂6501和稀土混合物,便组成混合物B;将黄连(大青叶)进行加工(并可以配以适当的香料)组成混合物C;将这三种混合物混合,便可制成本品。

【产品应用】　本品是一种具有消毒灭菌功能的洗涤用品。

【产品特性】　本品不但增加了消毒灭菌功能,而且借助于稀土特殊的化学活性,致使洗涤剂的结构发生变化,使其去污力明显提高。如果加入黄连、大青叶等中药材,稀土与中药材相配合其消毒灭菌效果更好。同时,消除了其他消毒灭菌洗涤剂使用阳离子表面活性剂及其他化学药品在消毒灭菌时对人体构成的危害和对环境造成的污染。本品中的各种成分相互叠加不但去污能力更强，而且去污范围更广，消毒灭菌也更彻底。本品的生产工艺流程简单，设备投资少，成本低，操作方法简便。

实例26 消菌洗涤剂

【原料配比】

原　　料	配比（质量份）	
	洗衣剂	消毒餐具洗涤剂
醇醚硫酸钠	12～15	15～18
直链烷基苯磺酸	4～5	5～7
脂肪酸二乙醇胺	4～5	5～6
脂肪酸聚氧乙烯醚	0.2～0.4	0.4～0.6
氢氧化钠	8～10	10～12
去离子水	62～68.5	55～63.5
增溶剂（苯甲酸钠或二苯甲酸钠）	0.05～0.1	0.1～0.2
复合酶（蛋白酶、淀粉酶或纤维酶）	0.2～0.4	—
氯化钠	1～2	0.5～1
聚丙烯酰胺	0.07～0.15	0.04～0.07
SG-815型消泡剂	0.007～0.015	—
硫酸钠	0.4～0.5	0.2～0.4
酸或碱（调节 pH 值）	适量	适量
防腐剂 TCC	0.2～0.5	0.2～0.5

【制备方法】　按配比将醇醚硫酸钠加入到反应釜中，然后加入脂肪酸二乙醇胺，并搅拌均匀；加入直链烷基苯磺酸和脂肪酸聚氧乙烯醚，并充分混合；将反应釜里的原料温度控制在 0～5℃内，使其磺化，

反应后加入氢氧化钠溶液,并搅拌均质,此过程中 pH 值控制在 10 ~ 11;再加入硫酸钠,并搅拌 5min 即成浆料。在浆料中加入去离子水和增溶剂,待完全溶解后,再加入复合酶和消泡剂,抽真空无泡后再加入氯化钠;搅拌均质转相后,加入聚丙烯酰胺,并搅拌。在制成成品前,加入适量的碱或酸使产品的 pH 值在 10 ~ 11 之间。最后,加入防腐剂 TCC,待浆料在老化罐中稳定后过滤,包装即成成品。

【产品应用】 该洗涤剂能用于清洗餐具、衣物、手、地毯等。

【产品特性】 本洗涤剂为透明型液体高稠度线性结构,在配方中无磷,其低含量的表面活性剂使去污性能较高。本洗涤剂的杀菌性强,不刺激皮肤,使用方便,不污染环境、抗硬水性能强。此外,该洗涤剂所用的各种原料的成本较低。

实例27 眼镜清洗液

【原料配比】

原 料	配比(质量份)		
	1#	2#	3#
乙二醇单丁醚	3	3	2
脂肪醇聚氧乙烯醚	1.5	2	10
十二烷基葡萄糖苷	1	1.5	8
表面活性剂 CY – 226C	15	13	1
乙二胺四乙酸四钠	5	—	12
去离子水	加至 100	加至 100	加至 100

【制备方法】 将乙二胺四乙酸四钠溶于去离子水中;搅拌下将脂肪醇聚氧乙烯醚、十二烷基葡萄糖苷、CY – 226C 分别加入,搅拌分散均匀;搅拌下将乙二醇单丁醚加入所得的溶液中,搅拌分散均匀,即得成品。

【产品应用】 本清洗液不仅可用于清洗框架眼镜和其他光学透镜,还可以用于塑料硬表面的保护性清洗。

【产品特性】 本品具有无接触、无损伤、安全、方便快捷、清洗彻底、防尘、消毒、杀菌、环保、可有效延长框架眼镜的使用寿命、无污染、制造成本适中、适合大众消费等优点。

实例28 银器清洁剂

【原料配比】

原　料	配比(质量份)
碳酸钠	2
硬脂酸	28
磷酸三钠	2
硅藻土	227
水	355

【制备方法】

(1)首先把水放入陶瓷或玻璃容器中,加热至沸腾,慢慢地加入硬脂酸并不断搅拌,使硬脂酸完全熔化。

(2)停止加热后,加入碳酸钠、磷酸三钠和硅藻土,搅拌成乳液糊状物,冷却后即成成品。

【产品应用】 本品用于清洁银器。

【产品特性】 该清洁剂不仅对银器具有效果显著的清洁作用,而且费用低廉,使用方便。本剂清洗效果好,不伤银器表面,洗涤后,银器表面光亮如新。

实例29 油污清洁剂

【原料配比】

原　料	配比(质量份)		
	1#	2#	3#
草酸	10	—	—

原　料	配比（质量份）		
	1#	2#	3#
草酸钾	—	4	—
二草酸	—	—	5
烷基苯磺酸	8	—	—
脂肪醇聚氧乙烯醚硫酸钠	—	11	10
马来酸酐	5	—	—
水解聚马来酸酐	—	2	—
马来酸锌盐	—	—	6
盐酸	11	15	6
乙醇	—	—	0.2
水	加至100	加至100	加至100

【制备方法】 将水加入混合罐中,依次加入各组分,搅拌混合均匀即可。

【产品应用】 本品用于去除油污。

【产品特性】 本产品具有快速、高效、彻底地清除玻璃表层重垢、油污的特点,一次的清洗时间为1~2min,清洗成本大大降低。

第四章　磷化液

实例1　薄层耐磨磷化液

【原料配比】

原料	配比（g/L）				
	1#	2#	3#	4#	5#
马日夫盐	50	48	50	46	46
磷酸（84%）	1.7mL	1.5mL	1mL	2mL	2mL
硝酸镍[$Ni(NO_3)_2 \cdot 6H_2O$]	3	3	3	3	3
硝酸钙[$Ca(NO_3)_2 \cdot 4H_2O$]	3	6	3	3	3
硝酸锌[$Zn(NO_3)_2 \cdot 6H_2O$]	0.5	1.3	0.5	0.5	0.5
铁屑	5	4	3	3	3
柠檬酸（$C_6H_8O_7 \cdot H_2O$）	1	1.2	1	1	1
碳酸锰（$MnCO_3$）	—	—	—	0.8	0.8
水	加至1L	加至1L	加至1L	加至1L	加至1L

【制备方法】

（1）先称取马日夫盐放入70℃的水中进行溶解，溶解完毕后再补充水到需要配制的体积，然后对溶液进行加热，至沸腾。

（2）将上述沸腾的溶液进行自然冷却，冷却到70℃时加铁屑，反应30～45min后再加入磷酸，随后取样分析溶液的总酸度与游离酸度，然后根据取样分析的结果，添加马日夫盐、水、磷酸及碳酸锰，来调整溶液的酸度，直至溶液的总酸度为（40～42点），总酸度与游离酸度之比为（6～7）:1。

（3）加入硝酸镍、硝酸钙、硝酸锌，随后取样分析溶液的总酸度与游离酸度，再根据取样分析的结果添加马日夫盐、水、磷酸及碳酸锰来调整溶液的酸度,直至溶液的总酸度为 45 ~ 50 点,游离酸度为 6.5 ~ 7.5 点,且总酸度与游离酸度之比为(6 ~ 7):1,然后用小试片进行试生产,并检查生产后小试片上磷化层的厚度和抗蚀性,检查合格后,再在溶液中加入柠檬酸,即制得磷化液。

【产品应用】　本品主要应用于金属表面的磷化处理。

【产品特性】

(1)由于配制方法中磷化液的组成成分为马日夫盐、浓度为 84% 的磷酸、硝酸镍、硝酸钙、硝酸锌、铁屑、柠檬酸与碳酸锰,没有亚硝酸钠,因此本品不包含有毒物质。

(2)由于本品包括硝酸钙,而硝酸钙能明显提高膜层的硬度和耐磨性,与市场同类产品相比,使用本磷化液可把磷化层的耐磨寿命延长 80% 以上,因此本品形成的膜层不仅硬度较高,而且耐磨性也较高。

(3)由于本品所形成的磷化膜的膜层厚度为 6 ~ 12μm,厚度较为适中,因此本品形成的磷化膜晶粒致密,不易破碎,既不会由于厚度过厚而造成晶粒粗大易碎,影响寿命,也不会由于厚度过薄造成寿命短。

实例2　常温钡盐改性磷化液

【原料配比】

原　　料	配比(g/L)			
	1#	2#	3#	4#
氧化锌	5.5	3.5	3	3.5
工业磷酸	23.5	23.5	21.5	23.5
磷酸二氢锰	—	—	1.5	1
钼酸铵	2	2.3	0.3	1.8
硝酸钙	—	3.5	2	2.5

原　　料	配比（g/L）			
	1#	2#	3#	4#
硝酸钡	3.5	0.6	1.3	0.6
硝酸镍	2.5	2.5	—	2.5
植酸	1.5	1	1.2	1
氨水	调整 pH 值至 2.9	调整 pH 值至 2.6	调整 pH 值至 2.3	调整 pH 值至 2.5
水	加至 1L	加至 1L	加至 1L	加至 1L

【制备方法】　将水加入混合罐中，然后依次将各组分溶于水中，混合均匀即可。

【产品应用】　本品主要应用于冷轧板、热轧板、角钢等钢铁表面喷涂前的磷化处理。

使用时，于 5℃ 浸渍磷化 800s，自然干燥 3h，便可得到连续均匀、无质量缺陷的彩色磷化膜；然后检验耐蚀时间为 55s，附着力达 1 级。

【产品特性】

（1）该磷化液使用寿命长，使用过程无废水产生。

（2）磷化质量有较大的提高，磷化方式多；常温磷化膜耐蚀性能有所突破，可采用刷、浸、喷或其组合方式进行磷化。

（3）采用常温 15～40℃（最低 3℃）磷化，最大限度地节约了能源和准备时间。

（4）磷化工艺控制条件宽松、方式多样，磷化液稳定，磷化时间为 60s 到几小时均可（磷化时间长虽不影响工件的磷化膜质量，但影响磷化液的寿命并产生沉渣），磷化后不用水洗可直接烘干或自然干燥，操作简单。

实例3 常温不水洗漆前锌钙磷化液

【原料配比】

原料	配比（质量份）	
	1#	2#
磷酸二氢锌	100	6
轻质碳酸钙	50	—
磷酸二氢钙	—	3
磷酸钛	60	2
磷酸	—	2.5
酒石酸	80	3.5
磷酸三钠	—	2
水	500	300
钼酸铵	30	—
铁片	适量	适量

【制备方法】 将磷酸二氢锌、磷酸二氢钙或轻质碳酸钙、磷酸、磷酸钛或酒石酸及磷酸三钠（或钼酸铵）加入水中，充分搅拌后，插入铁片，控制溶液中亚铁离子的含量在 0.25～4 左右，最后加水搅拌均匀，配制成淡黄色磷化液，静置12h 后使用。

【产品应用】 本品主要应用于各种形状的钢铁及其制品的漆前处理，与电泳浸漆、喷塑、烤漆、喷漆等涂装工艺配套。

使用时，将工件放入磷化液中，15℃下磷化3min 取出，自然干燥后即可涂装。

【产品特性】

（1）该磷化液稳定性好、不变质、无废液排放、可反复使用，只需按实际消耗补充新液。

（2）本品无毒、无臭味、无有害气体产生，基本无沉渣，不需水洗、不污染环境。

(3)用本品磷化后形成的磷化膜致密、均匀、牢固、挠性良好,厚度适宜,防腐性强,可增强涂层与金属基体的结合力,在一定程度上可提高涂层的光泽并节约涂料。

(4)使用该磷化液可将常规磷化的七道工序减为两道(即磷化、干燥),在一个槽内即可完成磷化全过程,综合成本低,工艺简单,操作方便,提高了磷化效率。

实例4 常温黑色磷化液

【原料配比】

原　　料	配比(g/L)
磷酸(85%)	90
氧化锌	8
亚硒酸钠(Na_2SeO_3)	3
五水硫酸铜($CuSO_4 \cdot 5H_2O$)	12
钼酸铵	5
EDTA 钠盐	1
次亚磷酸钙	0.1
单宁	1
水	加至1L

【制备方法】 先用300mL水稀释磷酸,慢慢加入氧化锌搅拌使其全部溶解,然后逐次加入亚硒酸钠、五水硫酸铜、钼酸铵、次亚磷酸钙和 EDTA 钠盐,再加入单宁溶液混合均匀,用水稀释至1L,即得到产品。其中,单宁溶液是将单宁加入100mL水中,经煮沸后滤去不溶物制得的。

【产品应用】 本品主要应用于金属表面的磷化。

使用时将除油、除锈清洗处理过的工件在室温下浸入磷化液中

3min,即完成对该工件的磷化和发黑,处理后的工件可用水冲洗或不冲洗。

【产品特性】 本品的磷化发黑温度低,工作性能稳定,形成的磷化膜呈均匀的黑色,为板块状致密结晶,耐蚀性强,对基材附着力好,适宜于钢材的涂状前处理。

实例5 常温磷化液(1)

【原料配比】

原 料	配比(质量份)	
	1#	2#
磷酸	4	3
氧化锌	0.55	0.5
硝酸锌	1.5	1
硝酸镍	3	3.5
硝酸锰	3.5	3
氟硼酸钠	0.8	0.5
氯酸钠	2.5	2.5
柠檬酸	2	1
软化水	加至100	加至100

【制备方法】 首先将氧化锌用少量软化水湿润,加入磷酸,溶解完全后,再加入其他原料,搅拌均匀即可。

【产品应用】 本品主要应用于金属表面的磷化。

【产品特性】 本品的生产方法简单,被处理工件先要经预处理、脱脂、表调(表面调整)等工艺,使被处理工件表面无油、无锈及脏物;可采用浸渍或喷淋的方法施工,在常温下处理 3~5min,无须加热,节省能源,操作方便。被处理的工件成膜致密、均匀、连续,成膜时间短,成膜强度大,能够满足汽车等工件的要求。

实例6 常温磷化液(2)

【原料配比】

原 料	配比(质量份)					
	1#	2#	3#	4#	5#	6#
磷酸	2	8	6	4	5	7.5
氧化锌	0.4	6	3	2	5	5.5
硝酸锌	0.5	5	3	2	2	2.5
硝酸镍	3	5	4	3.5	4.5	5.5
硼氟酸钠	0.2	7	3.5	2	4.5	3.5
氯酸钠	2	8	5	5	6	6.5
柠檬酸	0.5	2	1	1.5	1.5	1.5
亚硝酸钠	1	4	3	2	2.5	2.5
软化水	55	40	45	50	48	60

【制备方法】 将软化水加入混合罐中,加入磷酸、氧化锌,完全反应后再加入硝酸锌、硝酸镍、硼氟酸钠、氯酸钠、柠檬酸、亚硝酸钠等,待完全溶解后静止1h,即可包装。

【产品应用】 本品主要应用于金属表面的磷化。

本品的使用温度为15~35℃,按磷化液和水的体积为:磷化液∶水 = 1∶50完全互溶后即可以使用,磷化时间为15~20min。

【产品特性】

(1)可以在常温下使用:高温磷化一般在90~98℃下进行,但溶液在高温下工作时的挥发量大,会对环境造成污染,且溶液成分变化快,磷化膜容易夹杂沉淀物,使结晶粗细不均,而且能源耗费极大;中温磷化一般在50~70℃的温度下进行,溶液成分比较复杂,能源耗费大;而常温磷化是在15~45℃下进行,不需要外加能源,对自然环境也没破坏性。

(2)不需要加热设备:由于不需要能源,节省了加热设备,减少了设备投资。

（3）易于生产:本品所述的磷化液为配伍型产品,不需要合成,工艺简便,省去了大型设备和厂房,易于操作。

（4）磷化液稳定性好:通常应用的磷化液不稳定,易产生沉淀,难以维护。而本品所述的磷化液沉渣少,有较好的稳定性。

（5）成膜强度高:所生成的磷化膜中不掺杂沉淀物,膜层细密微孔均匀,强度高于其他普通磷化膜。

（6）耐蚀性强:由于其形成的膜层细密微孔均匀,因此膜层的耐蚀性比普通磷化膜强。

实例7　常温磷化液(3)

【原料配比】

原　　料	配比(质量份)					
	1#	2#	3#	4#	5#	6#
硝酸	2	7	—	—	—	—
氧化锌	15	24	—	380	—	—
锌粉	—	—	30	—	268	290
磷酸	400	900	670	1380	302	1100
硝酸锰	45	—	39	—	—	—
碳酸锰	—	8	—	—	5	—
硫酸锰	—	—	—	78	—	55
氟化钠(NaF)	34	—	—	—	22	—
氟化氢(HF)	—	33	54	—	—	—
氟化铵(NH_4F)	—	—	—	56	—	48
硫酸镍或硝酸镍	65	35	67	77	18	75
硫酸锌或硝酸锌	460	390	234	450	26	389
水	4000	4000	4000	4000	4000	4000

【制备方法】 在常温下,将各原料按顺序依次加入到水中,在搅拌下直到全部溶解即得成品。

【产品应用】 本品主要应用于金属表面的磷化。

使用时,用水以12~15倍的体积比稀释,然后对被磷化件进行浸泡、喷淋或者擦拭均可。施工时间为3~40min,使用温度为15~40℃。

【产品特性】 本品具有稳定性好、成膜时间长、成膜强度大、耐蚀性强等优点;本品的应用范围广泛,可以说所有钢铁产品、包括工业和民用产品都可以使用,如空调和散热器及其配件、汽车及其配件、电力设备等,且因为本品为常温磷化,不受自然条件所限,可以节省时间和能源。

实例8 常温磷化液(4)

【原料配比】

原　　　料	配比(g/L)	
	1#	2#
磷酸(85%)	16.9	50.7
氧化锌	2.5	11.5
三乙醇胺	3.2	3.2
钼酸钠	1	1
柠檬酸	1	1
氟化钠	1	1
表面活性剂OP	0.2	0.2
水	加至1L	加至1L

【制备方法】 先在容器内加入少量水,按各组分含量加入磷酸和三乙醇胺,充分搅拌至完全反应,再加入用水调成糊状的氧化锌,搅拌至完全溶解,然后按下列顺序加入钼酸钠、柠檬酸、氟化钠、表面活性剂OP,最后补足水量即得成品。

【产品应用】 本品主要应用于金属表面的磷化。

【产品特性】 在以钼酸钠作为氧化加速剂,氟化钠和柠檬酸作为成膜促进剂的磷酸锌盐体系中,引入三乙醇胺使之与磷化液组分产生协同效应,不仅加速作用显著,溶液性能稳定,而且形成的简单配位体化合物或多元络合物、螯合物及杂多酸络合物,还能参与形成薄而致密且耐蚀性强的复合磷酸盐保护膜。本磷化液不含 NO_2^-、NO_3^-、ClO_3^- 和 Ni^{2+}、Mn^{2+} 等有害离子,集表调、磷化、钝化于一体,无特殊的前后处理要求,工序简单,操作方便,药剂品种只需 7 种原材料,而且价廉易得,综合成本低;其工作范围宽,生产效率高,大大减少了磷化槽的清理次数及废水的处理费用,降低了工人的劳动强度并减少了环境污染。

实例9　超低温多功能磷化液

【原料配比】

原　料	配比（g/L）		
	1#	2#	3#
磷酸	130	350	210
磷酸二氢钠	20	—	—
磷酸二氢锌	—	65	40
磷酸二氢钴或硝酸钴或硫酸钴	—	—	2
磷酸二氢镍或硝酸镍	—	5	—
酒石酸	2	15	8
硝酸钠	—	—	5
三乙醇胺	—	—	5
间硝基苯磺酸钠	2	—	—
氯酸钠	—	10	—
硫脲	—	2	—
黄血盐	0.5	—	—
乳化剂 OP-10	10	2	4
水	加至1L	加至1L	加至1L

【制备方法】 将水加入混合罐中,然后将除乳化剂 OP-10 外的原料加入水中,搅拌溶解均匀后加入乳化剂 OP-10,即制成本磷化液。

【产品应用】 本品主要应用于金属表面的磷化。

本品的使用及涂敷方法十分简便,可用喷、涂或几种方法一次涂敷在工件表面上,对普通碳素钢不用水洗,合金钢可用水洗,然后采用自然干燥或热风干燥。磷化液使用期间,当游离酸低于一定值时,补加新鲜磷化液使游离酸度保持在一定值以上,可继续使用而无废液排放。

【产品特性】

(1)本品无须加热,可大量节约能量,简化工序,缩短了生产周期,提高了生产效率。

(2)本品不含铬酸盐、亚硝酸盐等有害物质,在 25℃ 以下工作,一般无气泡或气泡很少,不会产生酸雾,无三废、无污染问题,改善了工作环境,为联动作业创造了条件。

(3)本品在低于 10℃ 时,对合金钢工件的表面磷化有特殊的优越性,一般磷化液在此温度下不能成膜,而本磷化液成膜性能好,室内防锈期可在半年以上,还可避免氢脆,因此可代替化学氧化,不需要涂漆和涂防锈油保存。

(4)本品可在较大范围内调整配方及添加剂而得到广泛用途的产品,可以作为"二合一"、"三合一"、"四合一"磷化液使用,也可以是铁系膜或锌系膜产品。

实例 10 超低温快速"四合一"磷化液

【原料配比】

原　　料	配比(质量份)
磷酸(85%)	8
酒石酸	1.5
平平加	3

原　料	配比（质量份）
磷酸锌	2
硫脲	0.2
氯化镁	3
烷基磺酸钠	4
催化剂 XD-1	0.5
乳化剂 XD-2	1
低温成膜剂 XD-3	1.5
水	加至 100

【制备方法】 将水加入混合罐中,依次将各组分溶于水中,混合均匀即可。

【产品应用】 本品主要应用于钢铁构件的磷化。

【产品特性】 本磷化液对钢铁构件的处理可在 ≥ -10℃ 的温度环境中进行,除油、除锈、磷化、钝化同步进行,除油除锈效果好,无残渣、磷化钝化速度快且不易剥落,对工件涂装的漆膜无破坏作用,具有节省工序、操作方便、投资省、成本低的优点。

实例11　除油除锈钝化宽温磷化液

【原料配比】

原　料	配比（质量份）
工业磷酸(85%)	450
铝屑或铝粉	6
十二烷基苯磺酸钠	30
重铬酸钾	2
水	512
铁屑	适量

【制备方法】

(1)取工业磷酸、水各45份混合,逐步加入铝屑或铝粉,并不断搅拌,待反应溶解完、降温后过滤。

(2)将重铬酸钾溶于适量水中后,与上述滤液混合,再加入余量的磷酸和水。

(3)将十二烷基苯磺酸钠溶于上述溶液中,并不断搅拌,也可再加入适量铁屑反应完变深绿色后,再过滤。

(4)灌桶包装。

【产品应用】 本品主要应用于机械产品、车辆、管道、家用电器、五金制品等钢铁制件的除油、除锈、磷化、钝化处理,并可提高漆膜的附着力。

【产品特性】 本磷化液可一次性完成对金属特别是钢铁构件的除油、除锈、磷化、钝化等工序,从而简化了工艺,降低了成本;处理后的工件表面平滑,磷化膜坚韧致密,无挂霜现象,使用温度为5~65℃,可自然干燥或水洗烘干。本品的防锈时间长,可用于工序间的防锈,在通风干燥环境下防锈时间达半年以上,上漆后,在室外防锈时间可达2年以上。本品性能稳定,无毒、无臭,不会引起氢脆,磷化膜可作性能优良的油漆"漆底"使用。

实例12 除油除锈无渣常温磷化液

【原料配比】

原　　料	配比(质量份)
磷酸(85%)	20
磷酸二氢钠	0.5
六偏磷酸钠	0.2
草酸	0.2
柠檬酸	0.1
硫脲	0.05

原 料	配比（质量份）
非离子表面活性剂 TX	0.5
镍氧化促进剂添加剂	0.5
水	加至100

【制备方法】 将水加入混合罐中,然后将各组分溶于水中,混合均匀即可。

【产品应用】 本品主要应用于钢铁工件涂装前的表面处理。

【产品特性】 本品具有工序简单,操作方便,可在常温下使除油、除锈、磷化同步进行,设备投资省、成本低、不产生残渣、无环境污染、无废液排放、磷化液组分浓度容易维护和控制,而且不影响金属材料性能,磷化膜对涂装漆膜无破坏作用、不易剥落、防锈性能好等优点。

实例13 低温化锈防锈磷化液

【原料配比】

原 料	配比（质量份）
磷酸（85%）	350
磷酸二氢锌	75
亚铁氰化钾	3.5
苯甲酸钠	3
酒石酸	3.5
多聚磷酸钠	2
净水	加至1000

【制备方法】 将水加入混合罐中,然后将各组分溶于水中,混合均匀即可。

【产品应用】 本品主要应用于汽车车厢、集装箱、开关箱等金属构件,尤其适合大型、特大型钢铁制品的预处理。

本品可在自然温度(5~50℃)下除锈磷化,可完全省去加热,有显著的节能效果,对一般的轻锈(1~2级)无须预处理除锈,即可直接磷化。对小型工件采用浸渍法,对大型工件采用涂刷法,一般涂刷三遍(第二遍在第一遍未干之前进行,第三遍在第二遍未干之前进行)。工作温度为5~50℃,膜重在3~10g/m²。

【产品特性】 本品是经长期实验而产生的科技新产品,钢铁经本品处理后,在其表面的锈蚀原电池消除,并可将钢铁表面的氧化铁锈逆转生成具有防锈性能的磷化膜,所以能长期有效地保护金属免受锈蚀。磷化后的金属表面与油漆的结合力增强,与未磷化直接涂漆相比,结合力提高了2~10倍。本品施工方便,使用中无须检测、无排放,对环境保护极为有利。

实例14 低温无毒磷化液

【原料配比】

原　　料	配比(g/L)
硝酸	10mL
磷酸(85%)	15mL
硫酸羟胺(HAS)	2
氯酸钠($NaClO_3$)	1
氧化锌	10
五水硫酸铜($CuSO_4 \cdot 5H_2O$)	0.7
钼酸钠($Na_2MoO_4 \cdot 2H_2O$)	0.04
柠檬酸($C_6H_8O_7 \cdot H_2O$)	3
水	加至1L

【制备方法】

(1)将氧化锌放入水中溶解。

(2)将磷酸、硝酸依次缓慢倒入氧化锌的浊液中,并不断搅拌,待完全溶解后,依次加入主促进剂 HAS 和添加剂五水硫酸铜、钼酸钠、氯酸钠、柠檬酸,并不断搅拌。

(3)用水将配好的溶液稀释定容至 1L。

(4)用碳酸钠、硝酸调节游离酸度至 2.0 点,总酸度至 20 点。

【产品应用】 本品主要应用于金属表面的磷化。

【产品特性】 本品以硫酸羟胺为主促进剂,与其他添加剂复配,无亚硝酸盐、镍离子,减少了对环境的污染,也有利于工人的身体健康。本品在低温下操作,可节约能源;沉渣形成时间长,且沉渣量少。

实例15 低温锌锰镍三元系磷化液

【原料配比】

原 料	配比（g/L）		
	1#	2#	3#
磷酸(85%)	12	18	24
氧化锌	1	2	3
碳酸锰	1	2	3
碳酸镍	1	2	2
氟化钠	2	3	4
添加剂	5	8	10
自来水	加至1L	加至1L	加至1L

【制备方法】 依次取磷酸、氧化锌、碳酸锰、碳酸镍、氟化钠和添加剂,加入到自来水中,经充分搅拌至溶解后,补水至 1L 即可。利用该磷化液对铁件、锌件和铝件进行磷化处理时,浸渍、喷淋均可,且形成的磷化膜均匀致密,磷化效果很好。

【产品应用】　本品主要应用于金属表面的磷化。

【产品特性】　本品工艺范围较宽,节约能源,沉渣少,调整容易,操作简单,与各类涂装均具有优良的配套性。该磷化液稳定,通过补加可长期连续使用。

实例16　低温锌系磷化液

【原料配比】

原　　料	配比（g/L）
氧化锌	100
磷酸（80%）	230
硝酸（30%）	280
硫酸镍（$NiSO_4 \cdot 6H_2O$）	2.67
碳酸锰	0.2
乙二胺四乙酸	0.66
柠檬酸	5
过硼酸钠	1
碳酸钠	2.3
水	加至1L

【制备方法】　将水加入混合罐中,然后将各组分溶于水,混合均匀即可。

【产品应用】　本品主要应用于汽车制造、家用电器、农机等各类钢铁制品的涂装前处理,以增加其防腐能力和对漆膜的附着力,可采用喷淋或浸泡法施工。

【产品特性】　本品为低温锌系磷化液,工作温度低、时间短、能耗小,能在钢铁表面生成一种性能优良的致密磷化结晶膜。该磷化液工艺参数范围宽,易于调整,且提高了被磷化件的涂装质量。

实例17 多功能低温金属磷化液

【原料配比】

原　料	配比（g/L）	
	1#	2#
氧化锌	54	63
硝酸	3.5mL	5.4mL
磷酸（85%）	190	212
柠檬酸	1.5	1.8
硝酸锌	245	262
亚硝酸钠	1.3	1.4
重铬酸钾	0.3	0.4
氟化钠	3.5	4
钼酸铵	0.9	1.3
氯化镁	34	31
三乙醇胺	6.5	4.2
表面活性剂 AES	8	10.5
乳化剂 OP-10	5.8	5
去离子水	加至1L	加至1L

【制备方法】

（1）A溶液的配制：在氧化锌中加适量的去离子水调成糊状，再加入硝酸，然后在搅拌下缓慢加入磷酸，并加热至沸腾使之完全溶解呈透明状即为A溶液。

（2）B溶液的配制：在容器内放入配方水量的2/3，在搅拌条件下加入钼酸铵、亚硝酸钠、氟化钠、氯化镁、硝酸锌、柠檬酸或重铬酸钾，使之全溶即得B溶液。

（3）磷化液的配制：将配制好的A溶液缓慢加到配制好的B溶液中，并搅拌混合均匀后，再加入三乙醇胺、表面活性剂 AES 和乳化剂

OP - 10 使之溶解均匀,呈澄清透明即得成品。

【产品应用】 本品主要应用于金属表面的磷化处理。

用本品处理金属工件的操作温度为 25 ~ 35℃,在同一槽液中处理 20 ~ 30min 即可一次性完成除油、除锈、磷化和钝化的综合功能。

【产品特性】 本品操作工序少,只需 3 ~ 4 道工序就可代替常规磷化工艺的 23 ~ 27 道工序,大大减少了设备的投资和作业面积,且易于实现机械化和自动化。工件经本品的磷化处理后,所形成的磷化膜结晶均匀致密,排列整齐,其膜重在 4 ~ 30g/m² 可控,抗蚀性和绝缘性高,对涂料结合力强,使用过程溶液性能稳定,用后沉渣少,易于治理和再生。

实例18 发黑磷化液

【原料配比】

原　料	配比(质量份)		
	1#	2#	3#
水	46	26. 7	36. 8
氧化锌	6	8	7
磷酸(85%)	30	35	32
硝酸锌	12	20	16
硝酸镍	0. 2	0. 5	0. 3
柠檬酸	0. 9	1. 8	1. 4
氟硼酸钠	0. 7	1. 1	0. 9
间硝基苯磺酸钠	1. 2	1. 9	1. 6
钨酸钠	3	5	4

【制备方法】 先将水加到反应釜中,接着加入氧化锌,加入过程中要均匀搅拌;调成浆状后,往浆状溶液中加入磷酸,均匀搅拌,待溶液澄清后,向溶液中加入硝酸锌,搅拌至硝酸锌全部溶解;然后,逐步

按顺序加入硝酸镍、柠檬酸、氟硼酸钠、间硝基苯磺酸钠和钨酸钠,加入过程中需搅拌均匀,待上步物料溶解后,再加入下步物料。

【产品应用】　本品主要应用于钢铁表面的磷化。

使用时,将待处理的工件进行除油、水洗、除锈,水洗后,在室温下,将需磷化的金属件放入处理液中处理2min,取出后水洗,然后将零件放入磷化液中处理10min,取出再水洗、封孔、水洗烘干,浸防锈油漆即可。

【产品特性】　本品成膜致密、发黑发亮,具有配制简单,使用方便,磷化膜具有良好的附着力和耐蚀性。

实例19　钢铁表面涂漆磷化液

【原料配比】

原　料	配比(质量份)		
	1#	2#	3#
磷酸(85%)	35	5	23
硫脲	—	0.03	—
乌洛托品	2	—	1
磷酸锌	0.02	—	1
钼酸胺	2	0.02	1
工业纯单宁酸	—	10	6
焦磷酸钠	—	0.1	—
氧化锌	—	4	—
栲胶(含单宁酸65%)	0.2	—	—
磷酸三钠	2	—	2
十二烷基磺酸钠	1	—	2
乳化剂OP-10	—	0.1	—
水	加至100	加至100	加至100

【制备方法】 将水加入混合罐中,然后将各组分溶于水中,混合均匀即可。

【产品应用】 本品主要应作库存钢材的表面防腐刷涂液,也适合于作无须涂装的钢铁容器的防腐涂液以及用于轧材氧化铁皮的清除。

一步磷化工艺流程:将待处理的钢铁构件浸入盛有本磷化液的槽内,在 10~90℃的温度范围内浸泡 1~8min,即可除掉全部锈迹,浸泡 7~30min 即可完成除油、除锈、磷化、钝化的全部过程,然后取出,在室温下自然干燥 5~24h 即可。

本品的一步磷化工艺除采用槽浸外,也可采用喷射和刷涂,而且经调节后,可再生使用。

【产品特性】 使用本品 7~30min 后,可一步完成除油、除锈、磷化、钝化的全过程,并在钢铁件表面形成厚 4~9μm 的防腐膜,硫酸铜检验指标为 3~14min,用 3% 的氯化钠溶液浸泡 8h 无锈迹,室内存放一年半无锈蚀,与油漆附着力达一级。

实例20 钢铁表面中低温高耐蚀黑色磷化液

【原料配比】

原　　料	配比(g/L)
磷酸二氢锰	47
硝酸锌	66
硝酸镍	1.6
醋酸	2mL
柠檬酸铵	2.5
钼酸铋	1
水	加至1L

【制备方法】 将水加入混合罐中,然后将各组分溶于水中,混合均匀即可。

【产品应用】 本品主要应用于钢铁表面的磷化处理。

在进行磷化处理时,只需将钢铁工件浸入 60～65℃ 的本磷化液中,控制成膜时间为 20min,就能在工件表面生成厚为 18～22μm 的磷化膜。

【产品特性】

(1)锌锰离子比例合适,生成的磷酸盐沉淀致密均匀,钼酸根和铋离子在溶液中形成深色磷钼杂多酸盐和铋盐,沉积在金属表面,可得到均匀致密的深黑色磷化膜,外观色泽感官性状良好。

(2)本品所用水为自来水,与其他磷化液中所用去离子水相比,方便而且成本低廉。

(3)本磷化液在 60～65℃ 的条件下即可生成高耐蚀性磷化膜,大大降低了能耗。

(4)由本磷化液生成的磷化膜,通过硫酸点滴实验耐蚀时间大于 5min,高于国家标准(3min),具有较好的耐蚀性。

(5)沉渣大量减少,改善了工作条件,对环境的污染也大大减少。

(6)本品所用成分易得,配置简单,使用方便,具有很好的社会效益和经济效益。

实例 21　钢铁除锈磷化液

【原料配比】

原　　料	配比(质量份)
磷酸(85%)	56
硝酸	28
铝粉	3.5
氧化锌	4
明胶	4
明矾	1.5
酒石酸	1.5
六次甲基四胺	1.5
水	加至100

【制备方法】 将各组分溶于水中混合均匀即可。

【产品应用】 本品主要应用于钢铁表面的除锈磷化。

使用时,用砂纸或砂布对生锈的钢铁部件表面进行初步打磨后,带锈涂刷本品,或浸取本品,放置于空气中即可。

【产品特性】 本品可在常温下对钢铁制品及零部件进行表面处理,特别是对已生锈的钢铁部件表面进行处理后,可除掉锈。经本品处理后的金属表面,可形成一层平整、光洁、致密的磷化层,从而达到防止金属腐蚀的效果。经硫酸铜浸渍点滴试验,表明本品形成的膜层稳定,除锈防锈性能良好。将该磷化液作为防锈底漆,效果也极佳。

实例22 含钙锌锰三元阳离子磷化液

【原料配比】

原　　料		配比（g/L）	
		1#	2#
硝酸钙		5	60
醋酸锰		10	0.5
硝酸锌		2	35
磷酸二氢钙或磷酸		20	5
硝酸钠		5	30
促进剂	柠檬酸	10	—
	氯酸钠	—	0.5
水		加至1L	加至1L

【制备方法】 在已知体积的容器中,首先将磷酸二氢钙或磷酸溶解在水中,依次加入硝酸钠、硝酸钙、醋酸锰、硝酸锌搅拌均匀;然后,加入事先用水溶解了的促进剂,最后加水到指定刻度即成。

【产品应用】 本品主要应用于钢板及镀锌板的磷化处理。

使用时,将钢板或镀锌板用低碱度清洗液浸渍或喷射处理,除去表面污物;然后用自来水清洗。采用本磷化液对镀锌钢板进行浸渍或喷射处理时,时间为 1~10min,控制温度为 15~80℃、pH 值在 2~4 的范围内。处理后,用自来水清洗,再用去离子水清洗,最后吹干或直接进入电泳处理。

【产品特性】 本磷化液能在钢板和镀锌板表面实现无铬、无镍磷化处理工艺,可取代现有的含镍的三元磷化体系,满足越来越严格的环境保护要求,同时满足汽车涂装前处理对磷化膜耐碱性高和结晶细致的性能要求;将本磷化液用于所述转化膜处理工艺中,具有工艺简单、磷化膜形成快速、结晶细致、无须表调的特点,且膜层耐碱性高、与电泳涂层配套性好,既可用于普通钢板处理,又可用于镀锌钢板,特别适合于汽车涂装流水线上电镀锌板的磷化处理。

实例23 含可溶性淀粉的磷化液

【原料配比】

原　　料		配比（g/L）					
		1#	2#	3#	4#	5#	6#
可溶性淀粉		1.5	3	4	5	0.5	0.5
成膜剂（氧化锌）		11	12	11	11	15	15
磷酸（85%）		38	39	38	38	45	45
促进剂	硝酸锌	50	—	50	—	—	—
	亚硝酸钠	—	50	—	—	60	60
	氯酸钾	—	—	—	70	—	—
络合剂（EDTA）		4	3.5	6	7	8	8
缓冲剂	水杨酸	3	—	3	—	2	2
	酒石酸	—	3	—	—	—	—
	柠檬酸	—	—	—	3.5	—	—
	草酸	—	—	—	—	8	6
水		加至1L	加至1L	加至1L	加至1L	加至1L	加至1L

【制备方法】 将氧化锌投入反应容器中,加入少量水调成糊状,加入磷酸,再加入促进剂、络合剂、缓冲剂形成 A 组分;将可溶性淀粉加入适量水中,加热到 70~85℃并搅拌直至完全溶解,冷却至室温,形成 B 组分;将 B 组分加入到 A 组分中,充分搅拌均匀即可。

【产品应用】 本品主要应用于金属表面的磷化。

使用工艺流程包括:脱脂、水洗、除锈、水洗、表面调整、水洗、磷化(浸渍法)、水洗、后处理和干燥。

【产品特性】 本磷化液中添加了可溶性淀粉作为稳定剂,通过改变溶液的性质提高了磷化液使用过程中的稳定性,提高了磷化膜的质量,从而提高了磷化处理后工件的质量。

实例24 含镁和镍的钢铁磷化液

【原料配比】

原　　料	配比(g/L)
氧化镁	4.6
碳酸钙	3.2
硝酸镍	7.6
硝酸钠	0.1
十二烷基苯磺酸钠	0.1
磷酸(30%)	适量

【制备方法】 将原料溶于去离子水中,配制成 1L 磷化液,并用磷酸调节 pH 值为 3.10~3.15。

【产品应用】 本品主要用于钢铁表面的磷化处理。

使用时,钢片要经预处理,再用 1mol/L 盐酸除锈活化,随后放入磷化液中,同时保持磷化液的 pH 值为 2~4;将臭氧通入磷化液中,保持磷化液中的臭氧浓度在 1.3~3.0mg/L 范围内;在 35~50℃的温度下,磷化反应 3~10min,磷化完毕后,取出钢片并用去离子水清洗,最后吹干,磷化处理过程即完成。

【产品特性】

(1)本品的磷化工作温度低,成膜速度快,且所形成的磷化膜均匀致密。

(2)不含有毒或者致癌的 Cr(Ⅵ)、亚硝酸盐(NO$_2^-$)及氮氧化物(NO$_x$)等成分。

(3)由本品形成的磷化膜具有良好的耐腐蚀性,且具有耐磨、润滑、提高涂层附着力等作用。

实例25 含锰低锌轻铁磷化液

【原料配比】

原　料	配比(g/L)	
	1#	2#
磷酸(85%)	8	15
硝酸(68%)	2.5	5
氢氟酸	5mL	15mL
硝酸锌	1.2	1.6
氨水	1.5mL	2.5mL
钨酸钠	0.6	1.2
硝酸钠	15	25
硝酸铜	0.02	0.15
酸式磷酸锰	6	15
酒石酸	1.5	5
乌洛托品	0.65	1.22
水	加至1L	加至1L

【制备方法】 取磷酸、硝酸、氢氟酸,加入到适量水中,搅拌均匀,依次加入硝酸锌、氨水、钨酸钠、硝酸钠、硝酸铜、酸式磷酸锰、酒石酸和乌洛托品,加余量水至1L,调整溶液总酸度为 15 ~ 60,游离酸度为 1.5 ~ 2.5,即得到产品。

【产品应用】 本品主要应用于金属的磷化。

【产品特性】

(1)本品充分利用了锌离子、锰离子、铁离子(未直接添加到磷化液中,有铁基材溶解而得)、铜离子、磷酸根离子等成膜物质,利用锌离子、锰离子、铁离子等正电位较正的金属离子,有利于晶核形成及晶粒细化,从而加速磷化的完成。

(2)通过对氟离子的引入,大大提高了磷化液的抗污染能力以及对磷化前一道工序硅离子可能对磷化后一道涂装工序产生的干扰,尽可能克服存在的缺陷。

(3)复合氧化还原剂的使用,不仅使得磷化液具有较好的自净作用以及良好的协同促进作用,而且使磷化液的控制范围变宽、稳定性能优越。

(4)复合缓冲调节剂的使用,可以大大提高磷化槽液因酸碱度的突变而造成磷化液工艺参数的不匀衡状况,从而使磷化液在 pH 值为 2 ~ 5 之间应用自如。

(5)络合剂如酒石酸、葡萄糖酸、柠檬酸、乙二胺四乙酸及其钠盐,均可以在磷化槽液中络合掉需要磷化的钢铁及镀锌板基材溶洗掉的不同金属离子(铝离子、硅离子等),从而避免了大量沉渣的形成,起到降渣除尘的作用。

实例26　含镍的钢铁磷化液

【原料配比】

原　　料	配比(g/L)
氧化锌	10
磷酸(85%)	24mL
硝酸钠	4
水	加至1L
可溶性镍盐	适量
磷酸(30%)	适量

原　　料	配比(g/L)
臭氧	适量

【制备方法】　除臭氧外,将各原料溶于去离子水中,配制成1L基础磷化液,在上述基础磷化液中再加入可溶性镍盐,使 Ni^{2+} 浓度为 1.6g/L,并用磷酸调节 pH 值为 2.75。将臭氧通入磷化液中,控制溶解的臭氧的浓度在 1.6mg/L。

【产品应用】　本品主要应用于金属表面的磷化。

使用时,钢片需经预处理,而后用 1mol/L 盐酸除锈活化,随后放入磷化液中,同时保持磷化液的 pH 值至 2 ~ 4。将臭氧通入磷化液中,保持磷化液中的臭氧浓度在 1.3 ~ 3.0mg/L 的范围内,并在 35 ~ 50℃温度下磷化反应 3 ~ 10min,磷化完毕后,取出钢片,用去离子水清洗,最后吹干,磷化处理过程即完成。

【产品特性】

(1)本品的磷化工作温度低,成膜速度快,且所形成的磷化膜均匀致密。

(2)本品不含有毒或者致癌的 Cr(Ⅵ)、亚硝酸盐(NO_2^-)及氮氧化物(NO_x)等成分。

(3)由本品形成的磷化膜具有良好的耐腐蚀性,且具有耐磨、润滑、提高涂层附着力等作用。

实例27　黑色磷化液

【原料配比】

原　　料		配比(g/L)	
		1#	2#
预处理黑化液	$Na_2S_2O_3 \cdot 5H_2O$	25	32
	盐酸(d = 1.16)	20	20
	水	加至 1L	加至 1L

续表

原　料		配比（g/L）	
		1#	2#
磷化液	氧化锌	33	33
	磷酸（d = 1.68）	20	20
	硝酸（d = 1.40）	20	20
	水	加至 1L	加至 1L

【制备方法】　将各组分溶于水中，混合均匀即可。

【产品应用】　本品主要应用于金属表面的磷化。

使用时，在室温下，经热处理（水淬），先经去油、去锈清洁处理，再将工件在本品的预处理黑化液中浸渍 2～3min，未经热处理的工件浸渍时间为 5～6min，浸渍后，工件表面的 FeS 微粒薄膜呈深黑色。

工件经黑化预浸处理及水洗后，再在 85～98℃下进行浸渍磷化 10～15min，磷化规范可采用以磷酸二氢锌或磷酸二氢锰为主要成分的防锈磷化。

【产品特性】　本品不含稀有重金属，成本较低，使用简便。经本品磷化的工件，磷化膜色泽深、无偏色、浮色、脱色及色差等缺陷，固色效果好，且防腐装饰性能都优于一般磷化液。

实例28　环保防锈磷化液

【原料配比】

原　料	配比（g/L）				
	1#	2#	3#	4#	5#
磷酸（85%）	162	140	180	140	100
磷酸二氢锌	63	50	70	70	40
硝酸锌	102	96	132	96	80
亚硝酸钠	26	22	36	36	15

续表

原　　料	配比（g/L）				
	1#	2#	3#	4#	5#
硫酸羟胺	38	30	42	30	22
水	加至1L	加至1L	加至1L	加至1L	加至1L

【制备方法】　将水加入混合罐中,然后将各组分溶于水中,混合均匀即可。

【产品应用】　本品主要应用于汽车涂装、家用电器等的涂装。

【产品特性】　由本磷化液所形成的磷化膜硬度高、孔隙率低、成本低、磷化膜均匀连续,并且致密、无污染,改善了劳动条件,对操作者的危害小,基本消除了工序间的锈蚀,且形成的磷化膜具有一定的防腐蚀能力、增强了漆层与基体的附着力。另外,本磷化液稳定,使用寿命长,反应速度快、成膜时间短、所需温度低,且淤渣较少,所以汽车涂装、家用电器等的涂装均可采用。

实例29　环保型磷化液

【原料配比】

原　　料	配比（质量份）
磷酸（85%）	18～46
三聚磷酸钠	0.03～0.1
磷酸氢二钠	0.2～0.5
乳化剂 OP-10	0.3～0.6
脂肪醇聚氧乙烯醚	0.1～8
焦磷酸钠	0.1～0.6
硫脲	0.1～0.8
水	50～100
添加剂 KJQ-2	5～10

【制备方法】 将水加入混合罐中,依次将各原料溶解于水中,经混合、搅拌均匀后即制得环保型磷化液。

【产品应用】 本品主要应用于金属表面的磷化。

【产品特性】

(1)用本品对金属处理后,所需的干燥时间短,不需要风干处理。

(2)用本品处理过的金属表面不挂灰,除油性能好,磷化速度快,可在短时间内形成一层致密的磷化膜。

(3)由本品形成的磷化膜的耐腐蚀性能良好,防锈能力很强,可明显提高基体与涂层的结合力和附着力。

(4)本品可在常温下操作,无须加热设备,节约能源,控制方便。

(5)环保无污染。本品不含亚硝酸盐等有害物质,排放后的地表水达到我国污水综合排放三级标准。

实例30 环保型铁系磷化液

【原料配比】

原　　料	配比（g/L）				
	1#	2#	3#	4#	5#
磷酸二氢钠	9.2	23.2	2.3	8	7.4
磷酸二氢铵	14	—	12.1	10	14.1
磷酸二氢钙	—	—	—	—	1.2
硝酸铵	2	2	1.2	1.2	1.2
钼酸钠	—	—	5.4	—	5
钨酸钠	—	—	—	—	1.6
柠檬酸	—	—	—	—	0.5
七钼酸铵	7.1	7.1	—	6.9	—
乳化剂 TX-10	1	10	0.8	0.8	1
硝酸镍	1.1	1.3	—	—	—
磷酸（85%）	—	—	—	6	—

原　料	配比（g/L）				
	1#	2#	3#	4#	5#
植酸	—	—	—	—	0.2
水	加至1L	加至1L	加至1L	加至1L	加至1L

【制备方法】 将各组分溶于水混合均匀即可。

【产品应用】 本品主要应用于冷轧板、热轧板等钢铁表面喷涂前的磷化处理。

【产品特性】

(1)本品具有生产工艺简单、磷化工艺控制范围宽、使用方便、磷化液不含 Zn^{2+} 等优点。

(2)本品在使用时无须加热,可在2℃下进行磷化,真正做到了磷化不必加热,节省了能源和升温时间。

(3)本品的磷化质量比其他磷化液有较大的提高,磷化方式多,磷化膜的耐蚀性能和膜重有所突破,可采用刷、浸、喷的所有磷化方式进行磷化,还可以同时除油并生成优的薄型磷化膜。

(4)在本磷化液及后处理液中,不含对环境有害的成膜阳离子(Zn^{2+})、氧化剂(NO_2^-),不含对环境有害的用以改善磷化膜质量的 Mn、Ni、Cr 等重金属,甚至不含 Ni,且沉渣少。沉渣是磷化过程的必然副产物,本品采用减少接触时间(快速磷化)、降低磷化温度、选择适宜的氧化剂和成膜助剂控制了 Fe^{2+} 和 Fe^{3+} 的产生量。废水少。无表面调整废水,磷化及磷化后可以无废水。

第五章 汽车化学品

实例1 混合型汽车干洗清洗剂

【原料配比】

原 料	配比（质量份）		
	1#	2#	3#
巴西棕榈蜡	64	72	78
乳化剂 OP－10	20	15	10
防晒剂	3	4	4
调节剂 AET－1	11	6	7
调节剂 AET－2	2	3	1

【制备方法】 第一步为粗加工,将固体巴西棕榈蜡在 80～95℃ 加热转变为液体,去除杂质;第二步进行混合乳化,将所有原料在混料机内混合均匀,转速为 1500～2500r/min;第三步进行精制,将乳化后的原料在均质机中进行均质,时间为 15～20min,压力要求在 784.8kPa,即可得成品,然后对成品进行采样检测、罐装、包装,即可入库。

【产品应用】 本品主要用作汽车车身补微痕助剂,可有效去除车身的漆面发毛、不光滑、斑点和污渍。

【产品特性】
(1)本品与美容膏配合使用能很快消除微痕和斑点。
(2)纯环保型,不掺入有机溶剂,对漆面和人体皮肤无任何损害。
(3)操作简便效果好,能替代机械打磨。
(4)成本低,与国外同类产品相比成本相差 2～3 倍。
(5)能去污渍和抗紫外线照射功能。

(6)采用粗加工工艺的好处是可以除去巴西棕榈油的杂质,得到纯净的主原料,便于提高产品质量;采用混合乳化和精制工艺,可以使得本品达到纳米级。

实例2 机动车水箱常温水垢清洗剂

【原料配比】

原　　料	配比（质量份）				
	1#	2#	3#	4#	5#
氨基磺酸	9.8	7	9.9	—	—
草酸	—	—	—	9.8	7
六亚甲基四胺	0.03	0.001	1	0.3	0.001
天津若丁	0.1	0.005	1.2	1	0.005
渗透剂 JFC	0.05	0.001	1	0.05	0.001
氯化亚锡		0.002	0.05		0.002

【制备方法】 将原料加入混合罐中,搅拌混合均匀即可。

【注意事项】 氨基磺酸是一种有机弱酸,它可以同水垢的主要成分碳酸钙、碳酸镁和氧化铁反应,而将不溶性物质转化为可溶性物质。六亚甲基四胺是一种助溶剂,它可以通过络合等方式促进氧化铁的溶解。天津若丁是一种缓蚀剂,可以预防对有色金属壁的侵蚀。渗透剂 JFC 可以加快除垢剂同碳酸钙和碳酸镁的反应速度,促进碳酸钙和碳酸镁的溶解。氯化亚锡是一种还原剂,可以将氧化铁溶于酸后生成的三价铁离子转化为二价铁离子,从而防止对有色金属器壁的侵蚀。

【产品应用】 本品主要应用于机动车水箱的除垢。

使用时,先将水箱内的水放干净,关闭放水阀后,按水箱容水量的3%(体积)将所制备的清洗剂投放到水箱中,将水箱加满水并搅拌均匀后浸泡 10h,如果在 4～34℃ 的水温下浸泡,效果会更好,最后将放水阀打开,将清洗液排除,再用水冲洗干净即可。

【产品特性】 使用本品除垢,尤其是对机动车水箱除垢,除垢率可达98%以上,而且有色金属壁的腐蚀率≤0.6g/(h·m²),可以提高机动车水箱的使用寿命。本除垢试剂可在常温下使用,操作简单,除垢时不会产生硫氧化物、氮氧化物气体和粉尘以及其他有害物质,有利于环保和工人的身体健康。该除垢试剂呈粉状,易于保存和运输。

实例3 轿车柏油气雾清洗剂

【原料配比】

原　　料	配比(质量份)
三氯乙烯	10
二甲苯	68
煤油	11
脂肪醇聚氧乙烯醚	7
硅油	2
液体石蜡	1
三乙胺	0.05
香料	0.1
抛射剂 F_{22}	适量

【制备方法】 取三氯乙烯、二甲苯、煤油、脂肪醇聚氧乙烯醚、硅油、液体石蜡、三乙胺、香料,依次加到带有搅拌装置的容器中,常温下搅拌均匀,用气雾罐灌装,然后按灌装量的25%充抛射剂 F_{22} 即可。

【产品应用】 本品主要应用于清洗汽车沾污的柏油。

【产品特性】

(1)将本清洗剂喷在车身柏油处,即刻可使柏油呈泪状下流,用软布稍加擦拭即可除净。该喷雾清洗用量小,清洗速度快。

(2)清洗时,不伤车漆并对车漆具有保护作用,不留黄色痕迹。

(3)清洗的同时给车身打蜡上光,省时省力。

实例4　汽车玻璃清洗剂

【原料配比】

原　　料	配比（质量份）	
	1#	2#
十二烷基硫酸钠	6	2
异丙酮	5	40
丙二酮	15	6
氨水	4	1
乙二醇单丁醚	3	0.5
甘油	6	10
PBT	30	5
氯化钠	1	3
去离子水	加至100	加至100

【制备方法】

（1）PBT为下列制取步骤的产物：去离子水与漂白土按5∶3的比例配比并称量；将去离子水的水温控制在35～40℃，然后在搅拌下将漂白土徐徐加入，其搅拌速度控制在60～80r/min，搅拌时间为5min，净置15min后再次搅拌，用100目的精密过滤器对混合液进行过滤，并将过滤液进行收集，收集的过滤液即为本品的PBT产物。

（2）将PBT与去离子水混合，在搅拌下将十二烷基硫酸钠加入，并使之充分溶解，再在搅拌下依次将异丙酮、丙二酮、乙二醇单丁醚、甘油、氯化钠、氨水加入，充分搅拌混合均匀即可。

【产品应用】　本品主要应用于汽车挡风玻璃的清洗。

【产品特性】　本品对汽车在行驶中由于煤灰、粉尘、昆虫等污染颗粒的撞击并黏附在玻璃上形成的难以去除的污垢，有高度的润湿、溶解、解离分散的作用，去污效果十分显著，特别是通过喷嘴将汽车玻璃清洗剂喷到汽车玻璃上，开动刮雨器清洗玻璃时，有很好的润滑作用,不仅玻璃很容易被清洗干净,而且玻璃也不会被刮雨器中夹带着的细小沙粒所刮伤,从而使玻璃得到有效的保护。同时,本品还具有防冻功能和一定的防雾效果,特别适合于在冬季使用,且不腐蚀、不燃烧、不污染环境。

实例5 汽车挡风玻璃清洗剂(1)

【原料配比】

原 料	配比(质量份)			
	1#	2#	3#	4#
烷基琥珀酸酯磺酸钠	0.01	—	—	—
脂肪醇聚氧乙烯醚	—	0.8	0.3	0.5
脂肪醇聚氧乙烯醚硫酸钠	—	0.2		
十二烷基硫酸钠	—	—	0.03	0.5
乙醇	30	10	20	16
丙三醇	—	—	3	3
三乙醇胺	—	—	0.3	
亚硝酸钠	—	—	—	0.2
硼砂	—	—	—	0.2
乙二醇	3	4		
偏硅酸钠	—	0.1	0.1	—
EDTA-2Na(乙二胺四乙酸二钠盐)	0.3	0.4		
直接耐晒蓝	0.005	0.003	0.0015	0.0001
柠檬香精	—	0.3		
水	加至100	加至100	加至100	加至100

【制备方法】 将原料逐一添加到混合罐中混合,搅拌至均匀透明

状即可。

【产品应用】 本品主要应用于汽车挡风玻璃的清洗。

【产品特性】 本品针对汽车挡风玻璃在行驶过程中沾污到的虫胶、油污、尘土等有很好的清洁效果,并能延缓雨刮器橡胶的老化,延长挡风玻璃的使用寿命。在本品中添加的主要溶剂为食用乙醇,并添加了具有润滑作用的助剂,是一种无毒害的环保型汽车挡风玻璃清洗剂。

实例6 汽车挡风玻璃清洗剂(2)

【原料配比】

原 料	配比(质量份)		
	1#	2#	3#
脂肪醇聚氧乙烯醚	0.01	0.05	0.03
烷基酚聚氧乙烯聚氧丙烯醚	—	—	3
丙二醇嵌段聚醚	0.1	5	—
硅酸钠	0.1	—	—
缓蚀剂(硅酸钠:三乙醇胺=1:0.1)	—	1	—
缓蚀剂(三乙醇胺:硼砂=1:1)	—	—	0.3
乙二醇单丁醚	0.5	4	3
乙醇	1	6	3
水	加至100	加至100	加至100

【制备方法】 将原料逐一添加到混合罐中,搅拌至均匀透明状即可。

【产品应用】 本品主要应用于汽车挡风玻璃的清洗。

【产品特性】 本品是一种具有清洁效果更好并延长雨刮器橡胶使用寿命,令挡风玻璃更光亮的汽车挡风玻璃清洗剂。它有良好的渗透性和乳化性能,大大降低了各种界面的张力,具有疏水、疏尘的功效,对油脂、昆虫急撞造成的血渍液体、树下泊车而落下的鸟粪及胶体、车辆尾气造成的油星等,都有很好的分散乳化作用,更适宜在夏季使用。

实例7　汽车发动机燃油系统清洗剂

【原料配比】

原　　料	配比(质量份)					
	1#	2#	3#	4#	5#	6#
3-叔丁基-对羟基茴香醚	45	9	4.1	27	—	—
双癸二酸辛酯	72	—	27	18	36	36
叔丁基邻苯二酚	—	54	32.4	—	27	27
2,6-二叔丁基对甲酚	—	81	9	45	36	36
馏程范围为230~295℃的煤油	108	63	90	63	72	72
聚环氧乙烷-环氧丙烷单丁基醚	630	657	—	—	—	—
聚环氧乙烷-环氧丙烷醚	—	—	715.5	720	693	675
γ-氯丙基三丁基溴化磷	45	—	—	—	—	—
γ-正十二氨基丙基三丁基溴化磷	—	36	—	—	—	—
γ-正十六氨基丙基三丁基溴化磷	—	—	18	—	36	36
ε-辛氨基己基三乙基溴化磷	—	—	—	27	—	—
丙二醇	—	—	—	—	—	16.2
水合肼	—	—	—	—	—	3.6

【制备方法】 将各原料加入带有搅拌装置的混合器中,搅拌混合均匀即可。

【产品应用】 本品主要应用于清洗发动机内部的积炭和胶质。

清洗方法:启动发动机到正常温度,关闭点火装置,打开油箱盖释放油压,断开油泵,启动发动机,尽可能消耗掉油路里的残余汽油,同时确认油泵已经断开;断开进油管路并将接头接到油管上,拧开加压罐体,将清洗剂加入罐内,并拧紧罐体;打开加气开关,将气源接头连接到设备接头上,同时调整压力旋钮,将罐内压力调节到工作压力,加压完毕后,将加气开关关闭;将罐体正置,并用挂钩将压力罐挂在远离汽车运动部件、蓄电池和发动机机盖的地方,启动发动机置于怠速状态,同时调整压力旋钮到空罐,清洗完毕,关闭压力旋钮至关闭状态,关闭发动机点火装置,重新连接洗油油路、油泵等。

【产品特性】 本品用于清洗发动机内部的积炭和胶质,快速并有效地去除积炭等有害物质,降低油耗和噪声,延长发动机使用寿命,使引擎运转顺畅宁静,马力强劲,并可提高燃油的燃烧效率,节省燃料,有效地提高了发动机的效率。

实例8 汽车风窗洗涤液

【原料配比】

原　　料	配比 (质量份)	
	1#	2#
甲醇	40 ~ 45	25 ~ 30
苯并三氮唑	0.1	0.07
十二烷基多聚糖苷	0.2	0.1
脂肪醇聚氧丙烯醚硫酸钠（或十二烷基聚氧丙烯醚硫酸钠）	0.1	0.08
颜料(酸性绿)	0.001	0.0008
去离子水	加至100	加至100

【制备方法】 在反应釜中打入甲醇,加入预先溶解的苯并三氮唑,搅拌 1h 后,打入去离子水,搅拌 30min 后再加入预先用少量去离子水溶解的十二烷基多聚糖苷和脂肪醇聚氧丙烯醚硫酸钠和颜料,并打入其余的去离子水充分搅拌 1h,溶解后便得到汽车风窗洗涤液,可通过 0.1~0.5μm 的过滤器过滤分装。

【产品应用】 本品主要应用于清洗汽车的挡风玻璃。

【产品特性】 这种汽车风窗洗涤液采用甲醇作为主要溶剂,其水溶性能够在车窗表面迅速蒸发且无残留;通过使用脂肪醇聚氧丙烯醚硫酸钠和十二烷基多聚糖苷,可以彻底解决风窗表面的去虫胶和清洗去污问题;新型无刺激的植物源绿色表面活性剂——十二烷基多聚糖苷,使该汽车风窗洗涤液产品具备了优异的防止清洗系统金属被氧化和被酸侵蚀的功能,有效消除了使用其他表面活性剂带来的不良影响,保护了清洗系统管路的各种金属部件。本品具有极低的表面张力,能够有效清洁风窗玻璃表面的污垢和其他有机杂质,消除了油膜所造成的反光现象,较好地保证了行车安全。

实例9 汽车干洗上光液

【原料配比】

原　料	配比（质量份）		
	1#	2#	3#
二甲基硅油	5	30	10
液体石蜡	5	20	7
脂肪醇聚氧乙烯醚	3	10	5
亚麻油	2	8	4
二氧化硅	3	10	6
十六醇	—	—	3
单硬脂酸甘油酯	—	10	—
丙三醇	—	10	—

续表

原　　料	配比(质量份)		
	1#	2#	3#
丙酮	—	—	2
吐温-60	1	—	—
丙二醇	1	—	—
苹果香精	1	—	—
橘子香精	—	5	—
柠檬香精	—	—	2
蒸馏水	40	100	61

【制备方法】 将原料逐一加入到容器中并对容器中的混合液进行充分搅拌,至混合液为软糊状乳液,即制得本品。

【产品应用】 本品主要应用于清洗汽车。

使用时,用细软的纯棉布蘸取本品,直接擦拭车体表面及玻璃,再用干纯棉布进行抛光,即可在完成去污功效的同时,完成上光增亮,在车体表面形成有光泽的亮膜。

【产品特性】

(1)本品具有清洁、上光、增亮、抗静电、防水、防锈等多种功能于一体,能够同时完成多种功效,省时省力。

(2)本品为环保产品,对人体无毒害,对环境无污染。

(3)生产和使用方法简单易行,成本低。

实例10 汽车钢化玻璃防模糊洗液

【原料配比】

原　　料	配比(质量份)
丙醇	25
碳酸钠	20

原　　料	配比(质量份)
硬脂酸钠	15
皂化油	6
表面活性剂	4
水	30

【制备方法】　将丙醇、碳酸钠、硬脂酸钠,加水混合,并加入皂化油及表面活性剂,放置于超声波雾化机中雾化均匀,最后经检验、灌装即可。

【产品应用】　本品主要用于钢化玻璃的清洗。

【产品特性】　用本品清洗钢化玻璃后,在其表面残留的丙醇、皂化油会形成亲水性的膜,从而消除了以往的斑点状水膜,使玻璃消除模糊,并且成本低廉。

实例11　汽车空调机清洗剂

【原料配比】

原　　料	配比(质量份)
脂肪醇聚氧乙烯醚	5
氨基磺酸(95%)	6
N – 二乙醇椰子油酰胺(95%)	1
三乙醇胺(95%)	3
聚乙二醇环氧乙烷加成物(98%)	2
乙二胺四乙基胺(95%)	5
硅酸钠(95%)	1
二丙二醇单丁醚(98%)	4
水	加至100

【制备方法】

(1)取脂肪醇聚氧乙烯醚、N – 二乙醇椰子油酰胺、三乙醇胺、聚乙二醇环氧乙烷加成物、乙二胺四乙基胺共溶分散,温度为 20 ~ 40℃,时间为 0.5h。

(2)取总用量 40% 的水,加入硅酸钠,使硅酸钠全部溶解,溶解温度为 40 ~ 65℃。

(3)将所得的两种混合溶液混合,再加入总用量 60% 的水和二丙二醇单丁醚在不锈钢反应釜或搪瓷反应釜内以推动式搅拌(速率为 40 ~ 60 次/分)进行复配,温度控制在 10 ~ 30℃,时间为 1 ~ 3h。

(4)成品经检测合格后包装即可。

【产品应用】 本品主要应用于汽车空调机的清洗。

【产品特性】

(1)本品为弱酸性 pH = 4 ~ 6,没有太大的腐蚀作用。

(2)本品去污力强,尤其对风扇叶片、散热翅片的清洗效果尤佳。

(3)本品有缓蚀镀膜和防锈的作用。

(4)本品的原料全部国产,来源丰富且成本较低。

实例 12　环保型无水洗车覆膜护理剂

【原料配比】

原　　料		配比(质量份)
去污清洗剂	月桂醇聚氧乙烯醚	3.5
	脂肪酸烷醇胺(椰子油酸二乙醇酰胺)	2
	聚乙二醇(6000)双月桂酸酯	1.2
	脂肪酸聚氧乙烯醚	0.5
清洗助剂	乙二胺四乙酸(EDTA)	0.02
	羧甲基纤维素(CMC)	0.01
覆膜助剂	甲基含氢硅油	2
	乙基含氢硅油	1.5
漆膜护理剂(丙三醇)		22

原　　料		配比(质量份)
污泥松动剂	N-甲基-2-吡咯烷酮	2.5
	N-羧乙基吡咯烷酮	1.5
杀菌防腐剂(烷基酰胺丙基甜菜碱)		2.5
触觉剂	亮蓝	0.01
	玫瑰香精	0.02

【制备方法】　将水加入到搅拌罐中,加热到40℃左右,首先将清洗助剂加入其中搅拌,让其完全溶解,然后依次加入去污清洗剂、覆膜助剂、漆膜护理剂、污泥松动剂、杀菌防腐剂、触觉剂并不断搅拌,使其全部溶解,待全部溶解后,冷却至常温,调节 pH 值为 5~8 即得成品。

【产品应用】　本品主要应用于车辆的覆膜护理。

用本品洗车可以不用设备,无须电能,只需用浇花用的手动喷壶、喷瓶或农用喷雾器,即可将本品以雾状喷在待处理物表面,数分钟后,先用橡胶刮板将污泥沿同一方向刮下后,再用干净的抹布擦净、抛光即可。

【产品特性】

(1)本品不用难以生物降解的烷基酚聚氧乙烯醚类表面活性剂,选用了可生物降解的原料,无污染环境。

(2)本品去污性能优良,喷涂于汽车车体外壳,即可发挥其优良的润湿、渗透、发泡、松动、溶解作用而将污垢有效去除。

(3)本品覆膜性好,覆膜稳定、持久、光亮,疏水性优良。

(4)本品既有洗净去污功能,又具上光效果,不仅适用于车体外壳,同样适用于皮革、塑料、金属、木板、地砖等硬质物体表面的去污,是一种多功能去污覆膜上光护理剂,操作省力、省时。

(5)本品不含蜡质或油类材料及研磨剂等,不会损伤漆膜、橡胶和塑料、金属等,可以延长橡胶及塑料件的使用寿命,防止龟裂、老化、溶胀等。

（6）本品含有污泥抗再沉积剂,使洗涤后的污垢易于清除,不易重新沉积于物体表面。

（7）本品含有金属整合剂,可以络合污垢中的重金属,使污垢易于被去除,同时增强被处理表面的抗氧化能力。

（8）本品含有优良的污泥松动剂,使得污泥更易松动、溶解而离开基体,使护理更加容易、被处理物体表面更加美观。

（9）生产原料均为市售材料,易购,生产工艺简单,易投资。生产和使用均不用金属气雾罐,节约金属资源。储存、运输安全,节省包装费用。

实例13 机动车外壳增效复光液

【原料配比】

原　　料	配比（质量份）
巴西棕榈蜡	5
脂肪醇聚氧乙烯醚	1.5
十八烷醇聚氧乙烯醚	1
十二烷基硫酸钠	0.5
白油	1
煤渣	0.2

【制备方法】 将煤渣粉碎,过100目筛,然后加入其他原料,经加温搅拌、乳化、降温、冷却等特殊工艺合成后,装瓶即得本品。

【产品应用】 本品主要应用于机动车外壳的去污上光。

【产品特性】 本品是经特殊工艺精制成的机动车外壳增效复光液,它将去污、增效、复光合三为一,一次完成,使用方便,效果明显。

实例14　轮胎长效止漏保护剂

【原料配比】

原　　料	配比(质量份)		
	1#	2#	3#
适用的车型 原　料	卡车 (有内胎)	轿车及重型 摩托车 (无内胎)	助动车及 自行车 (有内胎)
饮用水	55	—	60
蒸馏水	—	57	
防冻防锈液	32	34.5	32
抗老化剂 AH	1	—	1
抗老化剂 RD		1.35	
稳定剂(硬脂酸钡)	2	—	1.3
稳定剂(二月桂酸二丁基锡)		1.85	
增稠剂(羧甲基纤维素)	3.2		
增稠剂(明胶)	—	2.25	
增稠剂(聚乙烯醇)	—		1.15
木棉纤维	1.75	2	2.5
蚕丝纤维	0.5	0.35	0.75
桉树纸纤维	0.35	0.5	0.3
废旧橡胶粒	4.2	—	
天然橡胶粒	—	0.2	1

【制备方法】　将各组分加入混合罐中,搅拌混合均匀即可。

【注意事项】　本品所述防冻防锈液可以为市售的美国 GCL 防冻液、美国加德士防冻防锈液、法国埃尔夫防冻液、英国加士多防冻液和北京产霸王牌防冻防锈液中的一种。也可为其他具有同样性能的防冻防锈液,其配方量可根据车辆行驶区域的气温条件进行选择。在高寒区配方量可偏向高限值,在低寒区配方量可偏向低限值,而且还可根据市售的不同防冻防锈液产品本身提供的防冻指标,调配其配方量。

【产品应用】　本品主要用于防止轮胎钢制圈的锈蚀、较低质量的轮胎及在路面不平的道路上行驶的车辆轮胎止漏保护。

本品的使用方法十分简单,即将汽车轮胎的气门芯拧下,从气门加入规定量的本品,拧上气门芯,给轮胎充足气即可。在使用过程中,如有本品沾在皮肤上,应及时用水清洗,如有本品溅入眼睛内,先用水清洗 3min,再请医生检查处理。

【产品特性】

(1)该轮胎长效止漏保护剂采用天然纤维作为填料,比采用石棉纤维,具有无公害的特点。所用的三种天然纤维具有不同特性:木棉纤维属于直纤维,长度约 0.5~2cm,而且长短和粗细不等;蚕丝纤维是一种弯曲的动物纤维,剪切后长度为 0.5~2.5cm;桉树纸纤维是指利用产自澳大利亚的桉树为原料制作的纸,经过粉碎形成纤维长短不一、曲直不一的纸浆,其纤维长度为 0.5~0.8cm,纤维细度为 0.01~0.015mm,这种桉树纸纤维不易腐烂,在水中性能稳定。与合成纤维相比,天然纤维不仅无公害,而且其某些特性至今仍是合成纤维无法比拟的。这三种不同特性的天然纤维经过离心搅拌机的高速搅拌后,形成了混合均匀的纤维,因此,较采用单一品种的纤维大大提高了堵漏效果。

由于本品中还配有适量橡胶类颗粒(直径 0.2~0.8mm)状填料,与纤维状填料适当搭配,使得本品不仅在不同车型的轮胎上均能适用,而且当车辆在路况较差的地区行驶时,仍能有良好的堵漏效果。

(2)在本品中作为基料之一的防冻防锈液,除具有一般基料的作用外,还具有下述 3 个作用:其一是使本品的凝固点在约 -36~ -20℃,可在不同气温下使用;其二是使本品特别适合于防止轮胎钢制圈的锈蚀,实测结果表明,在相同条件下分别用美国产的轮胎宝和胎盾及本品浸泡钢圈,只有使用了本品的钢圈不生锈,而其余二者均有不同程度的锈蚀;其三是对轮胎有保护作用。这是因为防冻防锈液的导热效果好,可在轮胎内部形成均匀的一层,令轮胎内部的热量,通过它可以迅速传导到钢圈表面从而被车轮两侧的高速气流带走。

(3)本品与国外同类产品相比,堵漏快捷,堵漏时效长,且无易燃性、可燃性、引燃性、爆炸性,也无致癌性。

实例15　喷雾型汽车清洁光亮软蜡

【原料配比】

原　　料	配比(质量份)
煤油	25
季铵盐表面活性剂(十六烷基三甲基氯化铵)	0.2
有机硅树脂混合物(超大分子有机硅树脂0.5和超小分子有机硅树脂1.5,加热至80℃互溶混合)	2
聚乙烯树脂	4
有机氟硅树脂	2
200#溶剂油	60.8
白炭黑	5
柠檬香精	1

【制备方法】　先在不锈钢搅拌锅中加入煤油,加热升温搅拌,再加入季铵盐表面活性剂(十六烷基三甲基氯化铵),再将预先混合好的有机硅树脂混合物加热至90℃,并慢慢加入聚乙烯树脂,搅拌溶解后,再加入有机氟硅树脂,搅拌溶解,降温至80℃,再加入200#溶剂油,同时加入白炭黑,搅拌均匀,再搅拌降温至50℃时,加入柠檬香精,搅拌10min后,保持温度在50℃,即可放料灌装。

【产品应用】　本品主要应用于汽车的清洗上蜡。

【产品特性】　由于本品采用了特殊的高分子树脂组成物和合适的配比,喷雾使用后,在清洗后的汽车上可形成固体的涂膜,使之不易粘灰吸尘,克服了常用上光蜡熔点低和常用上光蜡中使用的溶液硅油带来的易粘灰吸尘的缺点。本品对汽车漆膜的表面有很好的清洁和光亮效果,与市售进口上光软蜡相当。不过,在增强、增艳、保护汽车漆膜的效果和提高汽车漆膜的抗尘、防污的效果都超过了市售进口上光软蜡。

实例16　皮革防护保养高级涂饰品

【原料配比】

原　　料	配比(质量份)
酒精	30
丙烯酸酯	60
丙烯酸	1.6
醋酸乙烯酯	2.2
蒸馏水	156
十二烷基磺酸钠	0.2
改性聚乙烯醇	5.4
矿物油	0.4
香料	适量

【制备方法】　先将蒸馏水、酒精、丙烯酸酯、丙烯酸、醋酸乙烯酯搅拌均匀,乳化40min,然后升温至78℃加入余下(除香料外)的各种原料,搅拌均匀再加入香料,静置后即为成品。

【产品应用】　本品主要应用于皮革表面的涂饰。

【产品特性】　本品与现在市售同类产品相比,具有一喷即亮、不擦抹、防水性强、防尘、防霉抗静电、无毒害无腐蚀、耐磨、成本低廉等优点。

实例17　汽车漆面釉

【原料配比】

原　　料	配比(质量份)
环氧树脂 E51	100
固化剂 105	30
邻苯二甲酸二丁酯(增塑剂)	15
丙酮(稀释剂)	85
珍珠粉	1

【制备方法】

(1)溶胶:将环氧树脂 E51 倒入烧杯中,置于热水浴中以降低其黏度,增大流动性(水浴水温控制在 50~60℃之间),应注意不要使水蒸气凝结在环氧树脂 E51 中。

(2)增塑:待环氧树脂 E51 完全溶解成液体后,加入邻苯二甲酸二丁酯和丙酮,用玻璃棒搅拌,使温度降低。

(3)填料:配制漆面釉所用的珍珠粉在加入配好的液体之前,应于110℃时烘干 2h,以除去其中水分所吸附的气体,避免在为汽车上釉时出现气泡。

(4)混合:待填料冷却到 50℃时,缓缓加入珍珠粉,边加边搅拌,不留死角。

(5)保存:配好的漆面釉成无色透明液体(显闪光白色),可以装入塑料中密封保存。

(6)固化剂单独包装。

【产品应用】　本品主要应用于汽车美容。使用时将漆面釉与固化剂按配方中的比例混合均匀。

汽车漆面釉的使用方法为:直接用喷枪将本品喷涂在车身漆面上或用振抛机均匀抛在漆表面,以形成镜面硬化保护膜,令车身光亮,增强车漆面硬度,防止飞沙划伤,并令车漆耐高温、耐强酸、抗辐射。其原理为:利用高分子材料与车漆产生化学作用整合于漆面。

【产品特性】 本品用于汽车美容后,可长时间保持漆面的光泽,并且具有耐高温、耐酸碱、耐紫外线照射和防静电的效果。

实例18 汽车保养剂

【原料配比】

原　　料	配比(质量份)	
	1#	2#
甲基硅油	74	80
聚乙烯吡咯烷酮/醋酸乙烯	15	18
氯羟基尿囊络合物	1	1.5
十八醇	10	0.5

【制备方法】 首先按甲基硅油、聚乙烯吡咯烷酮/醋酸乙烯、氯羟基尿囊络合物和十八醇的顺序将它们加入到反应釜中,在53℃的温度下混合,在常压下搅拌30min即可,然后进行罐装。

【产品应用】 本品主要应用于洗车的保养。

【产品特性】 本品光滑度极高,使污垢不易黏附在车体表层,只需在清洗后的车体表面均匀喷洒该产品后经反复擦拭即可令车体光亮如新,而且可保持1~6个月不用水洗,仍然光耀亮丽。期间如有污迹时,只需用干布擦净,便可恢复到原来的光洁程度。因此,本品省水、省时、省力、省钱、环保程度高,有较强的市场竞争力。

实例19 汽车玻璃用耐高温无铅防粘黑釉

【原料配比】

(1)载体配比:

原　　料	配比(质量份)		
	1#	2#	3#
乙基纤维素树脂	2	—	—

原 料	配比(质量份)		
	1#	2#	3#
松香	—	6	—
二乙二醇单丁醚溶剂	—	12	—
醇酸树脂	—	—	5
蓖麻油溶剂	—	—	18
松油醇溶剂	17	—	—

（2）釉浆配比：

原 料		配比(质量份)		
		1#	2#	3#
无铅镉玻璃粉（粒径5μm，软化点在580℃）		60	—	—
无铅镉玻璃粉（粒径8μm，软化点在630℃）		—	54	—
无铅镉玻璃粉（粒径3μm，软化点在700℃）		—	—	40
超细无铅镉无机黑色陶瓷色素（细度1μm）		20	—	—
超细无铅镉无机黑色陶瓷色素（细度0.5μm）		—	26	—
超细无铅镉无机黑色陶瓷色素（细度1.5μm）		—	—	35
防粘剂	滑石粉	1	—	2
	锌粉	—	2	—
载体		19	18	23

【制备方法】

（1）载体的配制：首先将各原料混合，然后将混合液加热至80℃并恒温，直至树脂恒温溶解至黏度为5000～1500mPa·s，再将树脂在300目的网布上过滤除杂，便得到载体。

（2）釉浆的配制：将无铅镉玻璃粉、黑色陶瓷色素、防粘剂与载体在混料机中充分混合，再使用高速分散机高速分散，便得到均匀的釉浆。

（3）釉料的生产：将釉浆放入三辊轧机中进行研磨，通过间距的调整使釉浆的细度达到 $10\mu m$ 以下、令黏度达到 $20\sim30Pa\cdot s$，即制得汽车玻璃用耐高温无铅防粘黑釉。

【产品应用】　本品主要应用于各类汽车玻璃的制备与处理，可代替进口产品，也可作微波炉、烤箱等内装饰印刷应用。

【产品特性】　本品为防粘性极佳的无铅环保黑釉，同时提高了对导电银浆线路的遮蔽能力并有极佳的着色能力。

实例20　汽车发动机水箱保护剂

【原料配比】

原　　料	配比（质量份）
硅酸钠	28
硼砂	35
磷酸三钠	15
磷酸氢二钠	12
碳酸钠	10

【制备方法】　将各原料加入混合罐中，搅拌混合均匀即可。

【产品应用】　本品主要应用于各种水冷式循环系统。

使用时，先排尽水箱内的脏水，注入清水，按本品水溶液的浓度为 $1.5\%\sim1.8\%$ 计算加入量，并按量直接将本品倒入加入口，一年用 $1\sim2$ 次，即可免除水箱结垢、生锈、高温"开锅"的烦恼。若水箱水道内水垢、锈垢严重或水温极高时，先将本品（适量）加入水箱中运行 48h，随机排放掉，重新加入清水，再按量添加本品，即可保证水箱的正常使用。

【产品特性】　本品为固体粉状，易溶于水和防冻液，且具有清洗、防锈、阻垢和降温作用。

实例21　汽车干洗护理液

【原料配比】

原　　料	配比（质量份）
晶体蜡	25
悬浮剂 P301	5
活性剂	10
去污剂（三乙醇胺）	10
调节剂 AET－1	15
调节剂 AET－2	15
抗紫外线剂 F301	2
净水	18

【制备方法】

（1）复配乳化。将各种原料混合后进行高速乳化，压力在 0.8～1MPa，温度控制在 80～90℃，转速在 3000～5000r/min，乳化时间在 0.5h 左右。

（2）调节处理。根据温度、湿度的变化要求，加入调节剂调和处理。

（3）对成分进行采样检测，罐装成品。

【产品应用】　本品主要应用于汽车的护理。

【产品特性】　本品结构新颖，既可对车身清洗又可对玻璃、轮胎、皮革、塑料清洗，给车辆保养带来方便，降低了成本，并令工效提高了 20%～30%。此外，本品制备工艺简单，成本低，实用性强，值得推广和应用。

实例22　低碳多元醇—水型汽车防冻液

【原料配比】

原　　料	配比（质量份）
乙二醇	98.59

原　料	配比（质量份）
磷酸钠	0.5
硝酸钠	0.21
硅酸钠	0.4
苯并三氮唑	0.05
硼砂	0.2
磷酸	0.049
中性红和亚甲基蓝	0.001

【制备方法】　将各组分混合均匀即可。

【产品应用】　本品主要用作汽车的防冻液。

【产品特性】　本防冻液能有效地防止循环冷却液冻结,并对冷却系统无腐蚀作用,还可通过防冻液颜色的变化判断防冻液的酸碱度,从而判断防冻液是否能继续使用。

实例23　多功能防冻汽车冷却液

【原料配比】

原　料	配比（质量份）	
	1#	2#
氯化钙	95	—
氯化镁	—	95
苯甲酸钠	1	1
偏硅酸钠	1	0.98
氯化磷酸三钠	0.98	
苯并咪唑烯丙基硫醚	2	3
消泡剂 TS－103	0.01	0.01
水溶性染料	0.01	0.01

【制备方法】 先将溶剂置于反应釜中,然后根据固体化工原料技术配方中各组分的质量分数分两次添加,第一次添加除氯化钙以外的其他化工原料并进行强力搅拌 30min 以上,使其在溶剂中充分溶解,而后再添加氯化钙并进行强力搅拌 30min 以上,使溶质在溶剂中充分溶解,然后静置、沉淀 30min 以上,用 120 目铜筛滤出残留物,即制成多功能防冻汽车冷却液。

【产品应用】 本品主要应用于各种机动车辆及机械设备水循环系统的防冻,1#配方和 2#配方所得冷却液,可分别在 - 33℃和 - 50℃以上的温度时使用。

【产品特性】 现有汽车冷却液中的溶质为乙二醇、乙醇等,均属于易燃易爆品,而本品为非易燃易爆品,使用安全可靠;现有汽车冷却液使用的乙二醇等属于有毒物质,而本品所选用的化工原料无毒、无害,符合环保要求。而且,本品的原料来源广泛,运输存储安全,加工制作工艺简单,价格低廉;本品能使各种机动车辆及机械设备在冬季有效地运转,防止机动车等的水箱冷却系统冻结;其冷却防冻效果显著,能延长各种机动车辆及设备的使用寿命,提高机动车及设备的运营效率,降低其运营成本。

实例24 多功能汽车冷却液(1)

【原料配比】

原　　料	配比（质量份）	
	1#	2#
纯净水	100	100
氯化钙(化学纯或分析纯)	1 ~ 85	—
氯化镁(食用或化学纯或分析纯)	—	1 ~ 150
苯甲酸钠	0.1 ~ 5	0.1 ~ 6
苯并三唑	0.1 ~ 3	0.1 ~ 3
三磷酸钠	0.1 ~ 3	0.1 ~ 3
偏硅酸钠	0.1 ~ 6	0.1 ~ 6

续表

原　料	配比（质量份）	
	1#	2#
亚硝酸钠	0.1~13	0.1~13
聚天门冬氨酸	0.1~3	0.1~3
水溶性染料	0.001~0.06	0.001~0.06

【制备方法】 将纯净水和化工原料,依次放入搅拌器中,充分溶解和搅拌至少60min,将其搅拌均匀后,用铜筛(≥120目)渗滤出残留物后,灌装、封口、包装即得出成品。

【产品应用】 本品主要应用于各种机动车辆的水箱和各种机械设备的循环水系统,1#配方和2#配方所得的冷却液,分别适合在 -55℃和 -50℃以上的温度状态下使用。

【产品特性】

(1)现有的汽车冷却液中的溶质为乙二醇、乙醇等易挥发性物质,能使溶液的蒸气压增大,以致降低其沸点,而多功能汽车冷却液为难挥发物质,具有沸点升高,凝固点降低和防腐蚀、防垢、防气蚀的特点。

(2)现有汽车冷却液中的溶质为乙二醇、乙醇等,均属于易燃易爆品,而本多功能汽车冷却液为非易燃易爆品,使用安全可靠。

(3)现有汽车冷却液使用的乙二醇属于有毒物质,而本多功能汽车冷却液选用的材料无毒、无害,符合环保要求。

(4)本品能有效地防止对黑色金属、锡、铜及铜合金、铝及铝合金的腐蚀。

(5)本品原材料来源广泛,运输存放安全,加工制作工艺简单,价格低廉,易于采购。

实例25 多功能汽车冷却液(2)

【原料配比】

原　料	配比（质量份）
水	100

原　　料	配比(质量份)
硝酸钙	5.3～15
苯甲酸钠	0.1～3
亚硝酸钠	0.1～5
苯并三唑	0.1～1
偏硅酸钠	0.1～5
三磷酸钠	0.1～3
水溶性染料	0.001～0.01

【制备方法】 将原料依次放入反应釜中,进行充分溶解和搅拌混合均匀即可。

【产品应用】 本品主要用作汽车冷却液。

【产品特性】 同多功能汽车冷却液(1)。

实例26 多功能强效汽车冷却液

【原料配比】

原　　料	配比(质量份)
纯净水	100
醋酸钾(化学纯或分析纯)	1～150
苯甲酸钠	0.1～5
苯并三唑	0.1～3
偏硅酸钠	0.1～6
亚硝酸钠	0.1～16
聚天冬氨酸	0.1～6
水溶性染料	0.001～0.06

【制备方法】 将纯净水和化工原料,依次放入搅拌器中,充分溶解和搅拌至少60min,将其搅拌均匀后,用铜筛(≥120目)渗滤出残留

物后,灌装、封口、包装,即制得成品。

【注意事项】 醋酸钾能降低水的冰点,其42%~60%水溶液的冰点为-60~-40℃,其沸点为118℃,可用作汽车水箱的冷却液;苯甲酸钠可以对降低冰点起到一定的作用,并能防止冷却液对黑色金属部件产生腐蚀;苯并三唑在冷却液中可提高冷却液与金属的热传导速度,并能防止冷却液对铜及铜合金的腐蚀;偏硅酸钠能有效地防止黑色金属的腐蚀,对铝及铝合金的防腐蚀效果尤为显著;亚硝酸钠能有效地阻止气蚀的侵袭;聚天冬氨酸是有效的阻垢剂和分散剂;水溶性染料便于机械设备循环水系统发生渗漏时进行检查和维修。

【产品应用】 本品主要应用于各种机动车辆的水箱和各种机械设备的循环水系统,适合在-60℃以上的温度状态下使用。

【产品特性】

(1)本品具有防沸、防冻、防垢、防腐蚀、防气蚀的功能。

(2)本品能有效地防止对黑色金属、锡、铜及铜合金、铝及铝合金的腐蚀。

(3)本品能有效地降低溶液的凝固点,使沸点上升,冷却效果显著。

(4)本品为非易燃易爆品,使用安全可靠。

(5)本品无毒、无害、无副作用,符合环保要求。

(6)本品原材料来源广泛,运输存储安全,加工制作简单,价格低廉,使用方便。

实例27 防腐防垢汽车发动机冷却液

【原料配比】

原 料	配比(质量份)
水	99.3
亚硝酸钠	2

原　　料	配比（质量份）
癸二酸钠	0.3
苯并三唑	0.1
巯基苯并噻唑	0.07
甲苯基三唑钠	0.14
硼砂	3
硅酸钠	0.07
二氧化硅	0.2
氢氧化钙	0.03
聚马来酸	0.15
消泡剂	0.35
染料	0.05

【制备方法】　将各组分溶于水中,混合均匀即可。

【产品应用】　本品主要用作汽车冷却液。

【产品特性】　本品能防止汽车冷却系统中紫铜、黄铜、焊锡、钢、铸铁、铝等金属物质产生腐蚀及生成水垢,使冷却系统保持良好的散热状态,以保证发动机在正常的温度范围内工作,有利于提高汽车的使用质量,可减少发动机相关部件的故障损坏,延长部件的使用寿命。

实例28　复合盐汽车冷却液

【原料配比】

原　　料	配比（质量份）
纯净水	100
氯化镁	5.3~150
苯并三唑	0.1~1

原　　料	配比（质量份）
苯甲酸钠	0.1~5
偏硅酸钠	0.1~6
四硼酸钠	0.1~3
水溶性染料	0.001~0.01

【制备方法】　将原料依次放入反应釜中,进行充分溶解和搅拌混合均匀即可。

【产品应用】　本品主要用作汽车冷却液。

【产品特性】　同多功能汽车冷却液(1)。

实例29　环保型长效汽车冷却液

【原料配比】

原　　料		配比（质量份）				
		1#	2#	3#	4#	5#
乙二醇		420	500	590	380	284
脱盐水		580	500	410	620	716
缓蚀剂	癸二酸	2	3	4	3.5	5
	苯甲酸钠	5	7	9	10	8
	钼酸钠	0.1	0.2	0.6	0.8	1
	硼砂	8	5	10	6	9
	苯并三氮唑	1	0.8	0.6	0.1	0.3
	硅酸钠	2.5	1	1.8	0.5	0.7
	氢氧化钠	4	2	4	3	3.7
硅酸盐稳定剂		2.5	2	0.8	1	1.8
消泡剂		0.035	0.03	0.04	0.06	0.05
染色剂		0.04	0.03	0.025	0.02	0.035

【制备方法】

(1)在反应器 A 中加入乙二醇、癸二酸、苯并三氮唑,常压操作,加热至 65℃,搅拌 15min,直至物料全部溶解为止,再加入氢氧化钠,搅拌至全部溶解。其中,乙二醇是用以控制冷却液冰点的,加得越多,冷却液的冰点越低,生产费用越高。加热温度在 65~70℃ 之间,温度低,则溶解慢;搅拌器的搅拌时间为 10~20min,若搅拌器的速度快,所需时间会少,以固体粉料全部溶解为限。

(2)在反应器 B 中加入部分脱盐水,加入苯甲酸钠、钼酸钠、硼砂,常压下操作,加热至 64℃,搅拌 18min,至使固体颗粒物料全部溶解为止。

(3)在反应器 C 中加入硅酸钠,加入剩余的脱盐水,常压常温下操作,搅拌 8min,直至硅酸钠全部溶解。

(4)将反应器 B 内的物料加入到反应器 A 中,搅拌 15min 后,加入硅酸盐稳定剂,搅拌 5min,再将反应器 C 内的物料压入反应器 A 中,搅拌 5min,之后再加入消泡剂,搅拌 5min,将氢氧化钠加入反应器 A 中,调节 pH 值,使 pH 值达到 9,出料前再加入染色剂,搅拌 25min,混合均匀后进行包装,便得到成品。

【产品应用】 本品主要用作汽车冷却液。

【产品特性】

(1)采用有机酸与无机盐复合型配方,可使产品对汽车发动机冷却系统的防护能力增强。

(2)本品中含有有机酸,将会延长产品的使用周期,达到长效的目的。

(3)本品中添加硅酸钠可使其对铸铝器件的防护能力得到提高。

(4)本品中不含磷酸盐、亚硝酸盐、铬酸盐等对人体有害或对环境有害的物质,使产品更加符合环保要求。

实例30　内燃机车防沸、防冻冷却液

【原料配比】

原料	配比（质量份）		
	1#	2#	3#
乙二醇	30	55	65
磷酸二氢钠	3.8	3.6	2
三乙醇胺	1.5	2	3
苯甲酸钠	2	1.6	1
钼酸钠	0.8	1	1.5
硅酸钠($n>3$)	0.3	0.2	0.1
苯并三氮唑	0.1	0.1	0.15
聚马来酸酐	0.15	0.1	0.05
乙二胺四亚甲基膦酸钠	0.3	0.1	0.1
工业水	加至100	加至100	加至100

【制备方法】　首先把苯并三氮唑用热水或乙醇溶解,之后即可同其他原料一起投入工业水中溶解,稀释到规定浓度,搅拌均匀即为成品。必要时,可用氢氧化钠调节 pH 值大于8。

【产品应用】　本品不仅可以应用于汽车、拖拉机、工程机械、坦克等内燃机上,且使用效果好,还为铁路大功率内燃机车提高速度、增大功率、加快周转、减少打温和节能降耗创造了技术条件。本品在 -50℃不冻结。

【产品特性】　本品缓蚀效率高、腐蚀速度慢,用工业水配制使用简便;凡符合铁路蒸汽机车锅炉给水水质标准的工业水都可以使用,而且可以使内燃机车和蒸汽机车一样在铁路沿线就地随时补水,从而使机车的整备工作简化、运行效率大幅度提高,且使用效能较大。

实例31 内燃机车工业水冷却液用缓蚀剂

【原料配比】

原　　料	配比（质量份）
四硼酸钠	0.25
亚硝酸钠	0.25
二氧化硅	0.04
苯并三氮唑	0.005
聚马来酸酐(含量25%)	0.005
乙二胺四亚甲基膦酸钠(含量28%)	0.005
硝酸钠	0.04
水	加至100

【制备方法】

(1)首先称取经脱水处理的四硼酸钠、亚硝酸钠、硝酸钠,共同研细混匀,然后分别加入聚马来酸酐、乙二胺四亚甲基膦酸钠,最后称取苯并三氮唑,用乙醇溶解后加入塑料袋中封好备用。

(2)配液时,先用部分洁净的水将此药剂全部溶解之后,再加入二氧化硅,补足水到100,搅拌均匀即可使用。

【产品应用】 本品主要用作汽车、轮船、拖拉机、坦克、工程机构等各种水冷式内燃机冷却液的缓蚀剂。

【产品特性】

(1)凡符合铁路蒸汽机车锅炉给水水质标准的工业用水内燃机车均可使用本品,这样,不仅节约了大量为生产去离子水而花费的资金,而且内燃机车如同蒸汽机车一样沿途可以随意上水,从而使机车运行效率大幅度提高。

(2)在不降低抗蚀防垢性能的基础上,做到了料源广、成本较低、使用方便,有利于在汽车、轮船、拖拉机、坦克、工程机构等各种水冷式内燃机上推广使用。

实例32　内燃机车冷却液高效缓蚀剂

【原料配比】

原　　料	配比（质量份）
四硼酸钠	45
亚硝酸钠	48
聚马来酸酐	0.0009
乙二胺四亚甲基膦酸	0.0009
乙醇	适量
苯并三氮唑	0.005
硅酸钠	0.09

【制备方法】　首先将四硼酸钠、亚硝酸钠研成粉末，然后放进聚马来酸酐和乙二胺四亚甲基膦酸，最后，用乙醇使苯并三氮唑溶解后，一并放入塑料袋中。使用时，将上述塑料袋中的物品连同硅酸钠一同投入去离子水中即可。上述塑料袋中物品和硅酸钠的总量与去离子水的比例为1:157。

【产品应用】　本品用作内燃机车冷却液的高效缓蚀剂。

【产品特性】

(1)原材料资源广泛，成本低。

(2)减缓了对内燃机车冷却系统各部件的腐蚀作用，延长了检修期。

(3)对铝件有较好的缓蚀作用，可避免使用铸铁水泵，为板翅式铝质散热器在内燃机上推广应用创造了条件。

(4)使用方便，减少了对环境的污染。

第六章　食品添加剂

实例1　壮骨健脑食品添加剂

【原料配比】

原　　　料	配比（质量份）	
	1#	2#
骨粉	450	500
卵磷脂脑磷脂复合物	—	500
大豆粉末磷脂	550	—
茶多酚	100	100
维生素 B_1	3	3
烟酸	50	70
β-胡萝卜素	1	1
香精	0.5	0.5

【制备方法】　将以上各原料在混合机中混合均匀,在微波炉中 60～80℃(最佳70℃)灭菌2min以上,冷却包装即为成品。直接食用按每包1.2～2g包装;如果用作食品添加剂,按每包1～5g包装。

【注意事项】　所述骨粉可以是牡蛎粉或食用钙;卵磷脂脑磷脂复合物也可以用大豆粉末磷脂代替;香精可以是香草精或柠檬香精。

【产品应用】　本品既可以直接食用,每人每日3包(1.2～2g)用温水冲服;也可以作为食品添加剂使用。具体方法如下:

(1)将1#添加剂加适量甜味剂和赋形剂、熟芝麻或熟花生米混合均匀,压制分割成块;或将糖糊化,与添加剂混合均匀,冷却分割成糖块。

（2）将一小包 1# 添加剂加进一罐果茶或酸奶中饮用。

（3）将 2# 添加剂分包成 2g/包的产品，加入 200～300g 面粉料中，经烘焙成面包食用。

（4）将 2# 添加剂适量加入火腿肠原料中制成火腿肠食用；或加入方便面的调味料中与方便面同食。

（5）将 2# 添加剂加入奶制品中，如奶片、奶粉、奶糖、酸奶中食用，混入量按每 10～30g 奶粉混入 1 包 2g 的产品。

【产品特性】 本品无毒副作用、无异味，既可以对人体补充钙和磷质，起壮骨健脑作用，又能清除人体的活性氧自由基，延缓衰老，起到防病祛病、延年益寿的作用。

实例 2 维生素食品添加剂

【原料配比】

原　　料	配比（质量份）			
	1#	2#	3#	4#
山楂	0.15	0.25	0.5	0.5
大枣	0.25	0.25	—	—
刺梨	—	—	0.15	0.15
南瓜	0.15	0.2	0.15	0.15
胡萝卜	0.2	0.5	0.2	0.2
酵母	0.22	0.1	0.1	0.1
脱脂大豆蛋白	0.01	0.02	0.02	0.02
麦芽或麦胚	0.01	0.02	0.02	0.02
糊精	0.01	0.01	0.005	0.01

【制备方法】

（1）山楂、大枣和刺梨的处理方法：经去核后，用 70～90℃ 的盐水溶液浸泡 10～30min，以破坏鲜果中酶的活性，又使维生素的损失降至最低,然后速冻或干燥保存备用。

所述的盐水溶液,是指氯化钠、柠檬酸钠、磷酸钠等的水溶液,其浓度可以在0.2%～15%的范围内选择。

（2）南瓜、胡萝卜的处理方法:可以速冻或自然晾干或在50℃以下烘烤脱水后保存备用。

（3）麦芽、麦胚的处理方法:冷水浸泡1～5d后,磨成糊状,再经速冻或50℃以下烘烤脱水后保存备用。

（4）酵母的处理方法:经破壁后,通入二氧化碳气体,或用0.2%～10%的碳酸钠、碳酸钙、碳酸氢钠、氯化钙或氯化钾水溶液浸泡10～30min后,再水洗至中性后,速冻或干燥保存备用。

（5）将所有处理好的原料及脱脂大豆蛋白和糊精混合均匀即可。

【产品应用】 本品适用于面粉及其制品(面条、面包、馒头、烧饼、包子、饺子、糕点等);冷饮及饮料(冰棒、冰糕、冰淇淋、汽水、可乐等);也可以用添加剂本身直接于低温下烘烤制造"多维果蔬片"。

本品的用量是:淀粉基料:维生素食品添加剂 = 1:(0.01～0.1);饮料:维生素食品添加剂 = 1:(0.1～0.5)。

1#产品可添加于面条中,用量为:淀粉基料:添加剂 = 1:0.01。工艺流程:面粉与添加剂及其他辅料混合制团→压制→晾干→成品。

2#产品可添加于蛋糕中,用量为:淀粉基料:添加剂:其他组分 = 1:0.1:0.3,其他组分是鸡蛋、调味品(糖、香料等)、发酵粉等。工艺流程:面粉与添加剂及其他辅料混合打浆→入模→烘烤→成品。

3#产品可添加于冰糕中,用量为:饮用水:添加剂:其他组分 = 1:0.4:0.3,其他组分是牛奶、鸡蛋、调味品(糖、香料等)、淀粉等。工艺流程:饮用水与添加剂及其他辅料混合打浆→装模→冷冻→包装→成品。

4#产品可直接烘烤制造"多维果蔬片"。其他组分是牛奶、鸡蛋、调味品(糖、香料等)、淀粉等。工艺流程:添加剂及其他辅料混合打浆→装盘→烘烤→切片→包装→成品。

【产品特性】 本品含有丰富的β-胡萝卜素、维生素E、维生素

C、B 族维生素、钙、铁、锌和磷等多种人体必需的维生素和微量元素，且不含任何合成色素、防腐剂等。经常食用，能够增进食欲，促进钙的吸收，抵御紫外线、热辐射、荧光等射线的超量照射，保护视力、降低胆固醇、预防动脉硬化、预防鼻衄和牙龈出血、抗衰老、防癌抗癌。

实例3　药膳食品添加剂

【原料配比】

原　　料		配比（质量份）			
		1#	2#	3#	4#
黄精		1	2	3	1.5
枸杞子		1	0.8	0.5	0.7
粮油作物	黑豆	3	3	0.8	3
	白粳米	4	—	—	—
	黄黍米	—	4	—	—
	白芝麻	—	—	3.1	—
	陈小麦	—	—	—	4.5

【制备方法】

（1）将黄精根茎洗净、切片、干燥后与枸杞子一起捣碎成粉末状后干燥。

（2）将粮油作物分别洗净、晒干后研磨成粉末。

（3）将上面所得的两种粉末混合后，经至少两次的隔水蒸（隔水蒸的时间为 30~50min/次）和干燥后，混合均匀即可。

【产品应用】　本品可直接添加于各类食品、饮品中。

【产品特性】　本品采用药物与食物共同配伍的方法，服用方便，并且使普通饮食起到药膳的作用；本品中的各有效成分符合中医五行理论，可根据季节变化对人体各脏器进行调理。

实例4　儿童食品添加剂

【原料配比】

	原　料	配比（质量份）
A 组分	螺旋藻干粉	35
B 组分	干山药片	15
	炒麦芽	12
	炒山楂	9
	炒鸡内金	6
	自来水	适量
C 组分	葡萄糖酸钙	1.2

【制备方法】

（1）将脱去或掩盖了气味的干螺旋藻加工成细粉或微细胶囊,得A组分。

（2）将干山药片、炒麦芽、炒山楂、炒鸡内金混合均匀,再加入混合物总质量1.5～3倍的自来水,用文火煎30～60min;将煎后的混合液进行滤制,得浸出汁,并放入原蒸煮器内继续加热浓缩至初始水量的10%～20%,得B组分。

（3）将A、B、C(葡萄糖酸钙或含钙量相当的乳酸钙)三组分混合均匀即得成品。

上述的B组分可将其经喷雾干燥制得浸出物干粉并以浓缩汁在产品中所占百分比折算成相应干粉量,与上述的A组分和C组分混合,制得粉状产品。

【产品应用】　本品主要用于制备益于儿童营养、消化及生长发育的保健食品,如饼干、糕点、冲剂等,以便预防并辅助治疗儿童营养、消化及发育不良等症,促进儿童健康成长。

【产品特性】　本品无任何毒副作用,使用方便,效果显著。

实例5 中老年食品添加剂

【原料配比】

原　　料	配比（质量份）
南瓜粉	36
玉米粉	24
绿豆粉	20
冬瓜粉	6
马蹄(荸荠)粉	6
甜菊苷	6
氨基酸甜味剂	2

【制备方法】

(1)选取完好无腐烂的南瓜、冬瓜洗净,去子并切片,在110～120℃中烘干,然后粉碎,磨制成100目以上的粉状。

(2)选取无腐烂的马蹄(荸荠)洗净、去皮、切片、在110～120℃中烘干,然后粉碎磨制成100目以上的粉状。

(3)取步骤(1)和(2)制得的南瓜粉、冬瓜粉、马蹄(荸荠)粉,与绿豆粉、玉米粉、甜菊苷、氨基酸甜味剂混合均匀,分器包装,即得添加剂成品。

【产品应用】 本品对降低糖尿病患者的血糖、解除饥渴和多尿症有明显作用。无病的中老年人食用,可以起到预防疾病的保健作用。

本品可以单独食用,也可以与面(米)粉掺和,用温水调开加适量水,加热煮沸后食用。

本品还可以配制成降糖保健饼干及八宝粥。在现有一般饼干的配方中去除蔗糖成分,按50%将本品添加进原配方,即可制成降糖保健饼干;在现有八宝粥配方中去除蔗糖成分,按原配方中固形物的30%添加本品,即可制成降糖保健八宝粥。

【产品特性】 本品使用方便,效果显著,总有效率在90%以上。

实例6 保健食品添加剂(1)

【原料配比】

原　　料	配比(质量份)
麦麸(植物纤维类)	75
鸡蛋壳(钙类)	7
海藻、海带(碘类)	3
食盐	3
调味剂	12
山梨酸	适量

【制备方法】

(1)将植物纤维类原料去除杂质,处理干净,烘干,磨成粉末,过2#筛备用。

(2)将钙类原料去除杂质,处理干净,烘干,磨成粉末,过6#筛备用。

(3)将碘类原料去除杂质,处理干净,烘干,磨成粉末,过2#筛,也可以直接选用优质的食用海藻粉末,过6#筛备用。

(4)将上述的三种粉末与食盐、调味剂按比例配制,根据不同季节加入不同量的食品防腐剂山梨酸,然后混合搅拌均匀,放在紫外线灯下照射25min进行无菌消毒处理,密封包装即可。

【产品应用】 本食品添加剂可以不同的加入量制成食品、饮料及营养冲剂。所制食品为面包、饼干、糖果等多种形式。在面包中的加入量为10%~20%;在饼干中的加入量为10%~20%;在糖果中的加入量为5%~10%,糖果可以制成饮糖、酥糖等形式;在饮料中的加入量为10%~15%,饮料的剂型可采取混悬剂型;在营养冲剂中的加入量为10%~25%,可与其他赋形剂制成干燥颗粒。

【产品特性】 本品中的营养成分大大优于同类产品,且用途广泛,有利于改善城市居民的健康状况,达到防病保健、减肥、健美的目的。

实例7 保健食品添加剂(2)

【原料配比】

原　　料	配比(质量份)
余甘果 SOD 粉	1
活性钙	0.5
食用纤维素	0.2
维生素 C	0.3
维生素 E	0.1
亚硒酸钠	0.00025
氧化锌	0.0075
果胶酶	适量

【制备方法】

(1)选鲜余甘果,洗净、去核、压榨、去渣,取上清液,加入 0.1% ~ 0.4%果胶酶澄清果汁,入高压灭菌器进行 100 ~ 130℃,20 ~ 30s 瞬间灭菌。

(2)将已灭菌的余甘果汁进行 30 ~ 50℃,89 ~ 97kPa 真空蒸发浓缩,再置于 0℃ 以下进行冻结,将冻结物进行 37 ~ 82℃,333.3 ~ 666.5Pa 真空升华干燥制粉,即成为余甘果 SOD 粉。

(3)取余甘果 SOD 粉,加入活性钙、食用纤维素、维生素 C、维生素 E、亚硒酸钠、氧化锌,经过混合搅拌,过 GBR40/35 号筛和巴氏灭菌后,即得余甘果 SOD 保健食品添加剂。

【产品应用】 本品可广泛用于酱油、葡萄酒、速溶咖啡、高脂肪牛乳、巧克力饮料、淡啤酒、白葡萄酒等食品(在这些食品中的添加量为 0.5% ~1%),也可用于其他所有食品,如白酒、醋、酱、糖果、饮料、糕点、茶叶等(在这些食品中的添加量为 0.1% ~0.5%),还可用于化妆品(添加量为 2%)。

本品可以直接摄入人体内,也可以加入市售食品中,或在食品制作过程中加入。

【产品特性】 本品性能优异,具有抗衰老、抗癌、提高免疫力、祛斑及减少老年斑等作用,使用效果显著。

实例8 保健食品添加剂(3)

【原料配比】

原　　料	配比(质量份)
山楂或山楂叶	15~16
罗布麻叶	15~16
绞股蓝全草	15~16
银杏或银杏叶	30~31
麦饭石	23~24
丁羟基茴香醚	0.03~0.04
维生素C	0.15~0.2
维生素E	0.03~0.04
醋酸(5%~9%)	适量
乙醇	适量
赋形剂	适量

【制备方法】

(1)将植物成分组合,经常规提取后浓缩成稠膏,或进一步制成干粉。

(2)将麦饭石以5%~9%的醋酸回流水解后,再蒸发去掉酸。

(3)将丁羟基茴香醚、维生素C溶于乙醇中,再加入维生素E制成乳浊液,即为抗氧化剂乙醇溶液。

(4)将物料(1)~(3)充分混合,制成稠膏,或将稠膏加赋形剂制成干颗粒。

【产品应用】 本品具有降低血脂、清除自由基、增强机体免疫力、抗衰老等功能,适用于老年人及心脑血管疾病患者。

本品可直接添加在日常饮食中,也可作为食品工业的原料,制成保健食品或保健饮料。

【产品特性】 本品选用的原料均为可食性的天然物质及国内外食品卫生机构规定用作食品添加剂的物质,无毒副作用,符合食品添加剂的要求和发展趋势;本品性能优异,功能齐全,使用方便,用途广泛。

实例9 低温肉制品防腐剂

【原料配比】

原　　料	配比(质量份)
山梨酸钾	0.2
乳酸钠	4
乳酸链球菌素	0.05
水	加至100

【制备方法】 将以上原料充分混合,使山梨酸钾和乳酸链球菌素溶于乳酸钠的浓溶液中即得。

【产品应用】 本品为食品添加剂,特别适用于红肠等高档低温肉制品的防腐和保鲜。使用时,可将本品在拌馅的工序中加入。

【产品特性】 本品可使低温肉制品的保质期延长2倍,保鲜效果好,安全可靠;使用本品后,可相应降低食盐的用量,使产品成为中低盐食品,更加有利于人体健康。

本品将几种防腐剂复合使用,比各防腐剂单独使用时的防腐效果好。复合防腐剂可以破坏微生物的许多重要的酶系、降低产品的水分活性,还可以通过影响细胞膜和抑制革兰氏阳性菌细胞壁的合成来杀死细菌,所以能充分抑制低温肉制品中腐败菌的生长和繁殖,特别是对革兰氏阳性菌有较强的抑制作用。

实例10　壳聚糖食品添加剂

【原料配比】

原　　料	配比（质量份）					
	1#	2#	3#	4#	5#	6#
壳聚糖	22	40	35	35	40	20
褐藻酸钠	50	30	30	50	35	45
苹果酸	28	30	35	15	25	35

【制备方法】　将壳聚糖、褐藻酸钠、苹果酸在常温条件下混配即可。

【产品应用】　本品可加入到口服液、饮料、乳制品（酸奶、乳酸菌饮料、炼乳、奶粉等）、冲剂及其他食品中,不影响该食品的原有营养价值,并且具有排铅功效。

【产品特性】　本品经人体吸收后,在体内与铅离子进行配位无机生化反应,生成稳定的螯合物,从而排除体内的铅,使用效果好,对人体无任何毒副作用。

实例11　烹饪用食品添加剂

【原料配比】

原　　料		配比（质量份）
混合液	淀粉：水：山梨酸钾	1：1：0.01
斯盘－20：混合液		15：100

【制备方法】

（1）将淀粉、水、山梨酸钾（防腐剂）混合搅拌成芡汁,在混合搅拌的同时将芡汁加热至55～60℃（使混合物发生淀粉的糊化,更有效地防止芡汁中的淀粉沉淀）。

（2）在芡汁中加入斯盘－20,继续搅拌混合,使最终得到的芡汁呈乳状液即可。

【产品应用】　本品是能够直接使用的芡汁成品,可在烹饪时直接使用,方便了菜肴的挂糊、上浆、勾芡。

【产品特性】　本品用于工业化生产时,可使芡汁产品有统一的淀粉含量标准,便于烹调时对芡汁用量的掌握。

实例12　肉类食品添加剂

【原料配比】

原　　料	配比(质量份)
纯肉泥	17
动物脂肪	1.4
酵母提取物	11
L-半胱氨酸盐酸盐	4.89
L-半胱氨酸	0.58
丙氨酸	2.12
维生素 B_1	1.98
维生素 C	2.54
木糖	4.42
葡萄糖	10.6
焦糖色素	6.24
催化剂	0.198
定香剂	2
水	24.032

【制备方法】　首先将纯肉泥、动物脂肪投入反应釜中,再加入酵母提取物、L-半胱氨酸盐酸盐、L-半胱氨酸、丙氨酸、维生素 B_1、维生素 C、木糖、葡萄糖、焦糖色素、催化剂、定香剂和水,控制 pH 值在

3～8之间,反应温度在 38～55℃之间,回流 2h 后,再次升温至 150℃以下,反应 4h 后,快速降温,即得膏状成品。

【注意事项】 本品所述动物脂肪可以是牛、羊、鸡、猪的脂肪。

【产品应用】 本品可广泛应用于肉制品、火腿肠、罐头、方便面类的调料包、汤料、膨化食品、速冻食品、休闲食品、调味品等食品中。

本品在各类调味食品中的添加量为 2‰～6‰。

【产品特性】 本品优选国内多种食品添加剂天然原料、辅料,加工工艺简单,生产成本低,附加值高,能够增加食欲,有益于人体健康;使用本品后,可减少肉类的原始添加量,而不会改变其口感和味道,有效地保持了该类产品的香气,并显著地延长了产品的货架期。

实例 13　食品防霉剂

【原料配比】

原　　料	配比（体积）
粒径为 4mm 的珍珠岩	100g
乙醇	99
乙酸	0.5
丙酸	0.5

【制备方法】 选用粒径为 4mm 的珍珠岩,加入乙醇、乙酸、丙酸混合液,充分搅拌后即可制得防霉剂成品。

【产品应用】 本品不仅能适用于密封体系,而且能适用于半密封体系。

【产品特性】 本品使用方便,效果好;防霉剂本身的保质期可在六个月以上,完全能够满足食品的流通保鲜要求。

当选用不同粒径的珍珠岩时,可控制调节防霉剂中乙醇等液体的挥发速度,从而满足不同包装食品的保鲜需求。

实例14　食疗保健型食品添加剂

【原料配比】

原　　料	配比(质量份)	
	1#	2#
竹子	100	7
荷叶	100	6
珍珠贝	50	3
茶叶	100	4
松叶	100	4
茅草根	50	4

【制备方法】

1#:取周年鲜嫩竹、当年荷叶、珍珠贝、新茶叶、新采松叶、新掘鲜茅草根,分别按1cm长切段;按常规提取方法提取汁液并经粗、细二道筛过滤;然后,将上述各种滤后的汁液分别按常规的物理消毒方法进行消毒处理;而后,按常规的刮板浓缩法浓缩成胶状物;将上述胶状物分别置入真空干燥箱内,于50℃的温度下进行干燥处理得粉剂;将各种粉剂共混均匀,分袋计量密封包装即为成品。

2#:取周年山东鲜玉竹,按3cm长切成段,取洞庭湖鲜荷叶、北海珍珠贝、当年古丈毛尖茶叶、新季北方松叶、新生武陵源白茅草根,分别按2cm长切段;将上述各种段料置于90%的食用乙醇中常温密闭浸泡30h后,按常规动态提取法提取汁液,用酒精回收塔回收乙醇。上述所得汁液均分别经粗、细两道网筛过滤;将上述各种滤后的汁液分别按常规的物理消毒方法进行消毒处理;而后,按常规的外循环浓缩方法将滤液浓缩成胶状物;再将上述所得各种胶状物分别置入真空干燥箱内,于45℃的温度下进行干燥处理得粉剂;将上述所得各粉剂共混均匀,分袋计量密封包装即为成品。

【产品应用】 本品为食疗保健型食品添加剂,可与大米、玉米、大豆、面食及其他谷物制品(如谷物酒)和豆制品及其他食品进行混合配制,成为多营养元素的复合型食疗保健食品。

【产品特性】 本品味正质优、烹调溢香、久储不腐、保质期长,并且食品色呈碧绿,香呈竹香、荷香等多种香型,是纯自然的绿色食品,有利于改进人们的饮食结构,改善饮食消费观念,提高人的整体健康水平。

实例15 面包专用粉

【原料配比】

原　　料		配比(质量份)
维生素C		1~5
酶制剂	真菌淀粉酶	8~10
	木聚糖酶	3~5
	脂肪酶	1~5
乳化剂	硬脂酰乳酸钠	15~20
	二乙酰酒石酸甘油酯	15~20
面粉		20
玉米淀粉		20

【制备方法】 将以上各原料混合均匀,即可制得成品。

【产品应用】 本品主要用于面包生产或面粉厂配制面包专用粉。用于面包制作时,可提高包芯的柔软度,同时增加了面包的营养,为人体补充维生素的摄入量。

【产品特性】 本品采用酶制剂替代了溴酸钾作为改良剂,避免了溴酸钾残留对人体的危害;酶制剂配合乳化剂和维生素的使用,通过协同增效的作用,达到了与溴酸钾相当的效果。

实例16　天然保健食品添加剂

【原料配比】

原　料	配比(质量份)							
	1#	2#	3#	4#	5#	6#	7#	8#
党参	1.7	2	2.3	2	1.7	2	2	2
黄芪	1.7	2	2.3	2	1.7	2	2	2
山药	1.7	2	2.3	2	1.7	2	2	2
砂仁	1.7	2	2.3	2	1.7	2	2	2
鸡内金	2.8	4	5.2	4	2.8	4	4	4
莲子	—	—	—	2	1.7	—	2	2
神曲	—	—	—	—	1.7	—	2	2
扁豆	—	—	—	—	2.1	—	3	3
白术	—	—	—	—	2.1	—	3	3
陈皮	—	—	—	—	1.7	—	2	2
山楂	—	—	—	—	—	—	4	4
茯苓	—	—	—	—	—	—	2	2

　　注　1#~5#为每180份含本食品添加剂的饼干中添加剂的组分及质量配比;6#~8#为每180份含本食品添加剂的饮料中添加剂的组分及质量配比。

　　【制备方法】　以上所述各组分均匀研成细末或浸泡提取原汁。

　　【产品应用】　本品为天然保健食品添加剂,可用于加工面食(如饼干等)、饮料等。

　　本品在食品的含量为5%~35%(质量分数)。

　　【产品特性】　本品所用原料配比科学,具有协同作用,制得的添加剂不仅能健脾益智,同时具有药物辅助治疗功能,并且口感舒适、无异味。

实例17　食品添加剂(1)

【原料配比】

原　　料	配比（质量份）	
	1#	2#
干银杏叶	90	100
丹参	10	8
水	1200	1200
环糊精	30	50
甘草提取物	1	1.5
淀粉	50	—
乳化剂	—	1

【制备方法】

(1)银杏叶提取物和丹参提取物的制备方法如下：

1#:将干银杏叶和丹参粉碎,加水,于80℃提取2h后过滤。

2#:将干银杏叶和丹参粉碎,加水,于100℃回流提取1.5h后过滤。

(2)将银杏叶提取物和丹参提取物加入环糊精,并在40~65℃温度下搅拌1~6h,然后在真空 -0.1~0.06MPa(相对压力)及40~65℃的温度条件下浓缩至一定浓度。

(3)在银杏叶和丹参的环糊精混合液(2)中加入甘草提取物,搅拌均匀。

(4)加入淀粉,搅拌均匀,在40~65℃的温度下干燥,可得到粉状食品添加剂;加入乳化剂,均质,在40~65℃的温度下进一步浓缩,可得到液状、膏状食品添加剂。

【产品特性】　本品原料完全为天然产物,工艺简单、成本低;产品无苦涩的味道,可呈粉状、液状或膏状,保存期限长,运输及使用方便。

实例18　食品添加剂(2)

【原料配比】

原 料	配比(质量份)		
	1#	2#	3#
叶黄素浸膏	600	42	60
6%的维生素 C 水溶液	10	0.7	1
KOH(分析纯)	138	9.66	13.8
95%的酒精	600	42	60
60℃的蒸馏水	600	42	60
60℃的 0.2mol/L 的盐酸水溶液	3000(体积)	—	300(体积)
70℃的 0.2mol/L 的盐酸水溶液	—	210(体积)	—
环状糊精	155	15.3	7.22

【制备方法】　以 1# 配方为例,称取叶黄素浸膏和6%的维生素 C 水溶液,加入 5000mL 的圆底烧瓶中,将 KOH 在 95%的酒精中溶解,然后在搅拌的情况下将 KOH 的乙醇溶液加入到圆底烧瓶中,于 60℃下皂化反应 3h 后,加入 60℃的蒸馏水进行稀释;然后在压力为 -0.08MPa(相对压力)、温度为 60℃的真空环境中回收酒精,得到 91%(体积分数)的酒精 389g;最后加入 60℃的 0.2mol/L 的盐酸水溶液,搅拌 60min,保温静置 2h,离心分离叶黄素晶体,再用蒸馏水洗涤晶体,在 -0.095MPa、干燥温度为 30℃的条件下,真空干燥晶体 24h,可得含量为 885g/kg 的叶黄素晶体。取以上叶黄素晶体和环状糊精混合,研磨粉碎得到叶黄素粉末成品。

上述离心分离出的滤液再经过 4mol/L 盐酸中和酸化处理至 pH 值为 6~6.5 时,静止分层,收集含量为 18g/kg 的上层油状物(叶黄素树脂),总出品率达到 99.4%。

【产品应用】 本品广泛适用于食品、医药行业。

【产品特性】 本品稳定性好,便于运输和储存,有利于大规模的生产应用;选用维生素 C 作为抗氧化剂,更能满足食品添加剂方面不断提升安全标准的要求;工艺流程科学合理,回收的乙醇可再进行利用,有利于降低成本及保护环境;回收的叶黄素树脂可作为饲料添加剂级产品出售,有利于进一步提高产品的利用率,减少浪费;将废水用稀碱液调整 pH 值后排放,还可显著减轻环境污染,增加社会效益。

实例19 特种食品添加剂

【原料配比】

原 料		配比(质量份)		
		1#	2#	3#
混合油脂		33	50	33
抗氧剂	特丁基对苯二酚	0.001	—	0.001
	丁基羟基茴香醚	—	0.001	—
食用色淀	食用柠檬黄色淀	30	—	—
	食用胭脂红色淀	—	45	—
	食用亮蓝色淀	—	—	30

其中混合油脂配比:

原 料	配比(质量份)		
	1#	2#	3#
色拉油	7	7.5	8
棕榈油	2	2	2
葵花子油	1	0.5	—

【制备方法】 以 1# 配方为例,具体制备方法如下:

(1)将色拉油、棕榈油等油脂混合好,加入一个容器中,加入抗氧剂,搅拌下加入食用柠檬黄色淀,待搅拌均匀后倾于三辊研磨机上研磨3次。

(2)将经过研磨的混合物放入烧杯中,用混合油脂进行搅拌稀释后得一定浓度的油状柠檬黄食用色淀。按所需的不同浓度,加入计算量的混合油脂,可得不同百分比浓度的油状食用柠檬黄色淀。

【产品应用】 本品主要用于彩色巧克力、冷饮脆皮、饼干夹心、糕点馅料以及油脂类食品的加工。

【产品特性】 本油状色淀耐水溶出性达到进口产品的水平,颗粒度控制在 4~6μm 以下;通过微细化技术,使油状色淀在油脂介质中的稳定性达到进口产品的水平。

实例20 天然食品防腐剂(1)

【原料配比】

原 料		配比(质量份)			
		1#	2#	3#	4#
苦瓜抽提提取物 A 组分		85	60	—	—
大蒜蒸煮抽滤提取物 B 组分		10	25	—	—
苦瓜和大蒜混合提取物 A+B 组分		—	—	85	90
C 组分	丙氨酸	5	—	—	—
	精氨酸	—	15	—	—
	胱氨酸	—	—	15	—
	谷氨酸	—	—	—	10
溶剂	乙酸乙酯	适量	—	—	—
	正己烷	—	适量	—	—
	乙酸甲酯	—	—	—	适量

其中苦瓜和/或大蒜提取物配比:

原　　料		配比（质量份）			
		1#	2#	3#	4#
苦瓜抽提提取物 A 组分	苦瓜	5	10	—	—
	蒸馏水	5.5	15	—	—
大蒜蒸煮抽滤提取物 B 组分	去皮大蒜	0.5	2	—	—
苦瓜和大蒜混合提取物 A + B 组分	苦瓜	—	—	5	8
	去皮大蒜	—	—	1	1
	蒸馏水	—	—	6	10

【制备方法】

（1）苦瓜抽提提取物 A 组分：将苦瓜经洗净后搅成碎末，置回流抽提器用蒸馏水在常温下抽提 1~5h，抽提液经真空抽滤并浓缩得浅黄绿色液体 A 组分。

（2）大蒜蒸煮抽滤提取物 B 组分：将大蒜去皮、蒸煮后压榨出蒜汁，经真空抽滤得浅黄色液体 B 组分。

（3）苦瓜和大蒜混合提取物 A + B 组分：将苦瓜洗净、取经蒸煮后的去皮大蒜，将两者混合并搅成碎末后，置回流抽提器用蒸馏水在常温下抽提，抽提液经真空抽滤后浓缩得浅黄绿色液体 A + B 组分。

（4）天然食品防腐剂：将 A 组分、B 组分、C 组分（或 A + B 组分、C 组分）与溶剂搅拌混合，可得到均匀溶液粗品。该溶液粗品微具蒜味，可用溶剂萃取洗涤除味；再经灭菌消毒，无菌操作下密封包装，即得成品。

【产品应用】　本品能够抑制食品中微生物的繁殖、防止食品腐败变质、延长食品保存期，适用于各种加工食品、水果和蔬菜，尤其对冬瓜、茄子、西红柿、肉类、蛋类等具有十分明显的防腐作用。

【产品特性】　本品为广谱防腐产品，具有极好的抑菌、灭菌效果，对革兰氏阴性菌和阳性菌均具有杀灭作用，对人体无毒副作用，使用安全方便。

案例21　天然食品防腐剂(2)

【原料配比】

原　　　料	配比(质量份)
壳聚糖	适量
醋酸	适量
浓盐酸	适量
10mol/L 氢氧化钠溶液	适量

【制备方法】

(1)将脱乙酰度在85%以上、黏均分子量范围为200000~800000的壳聚糖溶解于1%~3%的醋酸中,使壳聚糖的浓度为1%~5%(质量分数)。

(2)在壳聚糖溶液中加入浓盐酸,于60~90℃下水解6~10h。壳聚糖溶液:浓盐酸=20:1(体积比)。

(3)水解结束后,用10mol/L的氢氧化钠溶液调节pH值为7~8,使壳聚糖沉淀出来。

(4)将水解液中沉淀出来的壳聚糖进行离心分离,并用清水冲洗沉淀物,然后再进行离心分离除去水。

(5)将离心除水得到的沉淀物均匀分散在不锈钢盘上,置于真空干燥箱中进行真空干燥,干燥条件为:温度40~80℃,真空度0.08~0.095MPa,干燥至水分含量在10%以下。

(6)将真空干燥后的壳聚糖置于粉碎机中粉碎,即可得到粉末壳聚糖防腐剂。

【产品应用】　本品可添加到腌制品、半干制品、发酵制品、果汁类、果蔬类食品中,防止食品腐败变质,延长保存期。

根据不同食品的需要,壳聚糖防腐剂的添加量为食品量的0.01%~0.5%不等。

【产品特性】　本品所需的加工时间大大缩短,易于实现工业化生产;水解过程利用复合酸,反应条件温和,易控制,水解选择性较高,副反应少,产品安全性高;本品的抗菌性能强,防腐效果好,耐热性强,溶解性好,使用方便;具有良好的生物降解性和生物相容性,食用安全无毒,有利于提高食品质量安全水平。

案例22 天然植物食品添加剂(1)

【原料配比】

原 料	配比(质量份)
杜蘅	120
白芨	30
白芷	50
藿香	100
零陵香	100
冬瓜子	100
独角莲	30
佩兰	30
辛夷	20
荜澄茄	50
甘松	80
川芎	30
丁香	60
玉竹	50
乳香	35
楮实子	35
水	适量

【制备方法】 将上述天然植物干燥体进行质量筛选,剔出霉变、受潮、虫蛀等不合格部分,经分类粉碎,使其粒度小于80目,然后按比例搅拌混合,加入等量的水渗透磨浆,将浆料按0.1%～1%的比例加

入活化活性炭进行脱味脱色处理,然后雾化为成品。

【产品应用】 本品可添加于淀粉基料、饮料、酒类制品、冲剂及糖果中,制造系列香体美容食品。本添加剂的常用量为1%~10%。

【产品特性】 本品完全采用天然植物为原料,以物理方法合成,成本低,工艺简单易行,并且不含任何对人体有毒副作用的物质;使用本品后,可改变人肌体的气息,起到香体、美容、美发、皮肤增白、明目、醒脑、提高免疫力、调节阴阳平衡、轻身、抗衰老、增强体质等作用。

案例23 天然植物食品添加剂(2)

【原料配比】

原　　料	配比(质量份)
雪莲花	3
藏红花	3
冬虫夏草	10
灵芝	5
珍珠粉	20
手参	8
寒水石	6
金兰	10
列当	5
丹参	3
天冬	8
龙胆	5
龙眼肉	12
金盏花	15
西番莲	30
天仙子	15
纯净水	适量

【制备方法】

(1)将手参、寒水石、金兰、列当、丹参、天冬、龙胆、龙眼肉、天仙子九味中草药洗净,用纯净水浸泡2h;用适量水煎煮三次,第一次2h,第二、第三次各1h;合并煎液过滤,滤液浓缩,在80℃时加入3mol/L盐酸溶液适量调节pH值至1~2,保温2h;静置12h,滤过、沉淀后加入6~8倍水,用30%氢氧化钠溶液调节pH值至7,放置温度3℃静置。

(2)将雪莲花、藏红花、冬虫夏草、灵芝、金盏花、西番莲用纯净水洗净,然后浸泡2h;适量加水煎煮二次,第一次60min,第二次30min;合并煎液过滤,滤液浓缩,在60℃时,加入2mol/L盐酸溶液适量,调节pH值至0.5~1,保温60min;静置12h,经过滤、沉淀后加3~4倍水,用20%氢氧化钠溶液调节pH值至7;再加入等量乙醇,并缓缓地加入珍珠粉搅拌使其溶解,回收乙醇。

(3)将上述的两种浓缩液合并,低温萃取到相对密度为1.2~1.3(20℃)静置48h,过滤、灌装、灭菌即可。

【产品应用】 将本品加入到饮用水、食品、饮料、酒类、卷烟、调味品、日化品中,通过人体肺部及胃肠黏膜、口腔黏膜、皮肤吸收,可快速激活并加速人体红细胞的携氧能力,迅速改善人体的缺氧症状,构建人体免疫防线,从而起到调节内分泌、增强免疫力的作用。

【产品特性】 本品性能优异,使用方便,效果显著。

第七章 水处理剂

实例1 纺织印染废水处理剂(1)

【原料配比】

原　　料	配比(质量份)
膨润土	49
凹凸棒石黏土	50.5
聚合氯化铝	0.3
聚丙烯酰胺	0.2

【制备方法】

(1)膨润土和凹凸棒石黏土的活化:

①酸化改性:分别用适量的硫酸对膨润土和凹凸棒石黏土进行酸化处理,即用半湿法,按质量分数配制8%～10%的硫酸溶液,分别喷洒在膨润土和凹凸棒石黏土上,进行搅拌混合均匀,陈化2h。

②对辊挤压:将酸化后的膨润土和凹凸棒石黏土分别进行两次对辊挤压。

③烘干:分别将膨润土和凹凸棒石黏土在回转式干燥炉内进行烘干焙烧,温度控制在250～400℃,焙烧时间为2h。经焙烧后,即得活性膨润土和活性凹凸棒石黏土。

(2)纺织印染废水处理剂的制备:将活性膨润土、活性凹凸棒石黏土、聚合氯化铝和聚丙烯酰胺混合后进行粉磨,颗粒细度控制在0.074～0.105mm,包装即为成品。

【产品应用】 本品适用于处理印染废水、造纸废水和其他工业废水。

【产品特性】 本品具有较大的比表面积、离子交换和吸附性能,用于处理废水时成本低、操作简单、无毒无害、效果显著；印染废水经本品处理后，排水水质优于该类废水的国家排放标准水质，沉淀物可再生循环利用。

实例2　纺织印染废水处理剂（2）

【原料配比】

原　料	配比（质量份）				
	1#	2#	3#	4#	5#
聚合硫酸铁	18	16	16.4	17	17.6
氯化铁	0.4	1	1	1	0.6
聚丙烯酰胺	0.8	1	0.8	0.4	0.4
聚二甲基二烯丙基氯化铵	0.4	0.4	0.4	0.6	0.6
磷胺	0.2	0.6	0.2	0.4	0.4
羧甲基纤维素钠	0.2	0.6	0.6	0.4	0.4

【制备方法】　将各组分加入到混合罐中，混合均匀即可。

【产品应用】　本品适用于纺织工业和制衣工业废水的处理。

本品的处理工艺包括：原水、混凝、曝气、澄清、砂滤、吸附等工艺步骤。

混凝是指向原水中掺入多元复合药剂。

【产品特性】　本品所需各原料配比科学，六种药剂复合后，在污水混凝处理过程中，利用其各自的亲和性，各自发挥主要作用和辅助作用，使污水迅速反应沉淀。有机和无机复合的凝聚剂同时加入，对生化耗氧量（BOD）和化学耗氧量（COD）的除去率也最高。

本多元复合药剂正电性强，利用强水解基团形成的微絮体使胶粒脱稳，使大量色素也形成絮体沉淀下来。另外，本品对水质的 pH 值应用范围广（在 2～13 之间），对各种印染废水的处理效果无明显差异，COD_{Cr}、BOD_5 的去除率均约为 80%。

实例3 废水处理复合净水剂(1)

【原料配比】

原 料	配比（质量份）		
	1#	2#	3#
聚合态碱式氯化铝	14~15	10~12	12~13
聚合态碱式硫酸铁	10~11	14~15	12~13
氯化铁	9~9.5	9.5~10	9~9.5
硅酸钠	1~1.5	1.5~2	1.3~1.8
水	加至100	加至100	加至100

【制备方法】

(1)将硅酸钠溶于水中,再加入硫酸,在酸性状态下生成活性硅酸钠。

(2)在搅拌状态下把聚合态碱式氯化铝加入到活性硅酸钠中,先加铝盐的目的是对生成的活性硅酸钠起到稳定作用,然后再加入聚合态碱式硫酸铁和氯化铁,将混合溶液静置1~2h即得产品。

【产品应用】 本品可广泛用于城市生活废水和工业废水的处理。

【产品特性】 本品原料易得,配比科学,工艺简单;在聚合态碱式氯化铝中引入铁盐,利用聚合态碱式硫酸铁水解产生的多种高价和多核离子,对被处理水中的悬浮胶体颗粒进行电性中和,降低电位,促使离子相互凝聚,产生吸附、架桥交联作用,增强混凝的协同效应,减少铝的残留量,对设备基本无腐蚀;铝盐可保证硅酸钠的稳定性和活性,具有很好的卷扫和网捕作用,能有效去除废水中的各种重金属,降低 COD 并脱硫。

另外,本品药剂用量低,适应水质条件较宽。

实例4 废水处理复合净水剂(2)

【原料配比】

原 料	配比（质量份）		
	1#	2#	3#
氯化铝	90	—	—
硫酸铝	—	70	—
聚合铝	—	10	60
高岭土	5	—	—
沸石	5	—	10
膨润土	—	10	10
明矾石	—	10	—
石英粉	—	—	10
硅藻土	—	—	10

【制备方法】 将各组分混合均匀即可。

【产品应用】 本品可用于畜牧场、食品厂、肉类加工厂、油田、造纸厂、电镀厂、洗煤厂、印染厂、漂染车间及日常生活等产生废水的净化处理。

【产品特性】 本品主要具有以下特点：

(1)本品选用的可溶性单体具有引发连锁脱稳反应的作用,通过控制不溶性单体颗粒的半径可以改善生成絮体的密度和强度,如增大不溶性单体的接触面积,就可以增强其吸附架桥的能力,这些因素都大大提高了产品净化水质的效率。

(2)复合净水剂在通过化学反应来破坏废水中污染物的稳定性的同时,其吸附架桥的能力及改善生成絮体粒径、密度和强度的能力得以加强,比单一型净水剂具有更多的功效。

(3)本品应用范围广,对多种废水都可以达到较好的混凝效果;能快速形成矾体,沉淀性能好,脱色效果好;适宜的 pH 值且适用温度范围较宽;单位使用量较小,且原料易得,价格便宜。

(4)本品的单位用量比单一型硫酸铝小15%以上,而且对惰性污染物的去除效果尤为显著,有利于减轻环境污染,保护水资源,社会效益显著。

实例5 废水处理复合净水剂(3)

复合多元聚铝净水剂

【原料配比】

原　　料	配比(质量份)
水	50
硅酸盐(90%)	36.7
硫酸(97%)	10
六水三氯化铝	1
硫酸铝	0.6
二氧化硅	1.7

【制备方法】 在常温生产容器中注入水,然后搅拌加入粉状硅酸盐,再缓慢加入硫酸活化,反应2h后分别加入六水三氯化铝、硫酸铝、二氧化硅,冷却至50℃装入塑料桶,即得产品。

【产品应用】 本品可广泛用于化工、医药、冶金、选矿、造纸等工业废水的处理,特别适用于高浓度、高色度的废水。

使用时,每1000L废水(色度为100倍,COD为1000mg/L,pH=7)中加入石灰(CaO)2.5kg,搅拌溶解后加入本净水剂50L,反应0.5h,沉淀2h分离清液(清液色度10倍,COD为100mg/L,pH=7),如沉淀物循环使用,则本剂的再投加量可减少到30kg,处理效果等同。

【产品特性】 本品原料配比科学,活性硅酸具有价格低、处理后水中的残留量较其他净水剂小的优点;铝盐中的铝离子在水中水解缩聚形成高聚物,可将水中带负电荷的微粒子相互粘接而沉淀,而且在低温情况下也能达到如此效果,由此产生的协同作用,可使本净水剂的脱色效果优于其他净水剂。因此使用本品处理废水的效果好,处理费用低,受水温影响小,在南方地区,冬天水温为-3℃时处理效果也很好。

复合净水剂

【原料配比】

原　　　料	配比(质量份)
水	990
废渣(生产硫酸后的)	1000
硫酸	810
絮凝剂(聚丙烯酰胺)	0.01
过氧化氢(H_2O_2)	25～30

【制备方法】

(1)先将水加入反应釜内,再将废渣倒入,然后加入硫酸,密闭自然反应2h;在反应物内加入上述同等量的水进行稀释,将稀释后的反应物排入沉降槽,然后加入少量絮凝剂自然沉降,沉淀2～4h,进行固液分离,将清液的pH值控制在2左右。

(2)将所得清液打入聚合容器中,根据Fe^{2+}的含量加入过氧化氢,过氧化氢由容器底部喷洒进入清液,与清液快速氧化聚合,使Fe^{2+}的含量≤0.2%,即得聚合硫酸铝铁成品液(红褐色黏稠透明液体)。

对提取成品液后的物料进行水洗,二次洗水可加入反应釜内与硫酸反应,一次洗水可用于稀释反应物,废渣排放渣场。

(3)上述聚合硫酸铝铁成品液经蒸发脱水后,将浓度控制在58～60°Bé,出料后自然结晶,然后破碎成粒状或粉状,即得固体聚合硫酸铝铁(红褐色固体)。

【注意事项】 本品采用硫酸厂生产硫酸后的废渣为原料,废渣中Fe_2O_3的含量为40%～70%,Al_2O_3的含量为15%～20%,按化学计量,浸出率为60%～80%,配酸浓度为45%～50%,硫酸浓度为

92.5%～98%。

【产品应用】　本品可用于处理生活用水、工业废水、城市污水,对各种污水中的 COD、BOD、悬浮液、色度、微生物等都有良好的去除效果。

【产品特性】　本品以废渣为原料,生产成本低,工艺简单,便于操作,节能省电,不产生二次污染,生产效率高;将铝、铁复合,具有絮凝体形成速度快,絮团密度大,沉降速度快等特点,处理污水的效果优于单质产品,能达到以废治废的目的。

实例6　复合水处理剂(1)

【原料配比】

原　料	配比(质量份)		
	1#	2#	3#
聚合氯化铝	30	40	—
聚合硫酸铝	—	—	20
硅藻土	40	40	50
沸石	20	10	20
漂白精粉	5	7	6
铁屑	5	3	4

【制备方法】　将上述各组分在常温下进行混合即可。

【产品应用】　本品广泛适用于生活污水处理、医院污水处理、造纸污水处理、印染废水处理、屠宰废水处理等水处理工程。

【产品特性】　本品以天然物质和化学物质复合而成,利用聚合铝盐在污水中良好的絮凝作用,进一步提高硅藻土、沸石及其吸附物的快速凝聚沉积,靠吸附、凝聚原理及离子交换功能去除水中的污染物,水处理效果好。本品处理负荷大,单位用量少,适用范围广泛,可降低水处理的运行成本。

实例7　复合水处理剂(2)

【原料配比】

原　　料	配比(质量份)
钠基膨润土	75
硫酸铁	10
硫酸铝	10
硫酸镁	5

【制备方法】　将钠基膨润土破碎,然后与其他原料混合,进行熔烧活化处理,最后经破碎过60目筛得到产品。

【产品应用】　本品可用于处理多种工业废水,如造纸废水、印染废水、电镀废水和城市中水等。

【产品特性】　本品原料易得,配比及生产工艺科学合理,在保证充分活化的同时,提高了在活化过程中产生的铝、镁等具有絮凝效应的金属离子的浓度,使之得以在水处理过程中发挥协同作用,从而增强水处理剂的去污能力,同时解决了制备工艺过程中产生的二次污染。本品用膨润土作为吸附剂,其原料丰富,价格低廉,再生方便,因而污水处理的成本较低,具有广阔的应用前景。

实例8　改性红辉沸石净水剂

【原料配比】

原　　料	配比(质量份)		
	1#	2#	3#
红辉沸石	2	2	2
氯化镁	1	3	—
氧化镁	—	—	2
氯化铝	1	2	—
硫酸铝	—	—	1

【制备方法】

(1)将红辉沸石粉碎至 20～60 目,并与含镁的化合物和含铝的化合物混合均匀。

(2)加入碱溶液,将混合物的 pH 值调节到 6～8,并使混合物呈胶体状态,其中所述的碱溶液可以是氢氧化钠或氢氧化钾溶液。

(3)将所得混合物进行干燥、晶化,即得改性红辉沸石净水剂。所述干燥温度一般为 80～100℃,最好为 90℃;在晶化时,温度一般控制在 240～300℃,最好为 300℃,晶化时间一般为 1～3h,最好为 1.5h。

【产品应用】 本品可用于处理生活污水中的 COD,去除率大于 75%;也可用于处理污水中的有毒物质 Cr^{6+},其去除率大于 95%。

【产品特性】 本品所用原料红辉沸石的储量大,价格便宜,对其进行改性处理的生产工艺比较简单,不需任何复杂、大型的设备,因此生产成本低廉,完全可以进行工业化批量生产。

实例9 高效水处理剂

【原料配比】

原　　料	配比(质量份)		
	1#	2#	3#
废铁屑	1000	1000	1000
粉末活性炭	250	—	—
粒状活性炭	—	400	—
柱状活性炭	—	—	300
钠基膨润土	300	400	200
锯末粉	50	150	200
水	300	250	200

注 各实例所用废铁屑直径如下:1# 为 3～10mm;2# 为 2～8mm;3# 为 3～8mm。

【制备方法】

(1)将废铁屑与活性炭、膨润土、锯末粉充分混合后,加水调匀。

（2）将混合物放在温度为100～150℃的恒温箱中保温2～3h。

（3）将保温处理后的混合物移到马弗炉中，逐渐升温至400～500℃，保温焙烧2～10h。

（4）取出经焙烧处理的混合物，冷却、研磨、筛分，留取40～60目颗粒即为产品。

【产品应用】 本品广泛应用于石油化工、印染、造纸、重金属、制药等行业的废水处理。

【产品特性】 本品充分利用了膨润土的离子交换性、吸附脱色性、粘接性以及锯末粉烧结物的多孔性，使得制备的处理剂在处理废水时，对COD、重金属和色度的去除率比普通Fe/C微电解水处理剂高15%～35%；本品成本低廉，制备工艺简单，充分利用了机械厂的废铁屑，达到"以废治废"的目的，有利于环境保护和降低成本；本污水处理剂经高温活化后，可以重复使用，从而进一步降低了使用成本。

实例10 高效污水处理剂

【原料配比】

原　　料		配比（质量份）				
		1#	2#	3#	4#	5#
十水碳酸钠		10	—	—	—	—
无水碳酸钠		—	10	15	10	10
十水磷酸三钠		50	—	—	—	—
无水磷酸三钠		—	50	55	50	50
液体硅酸钠		40	—	—	—	—
固体硅酸钠		—	30	35	30	30
表面活性剂	烷基苯磺酸钠	20	—	—	—	—
	十二烷基苯磺酸钙	—	20	25	15	20
自来水		20	20	25	20	30

【制备方法】 将水与硅酸钠加入到带夹套的反应釜内，控制温

度在75~80℃之间搅拌1~1.5h,使硅酸钠全部溶解成胶状;降温至30℃,边搅拌边加入碳酸钠和磷酸三钠,在温度自然上升的情况下控温在75~80℃下继续搅拌0.5h,降温至20~25℃时加入表面活性剂,再继续搅拌0.5h后边搅拌边出料,冷却干燥,粉碎后即得成品。

【产品应用】　本品可用于处理各种工业、生活污水,3min内细小的污物几乎都可以凝聚沉淀,从而使污水清晰透明,达到我国污水综合排放标准。

【产品特性】　本品原料易得,配比科学,工艺简单;产品无毒、无味、性能稳定,使用方便,处理效果好,处理成本较低。

实例11　工业污水处理剂(1)

【原料配比】

原　　料	配比(质量份)
钠基膨润土	290
铁粉	140
铝灰渣	100
高岭土	110
光卤石	110
废盐酸	250

【制备方法】　将钠基膨润土、铁粉、铝灰渣、高岭土、光卤石放入1.5吨的反应釜中,并通过搅拌机搅拌混合,然后通过高位槽将废盐酸徐徐加入,并通过搅拌机不断搅拌,待其反应完毕并搅拌均匀后,装入贮存罐中即得产品。

【产品应用】　本品适用于各种不同的工业污水的处理。

【产品特性】　本品投资少,成本低,简单易行,具有较强的污水处理能力;其用量少,使用时产生的残渣较少,无二次污染;如果污水浓度较高(化学耗氧量大于2000mg/L)时,可与氧化剂(4‰~5‰)配合使用,则效果更佳,经其处理的工业污水均能达到我国污水综合排放标准。

实例12 工业污水处理剂(2)

【原料配比】

原 料	配比(质量份)						
	1#	2#	3#	4#	5#	6#	7#
聚丙烯酰胺	25	15	20	—	—	28	30
聚丙烯酸酯	—	—	—	25	30	—	—
工业食盐	15	20	20	22	28	25	35
甲胺催化剂	15	15	18	20	25	20	30
硫酸镁	—	35	—	—	—	30	—
硫酸钾	—	25	—	—	—	30	—
四硼酸钠	—	—	20	—	—	—	18
硼酸	—	—	—	—	—	—	30
卤砂	—	—	—	—	15	—	—
水	70	65	55	70	75	80	85

【制备方法】 将各组分按比例配料,反应在反应罐中进行,反应温度控制在 40~70℃,经聚合反应后即得产品。

在制备时,可根据需要加入一些其他添加剂,如消毒剂、脱色剂、除臭剂、防腐剂、增香剂等,以改善产品的使用性能。

【产品应用】 本品主要用作造纸废水的处理,也可以用于皮革、印染、化工、医药、冶炼、电镀、石油等工业污水的处理,还可用于生活污水的处理。

本品在应用时,与净水剂配合使用效果更好,而且普通的净水剂都可应用,如聚合氯化铝、聚合氯化铁、硫酸铝、硫酸亚铁、三氯化铁、碳酸钡等,可根据具体情况选择使用其中的一种或几种。

本品在使用前最好稀释 15~25 倍,然后将污水黄液排入定量池中,以污水量为基准,加入0.1%~1%的净水剂,充分搅拌后,再加入0.2%~1.5%的污水处理剂,充分搅拌;约 1~2min 后,污水中所有有害物质便基本上絮凝沉淀或上浮,上层的清水可进行排放,甚至可以用作循环水再次使用,没有二次污染。

【产品特性】　本品原料易得,工艺简单,应用方法科学合理,使用效果显著,且节约用水,有利于环境保护。

实例13　硫酸型复合净水剂

【原料配比】

原　　料	配比(质量份)
硫酸铝	25
硫酸镁	65
硫酸锌	10

【制备方法】　将上述三种原料分别粉碎至直径小于1mm的颗粒状,然后用机械设备混合均匀后,即为成品。

【产品应用】　本品用于废水的净化处理。

使用时,首先将本品用水稀释至在水中含量为2%~5%的水剂,然后将稀释过的水剂净化剂按每吨废水添加0.2%~0.8%的量加入后,搅拌至充分反应,再加入聚丙烯酰胺,搅拌至充分反应后,放入沉降池中沉降30~60min,沉降物废弃处理,清水则可重复使用。

【产品特性】　本品配方科学合理,生产工艺简单,使用效果可靠,克服了现有净化剂覆盖面窄、适用范围小、功能单一等不足。

实例14　纳米超高效净水剂

【原料配比】

原　　料	配比(质量份)			
	1#	2#	3#	4#
硅基氧化物	1	10	1	10
聚合硫酸铁	80	10	—	—

原　　料	配比(质量份)			
	1#	2#	3#	4#
聚氯化铝	—	—	60	10
三氯化铁	14	70	34	60
硫酸亚铁	5	10	—	—
硫酸铝	—	—	5	20

【**制备方法**】　以 1# 配方为例,制备方法如下:

(1)将聚合硫酸铁、三氯化铁、硫酸亚铁分别经粉碎机粉碎至过 100 目筛,然后将三者混合(如投入双螺旋搅拌器中混合 1h),得到混合物。

(2)将混合物粉碎至过 325 目筛(可使用气流粉碎机进行),则成为超微粉混合物。

(3)将纳米级氧化物(如由二氧化硅制得的硅基氧化物)和上述超微粉混合物一次性投入双螺旋搅拌器中混合 2~3h,即得本净水剂。

【**产品应用**】　本品用于废水处理。

本品为可溶于水的粉剂,实际使用时,将其溶于水中成为溶液,将该溶液按常规滴加方式加至被处理水中即可。

【**产品特性**】　本品采用了纳米级氧化物粉体,由于纳米级氧化物粉体的比表面积大,基表面能量高,使药剂改性,极大地提高了药剂的活性,使其在水处理中的反应速度加快,反应非常充分,从而使药剂利用率高、相对用药量大大降低;其他组分的配合使用,使本品处理综合废水(如城市废水)的性能显著增强;通过适当调整各组分的比例,还可以使本品处理含有不同污染物的废水。

本品生产设备投资少,可节省 50% 的常规投资,流程短,占地面积也可减少 50%;本品的单位投放量小,最大用量为 1 吨废水用药 0.15kg,可节省运行费用 40%;废水水质变化较大时,净化效果好而稳定,排放指标始终符合规定标准;适应范围广,尤其在 pH 值变化大的情况下也能应用。

实例15　强效脱色去污净水剂

【原料配比】

原　　料	配比（质量份）			
	1#	2#	3#	4#
三聚氰胺	250	250	250	250
硫酸铝	10	10	10	10
氯化铵	200	200	200	200
甲醛	200	200	200	200
尿素	100	100	100	100
可溶性淀粉水溶液	100	100	100	100
阳离子聚丙烯酰胺水溶液	50	10	50	—

注　可溶性淀粉水溶液的质量分数如下：1#为30%，2#为20%，3#为60%，4#为60%；阳离子聚丙烯酰胺水溶液的质量分数如下：1#为4%，2#为1%，3#为6%。

【制备方法】

（1）在装有搅拌机及恒温控制的反应釜里先加入三聚氰胺、硫酸铝、1/2配比量的氯化铵、1/2配比量的甲醛，搅拌溶解后，控制反应温度为70℃±1℃，恒温反应1h，进行第一次聚合反应。

（2）向第一次聚合反应物中加入尿素、另1/2配比量的氯化铵和1/2配比量的甲醛，控制反应温度为90℃±5℃反应3h，进行第二次聚合反应。

（3）向第二次聚合反应物中加入可溶性淀粉水溶液和阳离子聚丙烯酰胺水溶液，恒温70℃±5℃反应30min，进行第三次聚合反应，冷却至室温即可制得产品。

【产品应用】　本品可用于对印染废水进行脱色处理。

本品应与无机絮凝剂聚合铝（PAC）和助凝剂聚丙烯酰胺（PAM）复配使用。使用时，在室温下对废水进行搅拌，然后加入本品，再加入

PAC,搅拌,再加入助凝剂 PAM,搅拌 1~5min,静置分层后,将染料废水澄清后排放,即可使废水得到有效处理。

【产品特性】 本品具有以下优点:

(1)本品以三聚氰胺和甲醛等为主要原料,以硫酸铝和氯化铵为催化剂并引入添加剂进行三步聚合而合成的阳离子型多元共聚强效脱色去污净水剂,其原料易得,价格低廉,制备工艺简单。

(2)本品对印染废水处理效果好,具有絮凝沉降速度快、污泥量少、操作简便、处理成本低等优点。

实例16 水处理剂(1)

【原料配比】

原　　料	配比(质量份)					
	1#	2#	3#	4#	5#	6#
十六烷基三甲基溴化铵	3	6	6	6	3	6
氢氧化钠	0.5	1	1	1	0.5	1
硫酸锰	0.25	1	0.25	—	—	—
氯化钙	—	0.25	—	0.25	—	—
硝酸铁	—	—	—	—	0.3	0.3
正硅酸乙酯	—	—	1	1	—	1
去离子水	33	40	40	40	33	40

【制备方法】

(1)将十六烷基三甲基溴化铵和氢氧化钠溶解在去离子水中。

(2)向溶液中按料液质量比为1:(100~500)加入含有锰、钙、铁、硅中的一种或几种盐,在反应釜中于70~110℃下晶化3~7d,过滤后在温度不低于70℃下烘干2~12h。

(3)将所得干燥物于500~600℃空气气氛中煅烧6~10h即得本水处理剂。本水处理剂的比表面积在500~1000m²/g之间,孔容在

228

$0.4 \sim 0.8 cm^3/g$ 之间,平均孔径在 $2.2 \sim 3.3nm$ 之间。

【产品应用】 本品为多功能污水处理剂,尤其用于高浓度难处理污水的处理效果更为明显。

本品除了应用于一般的污水处理外,还可在紫外光的照射下作为光催化剂使用,通过光催化氧化高浓度废水,处理效果很明显,即对有机物先通过絮凝和化学吸附的方式吸附在水处理剂表面,然后再在紫外光的照射下彻底分解成 CO_2 和 H_2O,污水经处理后可达到我国污水综合排放一级标准。

【产品特性】 本品原料易得,配比科学,生产所需设备简单,占地面积小,处理过程中不需高温高压,反应产物主要是水和二氧化碳,对环境造成的二次污染极小;本品集强力杀菌、絮凝、氧化和脱色于一身,可以有效地杀死污水中的细菌,而不需要考虑污水中的离子情况,且处理效果好,应用范围广,经济效益和社会效益显著。

实例17 水处理剂(2)

【原料配比】

原　料		配比(质量份)					
		1#	2#	3#	4#	5#	6#
氯酸类及其盐类	氯酸钠	—	—	—	—	5	—
	高氯酸	—	—	—	1	—	—
	亚氯酸钠	2	2	—	—	—	0.1
	次氯酸钙	—	3	—	—	—	—
	次氯酸钠	—	—	2	—	—	—
水溶性铝盐	硫酸铝	98	5	—	—	95	99.9
	硫酸铝钾	—	—	—	95	—	—
	硫酸铝铵	—	—	98	—	—	—
	结晶氯化铝	—	—	—	4	—	—
	聚合氯化铝	—	90	—	—	—	—

【制备方法】 将配方中的各组分加入混合罐中,搅拌混合均匀即可。

【产品应用】 本品适用于处理造纸废水、印染废水、油田废水(回注水)、食品废水、皮革废水等。

本品的应用条件及操作过程为:将90%(质量分数)的水和10%(质量分数)的水处理剂放入搅拌罐,加入本水处理剂进行搅拌溶解,形成水处理剂水溶液,然后,按99%~99.95%(质量分数)废水加入0.05%~1%(质量分数)上述水处理剂水溶液,对废水进行处理。处理后的废水在进入沉淀池前,还可以加入聚丙烯酰胺以加速沉淀。

【产品特性】 本品含有氯酸类及其盐类和水溶性铝盐类,在处理废水过程中,不仅可以除去水中的悬浮物和胶体粒子,降低 COD、BOD 值,而且还可以脱色、除臭以及可以使处理后的废水或沉淀物回用。

将本品用于处理造纸厂废水中时,可以有效地回收废水中的废纸浆,使废水既可以达标排放,又可以当做回用水,从而使造纸厂基本上达到零排放。每处理 1 吨废水投入的水处理剂的成本仅占回用废纸浆收益的 20% 左右,不仅有利于环境保护,还明显地降低了造纸厂的生产成本。

实例18 退浆废水处理剂

【原料配比】

原 料	配比(质量份)		
	1#	2#	3#
聚合氯化铝	20	30	39
二氧化硅	20	25	16
硅酸钠	30	20	25
三氧化二铝	5	8	10

原　　料	配比（质量份）		
	1#	2#	3#
七水硫酸镁	1	1.5	1.9
硼酸	1	0.5	0.8
十八烷基三甲基溴化铵	0.1	0.3	0.2
脱乙酸几丁质	0.2	0.1	0.3

【制备方法】

（1）将聚合氯化铝、硅酸钠、脱乙酸几丁质放入反应器内，在15～25℃的温度下搅拌15min，使其溶解。

（2）加入十八烷基三甲基溴化铵，并升温至30～70℃，继续搅拌30min，当物料泡沫增多且呈黏稠状时，再加入硼酸、七水硫酸镁，继续搅拌60min后，停止搅拌并静止120～720min。

（3）加入二氧化硅、三氧化二铝，并升温至40℃，继续搅拌60min。

（4）将混合好的物料依次用离心机进行脱水、60℃的烘箱干燥处理、粉碎机进行粉碎研磨、120～180目的筛子进行过筛，即可制得成品。

【产品应用】　本品可去除废水中的聚乙烯醇（PVA），适用于对织物坯布退浆废水的处理。

【产品特性】　本品原料配比科学，含有聚合氯化铝、三氧化二铝、七水硫酸镁和十八烷基三甲基溴化铵等带正电的多核配位物，对废水中的胶体颗粒会产生电中和、脱稳作用；又由于二氧化硅和硅酸钠等硅系化合物内部的单斜晶格和内部电荷不平衡所形成的微孔，对废水中的有机物具有很强的吸附作用；而硼系化合物硼酸和脱乙酸几丁质则是PVA的优良螯合剂和凝胶剂。因此，在上述物质的共同作用下，经螯合、电中和、脱稳、吸附架桥、黏附卷扫，会对废水中的PVA产生良好的絮凝、沉淀作用，PVA的去除效果好，去除效果达75%以上，降低了退浆废水中PVA的含量，减少了对环境的污染。

实例19 污水处理剂(1)

【原料配比】

原料	配比(质量份)				
	1#	2#	3#	4#	5#
硅藻精土	2400	2000	2000	2400	2800
沸石(A型)	1120	1400	1400	1600	1200
膨润精土	480	600	600	—	—
CTAB(十六烷基三甲基溴化铵)	6	6	—	—	—
TMAB(四甲基溴化铵)	4	4	—	—	—
SDS(十二烷基硫酸钠)	—	—	40	40	—
PAC(聚合氯化铝)	—	—	160	160	—
PFC(聚合铁)	—	—	—	—	80
PAM(聚丙烯酸胺)	—	—	—	—	2
无水乙醇	20(体积)	20(体积)	80(体积)	80(体积)	—

【制备方法】

(1)将硅藻精土、沸石(A型)、膨润精土置于高速捏合机中,搅拌10~15min,其间加热至90~120℃。

(2)将余下的原料加到高速捏合机中,继续加热搅拌15~20min。其中CTAB、TMAB采用乙醇稀释;SDS用乙醇配制成质量分数为40%~45%的溶液(PAC、PFC、PAM采用干粉直接加入),经高速捏合和加热搅拌即得成品。

【产品应用】 本品可用于含有重金属离子和苯酚、胺等有机污染物污水的处理。

1#~3#产品可用于对含有苯酚、胺等为主的污水进行吸附处理;4#

产品可用于对含有重金属离子 Pb^{2+}、Cd^{2+}、Zn^{2+}、Cr^{3+} 等的污水进行吸附处理;5#产品可用于对污水沟的生活污水进行处理。

【产品特性】 本品是由天然微孔材料进行加工制成的,材料价格低廉,污水处理运营成本低;天然微孔材料对水质具有良好的渗透性,污泥可压滤成饼,避免污泥的二次污染;不同孔径天然微孔材料的组合,对细菌、真菌、原生物等污染物的富聚作用,使污水处理剂在起过滤、絮凝作用的同时,可作为消化细菌等微生物的载体。本品对难降解、难生化、含抗生素的污水治理效果显著。

实例20 污水处理剂(2)

【原料配比】

原　　料	配比(质量份)		
	1#	2#	3#
白矾	1	1.5	2
高锰酸钠	3	2.5	2
漂白粉	3	3.5	3
水	16	18	适量

【制备方法】 取白矾、高锰酸钠、漂白粉和水加入容器内溶解,水温 65~100℃,溶解时间为 20~40min,即得。

【产品应用】 本品适用于造纸污水、印染污水、制革污水、生活污水的处理。

使用时,将本品按一定比例倒入污水中搅拌,然后自然沉淀即可。

【产品特性】 本品原料易得,工艺简单,使用方便,处理污水不仅速度快,而且处理比较彻底,既可达到排放标准,又可循环利用,节约水资源。

实例21 污水处理剂(3)

【原料配比】

原　料	配比(质量份)
辉石安山玢岩	5
氯化钠①	1
氯化钠②	1
氯化钠③	1
水	适量

【制备方法】

(1)将辉石安山玢岩研成直径为2～9mm的细末,与氯化钠①混合后,加水没过后,至少浸泡24h。

(2)向混合物内加入氯化钠②,加水没过至少浸泡24h,再加入氯化钠③,加水浸泡至少24h。

(3)滤出混合物中的固体物质,干燥至含水量为5%～10%,即得产品。

【产品应用】 本品适用于城市污水及各种印染工业污水的处理,如毛纺厂、丝织厂、织布厂、人造纤维厂、腈纶染织厂、色织厂的污水及重离子污水的处理。

使用本品处理污水的步骤如下:

(1)将1吨污水处理剂加入到2000～3000m³污水中,搅拌至少30min,向污水内加入絮凝剂。所用絮凝剂可以是无机絮凝剂也可以是有机絮凝剂,用量按1000kg污水处理剂加入4～6kg絮凝剂的比例计算。

(2)排出清水,去除污水储水池内的沉降物。

【产品特性】 本品仅由辉石安山玢岩和氯化钠两种成分混合浸泡再晾干而成,无须特殊设备,成本低,工艺简单;制得的产品价格低廉,除污效率高,效果稳定,而且能耗低,占地面积小,运行费用低;在处理污水结束时产生的废料,可直接送水泥厂制作水泥,避免了二次污染。

实例22　污水处理剂(4)

【原料配比】

原　料	配比(质量份)						
	1#	2#	3#	4#	5#	6#	7#
组分一	100	100	100	100	100	100	100
硫酸	20	30	40	20	30	40	20
硫酸亚铁	100	100	100	100	100	100	100
硫酸镁	5	8	10	5	8	10	5
稀土	—	—	—	22.5	23.8	25	33.7

其中组分一配比:

原　料	配比(质量份)						
	1#	2#	3#	4#	5#	6#	7#
沸石粉	50	60	70	50	60	70	50
膨润土	50	40	30	50	40	30	50

【制备方法】

(1)称取各原料,将沸石粉放入高温炉中在 700~800℃高温下焙烧 30~35min,冷却至 160~200℃。

(2)将焙烧好的物料与膨润土、硫酸、硫酸亚铁、硫酸镁放入反应罐中混合,搅拌 120~150min,经粉碎,即得到该粉末状固体污水处理剂。

【产品应用】　本品可广泛用于各种污水的处理。

在处理污水时,应用本污水处理剂需要建立专门的污水处理装置(工程)和工作流程,通过污水处理剂与污水的相互作用,达到清除污染物的目的。污水处理的工程设计根据现场的实际情况而定,或者可用移动式的专门设施。若采用絮凝沉淀法,使用本药剂的一般工作流

程,按顺序分成 6 个部分:

(1)投污水处理剂:本品通常用清水稀释 10～20 倍,将稀释后的溶液装入安有流量计和搅拌器的药罐内。流量计用于指示污水处理剂的流量,搅拌器则要使污水处理剂始终处于均匀悬浮状态。污水处理剂的流量应与处理污水所需要量相一致。由于污水性质和处理难度不同,所用的用量也不同。在此要说明的是,本品的最佳絮凝沉淀介质条件,是 pH=8 左右,若处理的污水为中性水(pH=7 左右),加入污水处理剂后酸度会提高,这就得加进少量助剂(石灰或烧碱)来调整 pH 值,使其返回到 8 左右。此时,可以先加污水处理剂后加助剂,也可以先加助剂再加污水处理剂。

(2)混合:是指污水与污水处理剂的混合。要求混合时间不少于15min,最好是能用曝气处理法促进混合,使污水处理剂有足够的时间、充分的条件与污染物接触而进行吸附、离子交换及其他物化作用,以求达到最大的吸附交接量。

(3)缓冲:目的是降低充满矾花的污水流速,使其得以缓慢、平静地进入沉淀空间。

(4)沉淀:沉淀的重要条件是水体要稳定。粗粒级沉淀时间约2～3min,微细料级则需要 40～50min。可以考虑在沉淀的空间设计某种促沉淀澄清的装置,以求获得更为良好的沉淀效果。

(5)过滤:采用一层河沙二层矿砂过滤。

(6)排放:经过滤的清水,可以达标排放或回返使用。

【产品特性】

(1)原料易得,配比科学,成本较低。

(2)污水处理效果好,尤其对含有重金属(Hg、Cd、Pb、Cr、Ni、Be等)和/或含有耗氧有机物(COD、BOD)和/或含有植物营养素(如 P、K等)和/或含有放射性物质(187Cr、90Sr、60Co、45Ca 等)和/或含有各种微细固体悬浮物和/或水体色度较高和/或水体有异味的污水有较好的处理效果,同时能够调整污水的酸碱度,使其接近天然水的 pH值,清除或减少水中 Ca、Mg 元素,软化硬水。

（3）本产品为粉末状，包装、运输及使用方便。

（4）制备方便，成本较低。

实例23　污水处理剂（5）

【原料配比】

原　　料	配比（质量份）
硫酸铝	40
硫酸铁	10
硫酸镁	40
硫酸锰	6
立德粉	4
水	适量

【制备方法】　采用一般方法将各原料均匀混合即得成品。

【产品应用】　本品可用于煤泥水、含油污水、印染废水、造纸废水和城市生活污水的处理。

【产品特性】　本品使用范围广，沉淀效果好，在污水中加入本品后，悬浮物立刻絮凝，快速沉淀，效率高，出水水质好，处理成本低；处理后溶液的 pH 值近似中性，不含 Cl⁻ 离子，不腐蚀水体系中的钢结构，无毒性，对人体健康无影响；处理后对水无二次污染。

实例24　污水处理杀生剂

【原料配比】

原　　料	配比（质量份）
异噻唑啉酮	40
氯化十二烷基二甲基苄基铵	35
柠檬酸	25

【制备方法】　先将异噻唑啉酮和氯化十二烷基二甲基苄基铵充分混合均匀，然后再加入柠檬酸，充分混合即可。

【产品应用】　本品适用于饮水机内胆、冷却循环系统、贮罐、水源地过滤系统等的污水防治和处理。

使用时，可根据各种水质污染状况的不同，以不同的浓度进行投加。

【产品特性】　本品具有广谱的杀生效果，杀灭微生物异常迅速，且杀灭彻底，可使水质干净清澈；本品性能温和，不含氯等对人体有害的成分，降解产物也无毒性，在进行污水处理时及处理后，对环境无任何不良影响，安全环保。

实例25　印钞废水处理剂

【原料配比】

原　　料		配比（质量份）		
		1#	2#	3#
铁系混凝剂	聚合硫酸铁	10	—	—
	硫酸亚铁	—	10~60	—
	聚合硫酸铝铁	—	—	10~60
分散剂	聚丙烯酸	20	—	—
	聚丙烯酸酯	—	30	—
	聚马来酸	—	—	5
表面活性剂	聚氧乙烯甘油醚	1	—	—
	聚氧丙烯氧化乙烯甘油醚	—	5	—
	聚氧乙烯聚氧丙烯季戊四醇醚	—	—	10
消泡剂（有机硅）		1	1	1
助溶剂（聚二乙烯丙基二甲基氯化胺）		1	1	1
水		加至100	加至100	加至100

【制备方法】 将各组分溶于水中,混合均匀即可。

【产品应用】 本品尤其适用于印钞凹印废水(印钞过程中擦版液清洗色模辊所形成的含油墨废水)的处理。

使用方法

方法一:在300r/min的条件下投加占废水量3.5%的本处理剂,搅拌时间为5min;在150r/min的条件下投加占废水量5‰的聚丙烯酰胺溶液(浓度1‰),搅拌时间为3min;通过污泥泵将处理后的废液打入板框式压滤机进行压滤处理,压滤处理时间为10min。

方法二:在300r/min的条件下投加占废水量12%的本处理剂,搅拌时间为5min;在150r/min的条件下投加占废水量1%的聚丙烯酰胺溶液(浓度1‰),搅拌时间为3min;通过污泥泵将处理后的废水打入板框式压滤机进行压滤处理,压滤处理时间为7min。

【产品特性】 本品对生产中产生的机台含油墨废水与超滤后得到的浓缩含油墨废水均具有良好的混凝处理效果,同时混凝处理后的泥水分离能够通过压滤机得到实现。表现在以下几个方面:

(1)在使用过程中无须进行加酸调节,避免了酸对设备的腐蚀和对操作人员的伤害,达到了安全生产的目的。

(2)在处理过程中反应平稳,没有明显的放热效应,无须进行特殊的过程控制。

(3)混凝沉降效果好,处理时间短,处理后所得到的混合物无明显的黏性,可以选用脱水机进行相应的泥水分离。配合使用相应的有机助凝剂,可进一步提高滤饼的脱水率。

(4)本品的水相稳定性好,与废水的相容性也好,能较快地进行废水处理反应,有效提高处理效率。

(5)废水经本药剂处理后,得到的上清液悬浮物含量低,可以在处理工艺中去除气浮等辅助手段,降低处理成本。

实例26 有机污水处理复合药剂

【原料配比】

原　　料	配比(质量份)							
	1#	2#	3#	4#	5#	6#	7#	8#
聚合氯化铝	98	94	96	94	94	94	94	94
三氯化铁	2	6	4	6	6	6	6	6
二氯化铜	—	—	—	2%	2%	—	2%	2%
三氯异氰尿酸	—	—	—	—	2%	—	—	2%
聚丙烯酰胺	—	—	—	—	—	1%	1%	1%

【制备方法】　将各组分混合均匀即可。

【产品应用】　本品可广泛应用于食品、纺织、造纸、皮革、医药等工业污水的处理。

【产品特性】　本品原料配比科学,工艺过程容易控制,产品性能优良,使用效果好。本品能适应多变的污水,且处理工艺流程简单,不但对生物需氧量和化学需氧量的去除率高,同时可杀死菌、藻等有害物质,使上述物质形成絮体快速沉淀分离。加有聚合氯化铝的药剂对水质 pH 值的适应范围在 2 ~ 13 之间,除 pH 值的适应度外,对各种有机污水的处理效果均无明显的差异,对较高 COD 和 BOD 的去除率在60% 以上。

实例27 造纸污水处理剂

【原料配比】

原　　料			配比(质量份)
A 组 分	a 料	聚丙烯酰胺	1
		水	99

原　　料		配比(质量份)
A组分	壳聚糖	4
	冰醋酸	54
	水	42
	a料：b料：氢氧化钠	85：10：5
B组分	氯化钠	2
	水	86
	氯化钾	2
	硫酸铝钾	10
	工业品蓝	适量

【制备方法】

(1)A组分的制备：

①将聚丙烯酰胺与水放入反应釜中，搅拌均匀，搅拌速度为80～120r/min，时间为30min左右，即得a料；

②将壳聚糖溶于冰醋酸和水的混合溶液中，搅拌均匀，得b料；

③将b料溶于a料中，搅拌均匀后再加入氢氧化钠，搅拌均匀即得A组分。

(2)B组分的制备：先将氯化钠加入水中搅拌均匀，其搅拌速度为80～120r/min，搅拌时间为10min左右，然后加入氯化钾，搅拌均匀后再加入硫酸铝钾，再搅拌均匀，最后另加入上述总量5%的工业品蓝即可。

【产品应用】 本品适用于对造纸业排放污水"打浆水"和"网箱水"的处理。

废纸经粉碎、清洗和研磨后，其污水进入泥沙沉积池，纸浆进入粗浆池，再进入备用精浆池。

使用本品处理污水的方法是：

(1)将经过泥沙沉积处理后的污水引入搅拌池后,注入本污水处理剂的 B 组分,投放量一般为 3‰,搅拌均匀(大约 3~5min 即可),然后引入沉淀池,大约经 10min 即可使污染物与水分离,分离出的水可直接进入蓄水池回收。

(2)在备用精浆池中注入污水处理剂的 A 组分,投放量一般为 2‰,搅拌均匀(约需 30min),然后引入备用精浆池。成纸后的网箱水引入沉淀池,最后进入蓄水池回收。

【产品特性】 本品以纯化学制剂治理污水,并选用了壳聚糖和硫酸铝钾等化工原料,治理时只需将处理剂投入污水或精浆中,操作简单、方便,且无须投入大量设备或大型设施,从而大大降低了污水处理设施的一次性投资费用。

本品除了有回收水的作用外,还可使成品纸增产 7%,经济回报十分可观。另外,本品还具有处理剂注入污水后的溶解快、反应快、处理时间短的优点。

实例 28 造纸工业黑液废水处理剂

【原料配比】

原　　料		配比(质量份)	
		1#	2#
A 处理剂	盐酸	508	298
	高岭土矿粉	250	285
	氧化铝	20	10
	水	215	334
B 处理剂	亚硫酸钙	320	200
	重晶石(矿粉)	50	40
	滑石粉	60	58
	水	200	200

【制备方法】

（1）先把盐酸放入搪瓷罐，然后加入助剂总量 0.3～5 倍的水，开动搅拌，再逐步加入高岭土矿粉、氧化铝进行反应，时间为 4～5h，控制 pH 值为 0.25～3，波美相对密度计读数为 1.16～1.2 即反应结束，后进行冷却、沉淀，取上清液，除渣，得 A 处理剂。

（2）取亚硫酸钙、重晶石、滑石粉，加水搅拌均匀，得 B 处理剂。

【产品应用】　本品适用于造纸工业黑液废水的处理，还可以用于城市污水的处理。

处理污水时的操作条件为：加药量为废水的（1～6）/10000，停留或沉淀时间为 8～40min。

举例说明处理造纸黑液废水的操作：将需处理造纸原水、黑液废水的水量 10 吨，排入调节池，分别加入 A 处理剂 2.8kg，B 处理剂 1.7kg，搅拌均匀，送入反应槽充分反应 30min，而后排入沉淀池，沉淀 10～15min，进入净化池循环净化停留 30min，即处理完毕。处理后所得清水回用或达标排放，滤泥经压滤可制复合肥。

【产品特性】

（1）本品简称 B/O 处理药剂，是一种复合配制的污水处理剂，利用化学高分子转移脱色破坏污水的胶状体含氯和碱的元素有机物从水中析出，并将各种杂质悬浮物形成球状絮凝沉淀。

（2）污水和药剂在调试室内经过调试反应槽特殊设计，得到充分混合，并在搅拌下依靠漩流力使药剂和有机污染物进一步充分混凝，取得最佳的沉淀净化效果，并可以连续排放。

（3）经本品处理后的污水，通过辐流沉淀池进行固液分离，污泥自池底用刮泥机刮到污泥池，然后抽到压滤机脱水，残液送至反应槽与被处理的水（原水）混合反应，可达到本品化学反应法的要求。造纸黑液废水经脱色、絮凝、沉淀、净化后，变成无色透明，排出口的水可回收利用，达到零排放的最佳效果。

（4）采用本品处理造纸废水不需要庞大复杂的传统多级物化，不用生化处理设备，可减少投资、降低运行费用。

实例29　造纸污水净水剂

【原料配比】

原　　料	配比(质量份)		
	1#	2#	3#
膨润土	3	5	4
铝矾土	2	4	3
高岭土	1	3	2
硅藻土	1	2	1.5

【制备方法】

(1)将膨润土、铝矾土、高岭土、硅藻土混合后水洗。

(2)将水洗后的上层乳浆压滤成固体,按质量配比取5~7份与沸石粉(细度为100~300目)3~5份混合,在混合物中加入酸溶液(为硫酸溶液,浓度为5%~15%,加入量为混合物质量的1%~3%)搅拌均匀,在40~60℃的温度下放置16~24h。

(3)将混合物进行水洗,至pH值为5~8,经干燥、粉碎、包装即为成品。

【产品应用】　本品可用于造纸厂的造纸污水处理。

【产品特性】　本品不溶于水,无毒,具有极强的吸附性、去味性、脱色性和凝聚性;净水剂的用量少,一般为每吨造纸污水添加0.5‰~1.5‰;一般浓度的污水不需要添加辅助剂,使用后造纸污水会很快出现分层,沉淀快。

由于造纸尾水里的纤维及填料被吸附、聚凝沉淀,使尾水的SS(可溶性固形物)的含量大大降低,对COD有明显的分解作用;本品可吸附尾水的臭味,使尾水达到我国1~2级排放标准。此外,沉渣中的纸纤维占沉渣体积的70%以上,可按一定比例加入纸浆中继续造纸,节约了造纸的原材料,无二次污染,造纸尾水处理达标后,也可反复循环使用,从而节约大量水资源。

实例30 防垢块

[原料配比]

原　料	配比(质量份)																		
	1#	2#	3#	4#	5#	6#	7#	8#	9#	10#	11#	12#	13#	14#	15#	16#	17#	18#	19#
有机膦酸盐 氨(氮)基三甲基膦酸盐	72	80	—	—	—	52	—	73	55	61	48	—	—	49	39	36	60	80	70
羟基亚乙基二膦酸盐	—	—	71	—	—	8	—	—	—	16	21	75	56	12	35	10	—	—	—
乙二胺四亚甲基膦酸钠盐	—	—	—	67	—	—	—	6	—	3	6	5	10	10	—	5	—	—	10
二-1,2-亚乙基三胺五亚甲基膦酸盐	—	—	—	—	76	—	—	—	5	—	—	—	8	4	—	—	—	—	—
三-1,2-亚乙基四胺六亚甲基膦酸盐	—	—	—	—	—	—	80	—	10	—	—	—	—	—	5.5	3	—	—	—
骨架 高压聚乙烯	10	—	—	—	—	—	—	10	—	15	9	8	—	13	—	11	30	20	—
低压聚乙烯	—	15	—	—	—	16	—	10	10	—	—	8	4	—	11	—	—	—	—
EVA树脂	7	—	19	1	4.5	1	19.9	6.9	1	5	5	4	16	2	4	—	10	—	30
聚丙烯树脂	—	—	—	9	0.5	3.8	—	—	2	—	1	1	1	1	5	5	—	—	—

续表

原料		配比（质量份）																		
		1#	2#	3#	4#	5#	6#	7#	8#	9#	10#	11#	12#	13#	14#	15#	16#	17#	18#	19#
杀菌剂	十二烷基二甲基苄基氯化铵	5	—	—	—	—	1	—	—	—	2	—	—	—	—	—	5	—	—	—
	十二烷基二甲基苄基溴化铵	—	3	—	—	—	—	—	4	—	—	—	1	—	5	—	4	—	—	—
	十四烷基二甲基苄基氯化铵	—	—	4	—	—	—	—	—	—	—	—	1	—	—	—	—	—	—	—
	二氧化氯	—	—	—	4	—	—	—	—	2	—	—	—	—	—	—	—	—	—	—
无机磷酸盐	六偏磷酸钠	1	1	—	1	—	—	—	—	—	—	5	—	—	—	—	20	—	—	—
	三聚磷酸钠	—	—	—	—	—	—	—	—	—	—	—	4.6	2	—	—	—	—	—	—
多元共聚物	丙烯酸酯—丙烯酸共聚物	5	—	—	—	—	18.2	—	—	13	—	—	0.4	—	—	—	0.2	—	—	—
	膦酸基羧酸共聚物	—	1	—	—	4	—	0.1	—	—	1	3	—	—	1	—	0.8	—	—	—
	丙烯酸—磺酸共聚物	—	—	6	6	1	—	—	0.1	1	—	2	—	2	3	0.5	—	—	—	—

【制备方法】 将上述各物料在常温下搅拌均匀后,经过挤出机挤出,此时的骨架物料呈熔融状态,装入模具后,在 5~50MPa 的压力成型即为块状缓慢溶解型的防垢块产品。

为了便于在油井的井下使用,一般可压制成规格为 $\phi60\times80$、$\phi80\times80$ 的圆柱状固体。

【产品应用】 本品适用于油气田油井产、集、输含油污水介质和注水系统,可防止设施结垢。

【产品特性】 本品是在上修作业的时候,将防垢块工作筒连接在抽油泵下筛管的底端,并用隔板将两者隔离开来。随着修井作业的完成,防垢块也一同下到井下。防垢块浸泡在产出液中,并开始缓慢释放出阻垢成分,与水中的硬度离子反应生成稳定的络合物,其溶解周期为 300d 左右。它具有省时、省力、节约开支、人为因素很小、效果稳定的优点,是液体阻垢产品的换代产品。

本品与防腐块、防蜡块可以混合使用,在一口井中同时起到防腐蚀、防结垢和防结蜡的多重效果。

第八章 防雾剂

实例1 玻璃、镜面防雾油膏

【原料配比】

原 料	配比（质量份）		
	1#	2#	3#
肥皂	10	30	20
润滑渗透油	35	15	25
水	55	55	55

【制备方法】

（1）按质量百分比称量肥皂、润滑渗透油15%~35%、水备用。

（2）将称量好的水加入肥皂内浸泡36~48h,再搅拌混合均匀使之成糊状的肥皂与水的混合液。

（3）将润滑渗透油加入上述肥皂与水的混合液中,再充分搅拌均匀即制成玻璃、镜面防雾油膏。

【产品应用】 本品可广泛用于家庭、宾馆、饭店、商店、公用设施、车船等玻璃门窗、柜、镜面的防雾。

【产品特性】 本玻璃、镜面防雾油膏取材容易,制作工艺简单,用途广泛,即使环境中雾气、水汽比较浓的情况下,也能保持玻璃及镜面不粘雾、汽,可保持玻璃透明及透光性好,保持镜面的反光性好。

实例2 玻璃、有机玻璃防雾剂

【原料配比】

原 料	配比（质量份）
烷基苯磺酸	500

248

续表

原　料	配比(质量份)
丙三醇	400
ε - 己内酰胺	100
水	8000(体积)
N,N - 亚甲基双丙烯酰胺	1
香精、乙醇混合液(香精∶乙醇 = 1∶1)	60(体积)

【制备方法】　将烷基苯磺酸加入反应釜中,加入 ε - 己内酰胺、N,N - 亚甲基双丙烯酰胺和丙三醇,加入 80% 的水,搅拌保温反应 20min,静置熟化冷却,得高分子有机活性物,含量为 15% ~ 20% ,加入香精、乙醇混合液得成品。

【产品应用】　除玻璃制品,如窗,特别是汽车玻璃窗、眼镜、浴室镜子等,还可用于有机玻璃及塑料薄膜。

【产品特性】

(1)使用方便,即刻见效。

(2)适用范围广。

(3)无易燃、易爆的危险,无毒、无腐蚀性,使用安全。

(4)持效期长,可达 4 ~ 5d 。

(5)透明度、光洁度好。

(6)可兼作玻璃清洗剂。

实例3　玻璃防霜防雾剂

【原料配比】

原　料	配比(质量份)
环氧乙烷	40
乙二醇	30
丙三醇	25

续表

原　　料	配比(质量份)
甲醇	2.4
异丙醇	2.5
香精	0.1

【制备方法】　将环氧乙烷与乙二醇在10℃以下混合后,再加入丙三醇及甲醇、异丙醇、香精,将各组分混合均匀即可。

【产品应用】　本品尤为适合于冬季较为寒冷地区的房屋玻璃上或汽车的玻璃上防霜、防雾使用。

【产品特性】　本品制作简单、使用方便,涂于玻璃表面可形成一种吸附膜,具有延温延湿抗冻的能力。即便是低温的情况下,本品也可防止水汽在玻璃上结晶形成冰霜。

实例4　玻璃防霜防雾液

【原料配比】

原　　料	配比(质量份)
丙三醇	35
乙二醇	20
三乙醇胺	5
丙二醇	10
十二烷基苯磺酸钠	30

【制备方法】　按上述各成分按比例混合均匀,即制成本玻璃防霜防雾液。

【产品应用】　本品可广泛用于机动车船的挡风玻璃、眼镜片、航空仪表等。

【产品特性】　本品既能防霜又能防雾,并且防霜防雾时间持久,无毒、无异味、无腐蚀性。

实例5 玻璃防雾布

【原料配比】

原 料		配比（质量份）
防雾液	十二烷基硫酸钠	150
	水	1600
	OP 乳化剂	9
	甘油	18
布料		适量

【制备方法】 将上述防雾液原料配成防雾液,再将布料均匀浸泡于上述防雾液中,几分钟后取出并晾干,将布料剪裁成适当大小即可。

【产品应用】 本品用于玻璃的防雾,广泛用于日常生活和工作中。

【产品特性】 本品生产成本低,工艺简单,使用效果好,擦抹一次可保持 1 ~ 2d 不起雾,对玻璃制品、眼镜等具有防雾、去污、防护视力等作用,并对皮肤无任何刺激作用,可方便地随身携带。

实例6 玻璃防雾除霜消冰剂

【原料配比】

原 料	配比（体积份）
1% 钾皂液	1000
乙醇	50
甲醇	100
松节油	100
烯丙基脲	10
三乙醇胺	150
丙三醇	150

续表

原　　料	配比（体积份）
磷酸氢二钠	50
3-甲氧基-4-羟基苯甲醛	12

【制备方法】 先取1%钾皂液100份和乙醇混合，搅拌均匀后，加入甲醇，搅拌均匀后，加入松节油和烯丙基脲搅拌，依次加入三乙醇胺、丙三醇和磷酸氢二钠，搅拌20～30min，再加入3-甲氧基-4-羟基苯甲醛，搅拌均匀以后，最后加入剩余的10%的钾皂液。配制完毕后，进行过滤、化验，经检测合格后即可装瓶、验收入库。

【产品应用】 本品用于汽车玻璃的除霜。

【产品特性】 该消冰剂配制容易，造价不高，透明度强，操作使用简便，有香味，是一种无腐蚀、无毒害、无污染的药剂。

实例7　玻璃防雾防霜巾

【原料配比】

原　　料		配比（质量份）
防雾液	聚醚改性硅油	15
	丁醇聚氧乙烯醚硫酸钠	3
	季戊四醇	0.5
	氯化镁	0.2
	氯化钙	0.4
	凯松	0.1
	水	80.8
纺织品		适量

【制备方法】 按配比将防雾液所用的各种原料混合均匀，即得防雾液。然后，将裁好的纺织品浸入制得的防雾液中，充分润湿后取出挤压，挤压的程度以使布料的湿增重率控制在120%～180%之间。如

果吸湿率低于120%,则产品使用次数较少;如高于180%,擦后容易形成光晕。

【产品应用】 本品适合于在车内温度不低于 −10℃ 的所有地区和气候条件下使用。

【产品特性】 本防雾防霜巾,具有防雾除霜效果好,抗低温能力强,携带和使用都很方便和价格低廉等优点。

实例8 玻璃防雾防霜空气清新清洁剂

【原料配比】

原 料	配比(质量份)			
	1#	2#	3#	4#
AES($N=3$)	0.6	3.8	3	2
水	91	89.15	88.47	90.4
BS−12	5.7	2.2	5	4
BG−2C	0.4	1.8	0.5	1
苯甲酸钠	0.4	0.05	0.03	0.1
工业乙醇(95%)	1.4	3	2	2
香精	0.5	—	1	0.5

【制备方法】

(1)将 AES 投入85%~96%的水中搅拌溶化。

(2)投入 BS−12、BG−2C、苯甲酸钠搅拌均匀。

(3)再加入工业乙醇和香精搅拌均匀即得成品。

【产品应用】 本品可广泛应用于家庭、浴室、宾馆、汽车、船只、摩托车头盔等各种用途玻璃的防雾,也可以防止冬天玻璃上结霜,并兼具清洁玻璃以及空气清新的作用。

【产品特性】 本产品无毒、无臭、无副作用,生产工艺简单,且应用范围广。

实例9　玻璃防雾剂(1)

【原料配比】

原　　料	配比 (质量份)	
	1#	2#
十二烷基苯磺酸	8	—
十二烷基苯磺酸钠	—	42
烷醇酰胺(6501)	3	6
丙三醇(甘油)	1	3
柠檬香精	0.2	—
茉莉花香精	—	0.5
水	加至100	加至100

【制备方法】　先将十二烷基苯磺酸用氢氧化钠溶液中和,或直接取十二烷基苯磺酸钠溶于水,再加入烷醇酰胺和丙三醇搅拌均匀,用氢氧化钠或盐酸稀溶液调至 pH = 6.0 ~ 8.0,加入香精及余量水,搅匀,即得本玻璃防雾剂。

【产品应用】　本品可做成喷剂型和湿纸巾型。

【产品特性】　本防雾剂的防雾效果好、持效时间长,还具有清洁清洗功能,并带芳香味,成本低廉,容易生产。

实例10　玻璃防雾剂(2)

【原料配比】

原　　料		配比 (质量份)				
		1#	2#	3#	4#	5#
表面活性剂	OP – 10	0.2	0.3	0.4	0.5	—
	十二烷基苯磺酸钠	—	0.8	0.9	1.0	1.5
	聚醚改性有机聚硅氧烷	1.5	1.8	2.3	2.7	3

原　料	配比（质量份）				
	1#	2#	3#	4#	5#
乙醇	9	10	15	5	—
乙二醇	—	2	—	13	20
蒸馏水	89.3	85.1	81.4	77.8	75.5

【制备方法】

（1）在 10~35℃下，将表面活性剂 OP‐10 和十二烷基苯磺酸钠加入适量蒸馏水中搅拌直至溶解。

（2）搅拌中，依次加入聚醚改性有机聚硅氧烷表面活性剂、醇类。

（3）加入余量的蒸馏水并搅拌均匀，使各组分的含量符合要求。

【产品应用】 本品用于玻璃的防雾，还可兼具清洁玻璃的作用。

【产品特性】 由于本玻璃防雾剂使用了多种表面活性剂且进行了多次复配，因此可以延长防雾时间；产品使用范围广，还可兼具玻璃清洁的作用。由于本品使用水作为溶剂，不存在爆炸危险，也便于携带。

实例11　玻璃防雾剂(3)

【原料配比】

原　料	配比（质量份）			
	1#	2#	3#	4#
蜡油	60	50	20	40
硅油	20	30	70	45
酒精	10	7	5	3
香精	1.5	0.5	0.5	1

【制备方法】 将各原料按配比混合，搅拌混匀即得本产品。

【产品应用】 本品可用于房屋的窗玻璃上、汽车玻璃上或有机玻璃、树脂玻璃的眼镜上。

【产品特性】 本玻璃防雾剂具有原料获得容易,产品无毒、无副作用,无污染的特点。

实例 12　玻璃防雾剂(4)

【原料配比】

原　　料		配比(体积份)		
		1#	2#	3#
A溶液	聚乙烯醇(PVA)	10(质量份)	10(质量份)	10(质量份)
	水	350	350	350
	异丙醇	50	50	50
	盐酸(3mol/L)	10	10	10
	乙醛(40%)	0.6	0.8	0.7
	重铬酸钾	10	6	8
B溶液	硅酸乙酯	8	8	8
	γ-缩水甘油醚基丙基三甲氧基硅烷(KH560)	8	8	8
	盐酸(3mol/L)	1.3	1.3	1.3
	乙醇	10	10	10

【制备方法】

(1)A溶液的制备:将聚乙烯醇溶于热水中,加热搅拌至全部溶解,然后冷却至室温后加入异丙醇,盐酸及乙醛,搅拌 4h 后再加入重铬酸钾,搅拌 8h 后制得 A 溶液。

(2)B溶液的制备:将硅酸乙酯、γ-缩水甘油醚基丙基三甲氧基硅烷、盐酸、乙醇混合,在 60℃恒温下搅拌回流 6h 制得 B 溶液。

(3)将 A 溶液和 B 溶液静置 14d 后,在搅拌下,把 B 溶液慢慢加入到 A 溶液中,便得到产品。

【产品应用】　本品用于玻璃的防雾。

【产品特性】

(1)本产品性质稳定,具有足够的表面强度。

(2)本品清洁无害,绝不会对人畜造成任何伤害。

(3)本产品使用简单,防雾效果好,且技术有效时间长达半年以上。

(4)本产品制作工艺简单,对环境无污染,而且成本低。

实例 13　玻璃防雾剂(5)

【原料配比】

原　　料		配比(体积份)
A 溶液	正钛酸异丙酯	2
	乙醇	5
	异丙醇	5
	冰醋酸	1
B 溶液	乙醇	5
	异丙醇	5
	水	2
	浓盐酸	0.3

【制备方法】　将正钛酸异丙酯、乙醇、异丙醇和冰醋酸以一定的体积比混合,摇匀后得 A 溶液;将另一份乙醇、异丙醇、水、浓盐酸按配比混合得 B 溶液。在搅拌下,将 B 溶液缓慢加入 A 溶液发生水解反应,便得含有纳米级 TiO_2 粒子的玻璃防雾剂。

【产品应用】　本品用于玻璃的防雾。

【产品特性】

(1)本品为 TiO_2 纳米防雾剂,性质稳定,且有足够的表面强度。

（2）本产品清洁无害,绝对不会对人畜造成任何伤害。

（3）本产品在成本上有很大的优势。

实例14 玻璃防雾洁净膏

【原料配比】

原　料	配比（质量份）	
	1#	2#
乙二醇	1	5
丙三醇	0.5	0.5
水	48	36
硅表面活性剂	45	50
异丙醇	0.5	0.5
氟树脂	5	8
香精	0.002	0.002
杀菌剂	0.002	0.002

【制备方法】 按比例将乙二醇、丙三醇和水倒入带搅拌器和加热套的反应釜中混合均匀,升温至85℃,边搅拌边加入硅表面活性剂搅拌均匀,保温30min,再降温至50℃,边搅拌边加入异丙醇、氟树脂、香精及杀菌剂,继续搅拌5~10min,将物料放出,冷却至室温后便得透明膏体状玻璃防雾洁净膏。

【注意事项】 含硅表面活性剂可以是烷基聚硅氧烷、乙烯基三乙氧基硅烷、γ-氨丙基三乙氧基硅烷、γ-甲基丙烯酰氧基三甲氧基硅烷、γ-氯丙基三甲氧基硅烷中的一种或两种以上的混合物,最好是烷基聚硅氧烷;杀菌剂采用的是十四烷基苯二甲基氯化氨;香精为普通化妆品用香精。

【产品应用】 本玻璃防雾洁净膏可用于各种有机玻璃和无机玻

璃制品的表面防雾保洁,具有抗静电防灰尘等功能。

【**产品特性**】　本玻璃防雾洁净膏的制备方法和现有技术相比,具有配比科学、易于加工、使用方便、一物多用等特点,因而,具有很好的推广使用价值。

实例15　玻璃防雾洁净液

【**原料配比**】

原　　料	配比(质量份)	
	1#	2#
乙二醇	4	2
水	83	79
硅表面活性剂	8	16
氟树脂	5	3
香精	0.002	0.002
杀菌剂	0.002	0.002

【**制备方法**】　按比例将乙二醇和水倒入带搅拌器和加热套的反应釜中混合均匀,升温至80℃,边搅拌边加入硅表面活性剂,然后将釜温升至90℃,保温搅拌10min,将反应釜中的物料降温至45℃时,加入含氟树脂、香精及杀菌剂,继续搅拌5~10min,将物料放出冷却至室温后,得到的透明液体即为本产品。

【**注意事项**】　含硅表面活性剂可以是烷基聚硅氧烷、乙烯基三乙氧基硅烷、γ-氨丙基三乙氧基硅烷、γ-甲基丙烯酰氧基三甲氧基硅烷、γ-氯丙基三甲氧基硅烷中的一种或两种以上的混合物,最好是烷基聚硅氧烷;杀菌剂采用的是十四烷基苯二甲基氯化铵;香精为普通化妆品用香精。

【**产品应用**】　本玻璃防雾洁净液可用于各种有机玻璃和无机玻璃制品的表面防雾保洁,具有抗静电、防灰尘等功能。

【产品特性】 本玻璃防雾洁净液的制备方法和现有技术相比,具有配比科学、易于加工、使用方便、一物多用等特点,因而,具有很好的推广使用价值。

实例16 玻璃防雾喷擦剂

【原料配比】

原　料	配比(体积份)						
	1#	2#	3#	4#	5#	6#	7#
无水乙醇	300	260	220	—	—	—	280
丙二醇	100	80	60	80	100	60	70
乙醇(95%)	—	—	—	320	280	240	—
烷基磺基琥珀酸单酯二钠盐	60	40	—	—	—	40	20
香精	—	—	2	—	1	—	5
椰子油脂肪二乙酸酰胺	—	—	30	40	60	—	—
纯净水	540	62	688	560	559	560	625

【制备方法】 先把乙醇按比例投放在不锈钢搅拌桶中,再把丙二醇按比例倒入乙醇桶里混合后,用竹管或塑料管搅拌均匀,再把烷基磺基琥珀酸单酯二钠盐按比例投入以上两物的混合液中,加入已备好的椰子油脂肪二乙酸酰胺和/或纯净水,搅拌均匀即可。

【产品应用】 本品适用于汽车玻璃及浴室中玻璃的防雾。

【产品特性】

(1)本品见效特快,喷擦完毕就见防雾奇效。

(2)减轻了驾驶员的脑力负担,免去打开空调除雾;减轻机动力负担,节省耗油量。

(3)确保汽车玻璃透彻清爽,大大增加了安全性,间接保护了人身和财产的安全。

此外,该玻璃快速特效防雾喷擦剂使用方便、安全。

实例17 玻璃防雾湿巾

【原料配比】

原　料	配比(质量份)				
	1#	2#	3#	4#	5#
聚氧乙烯类表面活性剂(OP-10)	0.2	0.3	0.4	0.5	—
磺酸或苯磺酸类表面活性剂(十二烷基苯磺酸钠)	—	0.8	0.9	1	1.5
聚醚改性有机硅类表面活性剂(聚醚改性聚硅氧烷)	1.5	1.8	2.3	2.7	3
乙醇	9	10	15	5	—
乙二醇	—	2	15	13	20
蒸馏水	89.3	85.1	81.4	77.8	75.5

【制备方法】

(1)在10~35℃下,将表面活性剂加到适量蒸馏水中搅拌直至溶解。

(2)搅拌中依次加入聚醚改性有机硅表面活性剂和醇类。

(3)加入余量的蒸馏水并搅拌均匀,使各组分含量符合要求。

(4)按照1:(1.0~5.0)的比例(防雾液:湿巾载体),将防雾剂均匀喷在湿巾载体上即得本品。

【产品应用】 本品用于玻璃的防雾。

【产品特性】 本品除采用相容性很好的聚氧乙烯类表面活性剂和苯磺酸类表面活性剂外,还添加了聚醚改性有机硅类表面活性剂进行二次复配,从而避免了以往产品的斑痕问题;同时,本品采用细纤维非织造布(水刺类等)作为防雾液的擦拭载体,避免了以往产品纸屑或纤维的脱落残留问题。

另外,本品直接由非织造布与防雾剂组成,相对于以往先喷后擦的产品而言,省略了施工步骤,便于使用,同样也便于携带。

实例18　玻璃及塑料薄膜防雾液

【原料配比】

原　　料	配比(质量份)		
	1#	2#	3#
钨酸铵	0.01	0.03	—
锆酸钾	—	—	0.04
去离子水	31.3	21.3	25
丙醇	—	85.97	—
乙醇	75.99	—	78
乙二醇	—	—	3.96
脂肪醇聚氧乙烯醚硫酸钠	1	1.2	1.4
磺酸	0.8	1	1.1
烧碱	0.3	0.45	0.4
食盐	0.05	0.045	0.03
香精	0.009	0.005	0.02

【制备方法】

(1)将钨酸铵、锆酸钾两种金属含氧酸盐及去离子水加入容器中搅拌,待这两种金属含氧酸盐全部溶解后,边搅拌边加入醇类,继续搅拌5～10min,即得基础液。

(2)将脂肪醇聚氧乙烯醚硫酸钠和去离子水加入容器中搅拌均匀,边搅拌边依次加入磺酸、烧碱、食盐、香精,待固体全部溶解后,即得添加剂。

(3)按比例取基础液和添加剂搅拌均匀后,所得透明液体即为玻璃及塑料薄膜防雾液。

【产品应用】　本品适用于各种有机玻璃、无机玻璃及塑料薄膜制品。

【产品特性】　本玻璃及塑料薄膜防雾液具有配比科学、易于生产、使用方便、效果持久、用途广泛等优点，具有很好的推广应用价值。

实例19　玻璃面防雾剂

【原料配比】

原　　料	配比（质量份）
脂肪醇聚氧乙烯醚硫酸盐	5
椰子油酸乙二醇酰胺	5
直链烷基苯磺酸钠	13
食盐	2
去离子水	100

【制备方法】　将去离子水加温至20～25℃后，加入脂肪醇聚氧乙烯醚硫酸盐和椰子油酸乙二醇酰胺，经搅拌30min后，再加入直链烷基苯磺酸钠，同时加入食盐进行搅拌，至混合均匀制成成品。此外，还可以在搅拌时加入少量的香精，使玻璃面防雾剂具有芳香的气味。

【产品应用】　本品用于玻璃面的防雾。

【产品特性】　与现有技术相比，本品成本低、制作简单、使用方便、保存期长、防雾效果好。

实例20　玻璃去污防雾剂(1)

【原料配比】

原　　料	配比（质量份）				
	1#	2#	3#	4#	5#
脂肪醇聚氧乙烯醚	5	8	15	10	13

原　　料	配比（质量份）				
	1#	2#	3#	4#	5#
十二烷基苯酚聚氧乙烯醚	2	4	6	2	2
烷基聚氧乙烯硫酸钠	2	4	6	2	2
甲基含氢硅油	1	1.4	5	2	3
乙二醇	2	4	7	5	4
异丙醇	5	—	—	—	—
甲醇			5		
氨水			2		
氟利昂	—	—	—	5	—
香精	—	—	—	—	0.2
去离子水	加至100	加至100	加至100	加至100	加至100

【制备方法】　将去离子水加入混合罐中,依次加入配方中的其余各组分,搅拌混合均匀即可。

【产品应用】　本品广泛用于汽车、轮船、飞机、豪华宾馆、饭店、展览馆、商业大厦的玻璃门窗、橱柜、广告牌及浴室、梳洗间、穿衣镜、眼镜等的去污防雾。

【产品特性】

(1)本玻璃去污防雾剂增加了去污防尘的效能,经过多次各种环境的试验,其防雾效能强,在正常的情况下能防雾,不结霜15~20d。

(2)本品仅需用50℃的温水即可洗去,且成本低、工艺简单、售价低廉,易为消费者接受。

实例21 玻璃去污防雾剂(2)

【原料配比】

原 料	配比（质量份）					
	1#	2#	3#	4#	5#	6#
无水乙醇	20	18	20	15	10	20
丙二醇	10	5	13.75	10	15	11.5
异丙醇	10	7	5	9	15	14.5
椰子油酸二乙醇酰胺	10	8.5	20	15	5	12.5
香精	1	1.5	1.25	1	1	1.5
纯净水	49	60	40	50	54	40

【制备方法】

(1)按上述的质量份配比称取各原料。

(2)按先后顺序依次往搅拌釜里加入无水乙醇、丙二醇、异丙醇、椰子油酸二乙醇酰胺,搅拌均匀。

(3)加入香精和水,进行二次搅拌,直至混合均匀,灌装即为成品。

【产品应用】 本品用于玻璃的去污防雾。

【产品特性】 与现有技术相比,本品具有工艺简单、去污防雾效果显著,无腐蚀、不燃烧、不污染环境、不影响玻璃的透光性和反光性、使用安全、应用广泛、防雾时间长、去污力强等优点。

实例22 多功能长效环保玻璃防雾除霜剂

【原料配比】

原 料	配比（质量份）
脂肪醇聚氧乙烯醚	0.6
脂肪醇聚氧乙烯醚硫酸钠	0.8
异丙醇	10
医用乙醇	10

原　　料	配比(质量份)
薄荷醇	0.5
聚乙二醇(600)	0.8
聚乙二醇(2000)	0.2
聚乙烯吡咯烷酮	0.5
去离子水	加至100

【制备方法】　在常温下,先将所需量的异丙醇和医用乙醇放入不锈钢容器中,再加入脂肪醇聚氧乙烯醚、脂肪醇聚氧乙烯醚硫酸钠、薄荷醇、聚乙二醇(600)、聚乙二醇(2000)、聚乙烯吡咯烷酮,然后进行搅拌,搅拌速度为50r/min,直到原料全部溶解;然后,加入所需量的去离子水进行混合搅拌,搅拌时间为30~60min;经自然消泡,检测结果合格后,即可分装为成品。

【产品应用】　本品可用作普通玻璃的清洁剂,对玻璃金属物无腐蚀;还可清洁双手上的重油污渍,性质温和,可作洁手剂(巾)之用,是各种汽车、火车、飞机、轮船的风挡玻璃、普通门窗、仪器仪表及眼镜和其他玻璃镜面的专用防雾、防霜、清洁、透亮、防尘的很好产品。

【产品特性】　本多功能长效环保玻璃防雾除霜剂是透明的中性液体,气味清凉宜人,其中各原料环保无毒,对人体无毒无害,具有8~10d的长效防雾、防霜、防尘功能。此外,本品可保持空气清新,对人有镇静清醒的功能。

实例23　芳香防雾擦镜液

【原料配比】

原　　料	配比(质量份)
十二烷基硫酸钠	45
甘油	12
OP 雾化剂	10

原　料	配比（质量份）
乙醇	7.5
MF 扩散剂	0.5
蒸馏水	925（体积份）
香料	适量

【制备方法】　称取十二烷基硫酸钠,溶于蒸馏水中,注意将温度控制在 60~70℃ 之间,慢慢搅拌使其完全溶解。然后,加入 OP 雾化剂、甘油、乙醇、MF 扩散剂及适量香料,继续搅拌使其完全溶解。将溶液静置冷却至室温,即制得芳香防雾擦镜液。

【产品应用】　本品用于玻璃镜面的防雾。

【产品特性】

本品具有清洁去污、防雾、防霉的功效,对皮肤无刺激,对镜面无腐蚀作用,而且可以保护视力,并且成本低,使用、携带方便。

实例24　芳香型玻璃表面防雾清洁布

【原料配比】

原　料		配比（质量份）		
		1#	2#	3#
防雾液	十二烷基硫酸钠	1500	1000	1300
	聚乙二醇辛基苯基醚	600	1100	800
	二甘醇	300	300	200
	甘油	100	400	200
	己二醇	300	300	400
	香精	适量	适量	适量
	水	7200	6500	7000
纯棉制品		适量	适量	适量

【制备方法】

(1)将60~70℃热水倾于容器内,然后加入十二烷基硫酸钠,并且不断搅拌,直至使其完全溶解。

(2)将聚乙二醇辛基苯基醚、二甘醇、甘油、己二醇、香精加入上述十二烷基硫酸钠溶液中,不断搅拌,使其成为均一的液体即成防雾液。

(3)将防雾液的温度控制在60~70℃,然后将预先准备好的纯棉制品浸入其中1~2h,并且上下翻动多次,直至完全吸透。

(4)将浸制好的纯棉制品取出,阴干后即可使用。

【产品应用】 本品可广泛用于家庭、宾馆及写字楼。

【产品特性】 本品克服了以往技术中存在的缺陷,提供了一种新型的防雾型清洁布,制作工艺简单实用。经过本制作工艺生产出的清洁布可以随身携带,且使用便捷、适用范围广、防雾性能好、去污力强、对皮肤无刺激、不影响玻璃透明度,可广泛用于家庭、宾馆及写字楼。

实例25 防雾滴剂

【原料配比】

原　　料		配比(质量份)	
		1#	2#
A 组分	山梨醇酐硬脂酸酯复合山梨醇酐棕榈酸酯	20	25
B 组分	聚丙三醇脂肪酸酯	10	10
C 组分	山梨醇油酸酯	20	10
D 组分	季戊四醇脂肪酸酯	20	10
吸附剂改性硅藻土		30	45

【制备方法】

(1)A组分的制备方法:在山梨醇中加入其质量1%~2%的氢氧

化钠,在 70 ~ 100℃ 条件下真空脱水环化,然后以等物质的量之比加入硬脂酸和棕榈酸,在 180 ~ 210℃ 下酯化反应,当酸值降到小于 150mgKOH/g 时,即得 A 组分。

(2)B 组分的制备方法:在聚丙三醇中加入 C_{10} ~ C_{19} 脂肪酸,于 190 ~ 230℃ 下酯化反应,当酸值小于 5mgKOH/g 时,即得 B 组分。

(3)C 组分和 D 组分采用市售商品。

(4)在 80 ~ 150℃、氮气保护下,将 A、B、C、D 组分混合,搅拌混融交联,时间不少于 20min,然后加入硅藻土吸附剂,在 90 ~ 150℃ 下混合吸附,待吸附完成后,经造粒,即获得本产品。

【产品应用】 本品适用于聚氯乙烯(PVC)、聚乙烯(PE)塑料农用无滴膜及聚烯烃树脂制品。

【产品特性】 本品与各种树脂的混溶性及加工性好,可提高薄膜无滴效果及无滴期,也无局部化问题。

实例26 防雾防霜喷涂剂

【原料配比】

原 料	配比（质量份）			
	1#	2#	3#	4#
AEO($N=9$)	5.3	6.8	6	7
AEO($N=7$)	6.8	5.3	5.9	6.7
AEO($N=5$)	5.3	5.6	5	5.7
AEO($N=3$)	4.6	3.2	4	4.3
无水乙醇	—	—	4.2	—
工业乙醇(95%)	7.2	6.1	—	7.9
蒸馏水	70.8	72.9	74.9	67
食用香精	—	0.1	—	0.4

【制备方法】 将 AEO(脂肪醇聚氧乙烯醚)、乙醇放入反应釜中,

在常压和15~40℃条件下充分搅拌均匀,加入蒸馏水搅拌均匀。当需要增加香度时,可加入少量食用香精。

【产品应用】 本品可广泛应用于家庭、宾馆、浴室等场所的透明玻璃上,防止气雾的产生。特别适用于汽车、船只的挡风玻璃上。

【产品特性】 本品可有效地防止玻璃等材料因室内外温度、湿度的差别而产生的气雾,喷涂本品10d内,绝无任何雾状物产生。本品还能防止冬天有霜冻结在汽车玻璃上,从而使车辆、船只行驶更安全,还可防止各种油污沾在玻璃上。本品无毒、无味、无副作用,且生产工艺简单。

实例27 防雾防水滴剂

【原料配比】

原　　料	配比(质量份)					
	1#	2#	3#	4#	5#	6#
主剂	225	178	204	201	194	233
辅剂	44	66	58	67	59	63
醋酸甘油酯	500	—	—	—	—	467
油酸甘油酯	—	431	—	455	—	—
硬脂酸单甘酯	—	—	478	—	450	—

其中主剂配比:

原　　料	配比(质量份)					
	1#	2#	3#	4#	5#	6#
十四烷基叔胺	128	—	—	148	—	—
十五烷基仲胺	—	177	—	—	158	—
十八烷基伯胺	—	—	153	—	—	150
环氧乙烷	60	45	55	52	49.4	52

其中辅剂配比:

原　料	配比(质量份)					
	1#	2#	3#	4#	5#	6#
丙三醇	—	110	—	206	—	—
聚乙二醇	—	—	220	—	198.5	—
山梨醇	275	—	—	—	—	200
油酸	—	172	—	—	—	158
硬脂酸	—	—	145	153	—	—
癸酸	133	—	—	—	148	—
醋酸	3	—	—	—	—	1.9
苯磺酸	—	2	—	1.7	—	—
对甲基苯磺酸	—	—	1.7	—	2.8	—

【制备方法】

(1)主剂的制备方法:将烷基胺类化合物和环氧乙烷在反应釜中加热至150～180℃,充氮至压力为0.2MPa,搅拌约4h,生成聚氧乙烯醚胺类化合物,即得主剂。

(2)辅剂的制备方法:将多元醇、脂肪酸和有机酸在反应釜加热至150～170℃,搅拌和抽真空约4h,生成脂肪酸多元醇酯,即得辅剂。

(3)防雾防水滴剂的复配:将主剂、辅剂和甘油混合,加热约100℃熔化,经搅拌、冷却、切片、包装后即为成品。

【产品应用】 本剂可作聚乙烯等膜生产的助剂。

【产品特性】 本品原料易得、成本低廉、工序简单,符合支农物资低成本的国情要求。添加有本防雾防水滴剂的塑料大棚膜,透光度好、保温性强,对农作物长势、产量均有良好的效果,使种子和水果的霉变损失减小,是大棚农业、保鲜业的有效助剂。

实例28 防雾抗菌涂层液

【原料配比】

原料	配比(体积份)					
	1#	2#	3#	4#	5#	6#
硫酸钛	10(质量)	—	—	—	—	—
钛酸四丁酯	—	28(质量)	—	—	—	—
四氯化钛	—	—	40(质量)	100(质量)	—	—
硝酸钛	—	—	—	—	100(质量)	—
硫酸氧钛	—	—	—	—	—	200(质量)
蒸馏水	800	800	800	800	800	800
25%氨水	50	—	200	—	400	1000
25%氢氧化钠溶液	—	100	—	—	—	—
20%氢氧化钾溶液	—	—	—	400	—	—
30%过氧化氢溶液	20	50	100	250	250	1000
酒石酸稳定剂	2(质量)	—	—	—	—	—
焦磷酸稳定剂	—	—	8(质量)	20(质量)	20(质量)	—
三聚焦磷酸稳定剂	—	—	—	—	—	80(质量)
硝酸	—	2(质量)	—	10(质量)	10(质量)	—
磷酸	—	4(质量)	—	—	—	—

【制备方法】

(1)令含钛的化合物与碱类发生水解反应,制备氢氧化钛沉淀。

(2)将氢氧化钛沉淀与含有过氧化氢的水溶液反应,并加入稳定剂,制备含有 H_4TiO_5 的水溶液。

(3)加热处理上述含有 H_4TiO_5 的水溶液,便可以得到本防雾抗菌涂层液。

【产品应用】 本品具有防雾抗菌等多种功能。

【产品特性】 本品的制备方法工艺简单,制备成本低,产品的稳定性好。

实例29 防雾自洁型抗菌防霉喷涂剂

【原料配比】

原　　料	配比(质量份)			
	1#	2#	3#	4#
聚醚乳液	—	100	—	—
聚丙烯酸酯乳液	—	—	50	—
聚氨酯乳液	100	—	—	10
壬基酚聚氧乙烯醚	—	1	—	—
聚乙二醇辛基苯基醚	1	—	—	—
十二烷基苯磺酸	—	—	0.3	—
聚天冬氨酸	—	—	—	0.05
咪唑类防霉剂	—	1.5	—	—
季铵盐类防霉剂	1.5	—	1	—
氨基甲酸酯类防霉剂	—	—	—	0.3
硅烷偶联剂 DB－792	0.5	0.5	—	—
硅烷偶联剂 KH－560	—	—	0.75	—
硅烷偶联剂 DB－172	—	—	—	0.3

原　　料	配比(质量份)			
	1#	2#	3#	4#
德国 P25 型纳米 TiO_2	0.75	0.75	—	—
掺氮纳米 TiO_2	—	—	0.25	—
掺铁纳米 TiO_2	—	—	—	0.025

【制备方法】　在搅拌条件下加入三种纳米二氧化钛,分散均匀后,缓慢加入亲水介质,对纳米二氧化钛进行表面改性,0.5~4h后,缓慢加入聚合物乳液,再加入防霉助剂、硅烷偶联剂及其余物料,搅拌0.5~2h,制得防雾自洁型抗菌防霉喷涂剂。

【产品应用】　本品可在内外墙、玻璃、金属材料、陶瓷、洁具及家具等物体表面随时喷涂。

【产品特性】

(1)本品采用亲水介质对纳米二氧化钛表面改性再与乳液配伍成膜,充分利用了纳米二氧化钛的催化性质,使膜表面同时具有亲水防雾自洁和抗菌防霉的作用。

(2)用不同的树脂乳液体系与适宜的防霉剂协同作用,可产生突出的防霉效果。

(3)本技术制备的喷涂剂 TiO_2 用量少(0.2%~1%),辅料少,无毒,使用灵活方便。

实例30　高效玻璃防雾防霜洁净剂

【原料配比】

原　　料	配比(质量份)
十二烷基苯磺酸钠	5
三乙醇胺	5
丙三醇	2

原　　料	配比（质量份）
乙醇或乙二醇或者两者的混合物	10
异丙醇	8
抗静电剂	0.5
防腐剂	0.05
香精	0.05
水	加至100

【制备方法】　本防雾防霜洁净剂的配制属于常规方法,但在温度上进行了控制,根据环境温度的不同,将十二烷基苯磺酸钠的溶解温度控制在15～20℃,水温不宜过高,过高会影响磺酸钠的作用,过低会影响三乙醇胺的溶解,当加入三乙醇胺时,温度保持在10～15℃为最好。

【产品应用】　本品可广泛用于汽车挡风玻璃、眼镜、仪器仪表、浴室和卫生间的镜面上。

【产品特性】　本防雾防霜洁净剂,防雾防霜的效果明显、持久,在环境温度正常的情况下喷涂一次,可防止玻璃表面结雾结霜3～5d,湿度过大的情况下,如浴室也可防雾2～3d。本产品还具有抗静电和洁净的功能,成本较低、使用方便,用常见的喷雾装置,喷洒均匀,用布擦干即可。因本品不易燃烧、无污染、对人体无毒,无臭味,因此存放、储运也很安全。

实例31　可明玻璃清洁防雾剂

【原料配比】

原　　料	配比（质量份）
野葛胶	60
皂角胶	50

续表

原　料	配比（质量份）
椰油酸乙二醇酰胺	35
非离子型表面活性剂	40
硅酸钠	30
乙醇	1
食盐	1.5
香精	1
去离子水	适量

【制备方法】　将除表面活性剂外的各组分加入混合罐中，搅拌混合均匀，再加入表面活性剂进行乳化，经过滤、灌装即得到产品。

【产品应用】　本清洁防雾剂，适用于门窗玻璃、汽车挡风玻璃、浴室镜、眼镜等各类玻璃制品的防雾、清洁。

【产品特性】　本品具有无毒、无腐蚀、无刺激性，不怕火、不粘灰、不反光、使用安全可靠、防雾时间长、去污力强等特点。

实例32　喷雾式玻璃防雾剂

【原料配比】

原　料	配比（质量份）
聚氧乙烯山梨醇酐脂肪酸酯	1
乙醇	30~40
乳酸月桂酯	0.5~1
水	10~20
喷气溶剂（异丁烷）	48
香料	适量

【制备方法】　在室温（<20℃）常压下将化学物品聚氧乙烯山梨醇酐脂肪酸酯加入水中，搅拌溶解后再加入乙醇、乳酸月桂酯和少量

香料,最后搅拌30min,将以上混合物装罐(瓶)后,再压入异丁烷或其他无毒无害的喷气溶剂(如丁烷、丙烷、石油液化气),也可按1:1将两种喷气溶剂混合后压入,使之易蒸发成膜。

【产品应用】　本品适用于有需要防止玻璃起雾的地方,如汽车、宾馆、厨房、浴室、居室等处的玻璃。

【产品特性】　本品具有无毒无害、制作简便、成本低(远低于国外同类产品)、使用方便的优点。

实例33　汽车玻璃防雾防霜剂

【原料配比】

原　　　料	配比(质量份)
十二烷基硫酸钠	4~6
烷基磺基琥珀酸钠	1~3
丙二醇	10~30
异丙醇	8~14
十二醇	0.5~2
乙二醇	3~7
乙醇	2~5
三羟乙基甲基季铵甲基硫酸盐	0.1~0.5
苯甲酸钠	适量
香精	适量
纯水	加至100

【制备方法】

(1)在带搅拌器的搪瓷釜中,加入纯水及乙醇,在15~25℃下,加入十二烷基硫酸钠及三羟乙基甲基季铵甲基硫酸盐不断搅拌,使其全溶。

(2)加入烷基磺基琥珀酸钠、丙二醇、十二醇、异丙醇、乙二醇及苯甲酸钠,使各组分充分混溶。

(3)静置后进行过滤,在滤液中加入香精,混匀后即可出料包装为成品。

【产品应用】 本品用于汽车玻璃及仪器仪表、卫生间、浴室以及眼镜等的防雾防霜。

【产品特性】 该汽车玻璃防雾防霜剂不腐蚀、不燃烧、不污染环境、使用安全,有效果显著的防雾防霜效果。

实例34 汽车玻璃防雾剂(1)

【原料配比】

原　　料	配比(质量份)	
	1#	2#
AEO－9	0.25	0.5
异丙醇	5	9
乙二醇—丁醚	5	3
花香香精	0.25	0.3
防腐剂 CY－1	0.06	0.06
去离子水	加至100	加至100

【制备方法】 在常温下,先将去离子水放入不锈钢容器内,依次加入其余各组分进行搅拌,搅拌速度为 50 ~ 60r/min,搅拌时间 30 ~ 60min,搅拌均匀即可。

【产品应用】 本品可用于汽车、火车、飞机、轮船的挡风玻璃、普通门窗及浴室玻璃镜等。

【产品特性】 本品是透明的中性液体(pH 值为 6 ~ 8)且香味盈人,具有特效多能的防雾、防霜、防尘的清洁玻璃的作用,且对玻璃金属物无腐蚀,对人体无毒、无害,并能保持完全清新等优点。本品配制方法简便,原料来源丰富,不产生三废。

实例35 汽车玻璃防雾剂(2)

【原料配比】

原料	配比(质量份)					
	1#	2#	3#	4#	5#	6#
明矾	0.1	10	8	5	2.3	10
山楂子油	6	0.1	4	5	1.5	6
盐	10	20	2	20	6.2	20
软化水	83.9	69.9	86	70	90	64

【制备方法】 将各组分加入混合罐中,在常温下搅拌混合均匀即可。

【产品应用】 本品用于汽车玻璃的防雾。

【产品特性】 本品所用所料都是可以食用或饮用的,其中不含任何污染环境和不利与人体健康的成分,并且本品能够很好地去除玻璃上的雾气而不留痕迹,且持续时间长,制作简单易行,操作使用简单方便。

实例36 汽车玻璃防雾剂(3)

【原料配比】

原料	配比(质量份)	
	1#	2#
脂肪醇聚氧乙烯醚(AEO-9)	1~4	1~4
月桂基两性丙基磺酸盐	0.2~0.6	—
椰油烷基三甲基氯化铵	—	0.2~0.6
乙醇	6~15	6~15
丙三醇	6~20	6~20

续表

原　　料	配比(质量份)	
	1#	2#
三乙醇胺	0.2~2	0.5~1.5
异丙醇	1~5	1~5
聚乙二醇(800)	0.1~0.6	—
聚乙烯吡咯烷酮	—	0.1~0.6
去离子水	加至100	加至100

【制备方法】　取计量的去离子水加入反应釜中,加入聚乙烯吡咯烷酮,加热至40℃并搅拌溶解,然后依次加入脂肪醇聚氧乙烯醚、椰油烷基三甲基氯化铵或月桂基两性丙基磺酸盐阳离子表面活性剂、三乙醇胺酸度调节剂,最后加入异丙醇、乙醇、聚乙二醇、丙三醇,搅拌均匀降至室温即得玻璃防雾剂。

【产品应用】　本品用于汽车玻璃的防雾。

【产品特性】　本汽车玻璃防雾剂携带方便,使用简单,玻璃雾化时,随手擦拭即可防雾,不仅防雾时间长,而且玻璃透明度好;添加阳离子表面活性剂成分,抗静电能力强,干燥后玻璃表面不吸附灰尘,不留痕迹;产品无色无味,安全可靠。

实例37　汽车玻璃防雾剂(4)

【原料配比】

原　　料	配比(质量份)
十二烷基硫酸钠	5
烷基磺基琥珀酸钠	3
丙二醇	20
异丙醇	10

续表

原　　料	配比（质量份）
乙醇	10
水	加至100

【制备方法】　在塑料桶中加入水和乙醇,再加入十二烷基硫酸钠、烷基磺基琥珀酸钠,充分搅拌,使其全部溶解,再加入丙二醇、异丙醇、乙醇混合均匀,分装即可。

【产品应用】　本品用于汽车玻璃的防雾。

【产品特性】　由于采用了多元醇作为分散剂,采用了有机盐类为表面活性剂,使制剂的亲水性强,增加了玻璃的表面活性以及亲水性,使水蒸气与之接触后混合成低冰点的混合物,防止了结雾,具有防雾效果好、时效长的优点。

实例38　汽车玻璃防雾剂(5)

【原料配比】

原　　料	配比（质量份）
甘油	13～15
乙二醇	25～30
二甘醇	25～30
二乙醇胺	8～10
聚乙二醇苯基醚	10～15
乙醇(浓度99.9%)	250～300(体积)
水	100(体积)

【制备方法】　将以上成分按配比量混合均匀,即可得本汽车玻璃防雾剂。

【产品应用】　本品用于汽车挡风玻璃。

【产品特性】 将药剂喷洒在汽车挡风玻璃上,然后擦拭干净,即可防止挡风玻璃产生水汽,并且作用持久。

实例39 汽车挡风玻璃防霜防雾剂

【原料配比】

原 料	配比(质量份)			
	1#	2#	3#	4#
乙二醇	36.7	42.24	51.28	57.96
水	43.7	36.9	24.27	13.6
丙二醇	6.99	8.25	11.84	15.8
聚氧乙烯烷基苯基醚	9.71	9.71	9.71	9.71
丁烷	2.9	2.9	2.9	2.9

【制备方法】 将各组分加入混合罐中,搅拌混合均匀即可。

【产品应用】 本品用于汽车挡风玻璃的防霜防雾。

【产品特性】 本品不具有腐蚀性,对人体无毒,也没有可燃的危险。

第九章　化学燃料

实例1　彩色固体燃料

【原料配比】

原　　料	配比（质量份）			
	1#	2#	3#	4#
硬脂酸	19	80	21	50
改性蜡	3	15	18	10
氨基甲酸乙酯	75	4	56	30
色料	3	1	5	10

【制备方法】

（1）将硬脂酸、改性蜡、氨基甲酸乙酯、色料混合均匀，置于容器内。

（2）将混合物加热，边加热边搅拌，温度控制在 70～120℃ 之间，使之熔化。

（3）将熔解完全的混合物趁热灌于制蜡机内，用冷却水冷却，待完全凝固成形后即可脱模；脱模后，将其浸入溶化的硬脂酸或矿蜡中，迅速提起，冷却即可。

【注意事项】　添加不同色料可在燃烧时产生不同颜色的火焰。红色料可以是乙酸锂（或铷或锶）、氢氧化锂（或钙、或铷、或锶）、环己基丁酸锂（或铷、或钙、或锶）、环烷酸锂（或铷、或钙、或锶），添加量为 1～10 份，其中以乙酸锂最经济，添加量为 4～6 份。

绿色料可以是乙酸铜、硼酸甘油酯、硼酸、氢氧化钡等，添加量为 1～10 份，其中以硼酸甘油酯效果最佳，添加量为 4～6 份。

黄色料可以是氢氧化钠、乙酸钠或氯化钠，添加量为 1～5 份，其中氯化钠常用，添加量为 1～2 份。

　　紫色料可以是氢氧化钾、氢氧化铯、乙酸钾、环己基丁酸钾,添加量为 1~15 份,其中氢氧化钾或乙酸钾较理想,添加量为 7~9 份。

　　原料中的氨基甲酸乙酯:俗名尿烷,又名乌来糖,无毒,火焰接近无色,燃烧后不产生有毒气体。

　　原料中的改性蜡是改变了性质的石蜡,即将普通的石蜡置于臭氧发生机里反应,使石蜡成分中氧原子的含量增加,以增强其极性,使这种蜡能与金属化合物互溶。它的熔点为 60~65℃,不溶于水,溶于乙醇。

　　【产品应用】　本固体燃料可以制成蜡烛,也可以制成各种形状的燃料块,如各种形态的动物或不同的几何形状等。

　　【产品特性】　本品原料易得,造价低廉,无烟无毒,使用安全,并可产生不同颜色的火焰,且无须借助灯具,使用方便,克服了现有技术存在的缺陷。

实例2　多用固体燃料(1)

　　【原料配比】

原　　料	配比（质量份）		
	1#	2#	3#
无烟煤	34	51	59~69
烟煤	30	13	0~10
木炭粉	13	13	13
熟石灰	9.5	9.5	9.5
锯末	10	10	5
氢氧化物	1.5	1.5	1.5
淀粉	2	2	2
水	适量	适量	适量

　　【制备方法】

　　(1)将煤(无烟煤和烟煤)和木炭粉用球磨机碎成 50 目粉料,锯末过筛小于 1.5mm;将熟石灰等原料碎成 20 目粉料。

（2）向淀粉中加入水,搅拌后加入氢氧化物,使淀粉水解糊化成有机胶黏剂。

（3）将粉碎好的煤、木炭、锯末和熟石灰放入有机胶黏剂（2）中,在常温下充分搅拌,然后加工成不同形状的固体即可。

【产品应用】　本品可作为取暖煤、火锅炭,方便燃料、野外燃料等,被广泛应用于家庭、野餐、旅游、野外作业等各方面。

【产品特性】　本品不使用化学氧化剂和其他有毒助剂,无毒、无烟、不损害人体健康;易于点燃,上火快,持续燃烧能力好;使用方便,不需要任何炉具和鼓风设备,即可剧烈燃烧,并燃烧彻底。同时,本品工艺简单,生产过程中无三废排出,不污染环境。

实例3　多用固体燃料（2）

【原料配比】

原　　料	配比（质量份）
硬脂酸	2
催化剂	8
热值物质	39
水	51

【制备方法】　将硬脂酸、催化剂、热值物质、水一起放入调和缸中,在80℃搅拌保温20min后,将混合物注入容器,常温冷凝。

【注意事项】　本品中催化剂的成分及其质量配比范围是氯化钠1~10份,硝酸钠0.5~5份,脲1~5份,赤磷0.1~0.5份,碳酸氢钠0.5~2份。催化剂的添加,可使作为凝胶剂的硬脂酸的使用量降低至原来的1/6;生产成本降低1/4;凝固力增强6倍,燃烧后期不致提早熄火,热量可完全释放。

原料中的热值物质可使用醇、酮、烷、烯等;水为自来水。可根据需要选择不同的热值燃料,水与热值物质可按不同配比制造出不同的热值燃料。

【产品应用】　本品可作为能源广泛应用于工业生产、民用、野外作业、旅游等各个方面。

【产品特性】　本品应用范围广;原料充足易得,成本低;生产工艺极其简单,操作方便,生产周期短,对环境无污染,克服了现有同类产品工艺复杂、成本高、污染严重的缺陷。

实例4　多用固体燃料(3)

【原料配比】

原　　料	配比(质量份)						
	1#	2#	3#	4#	5#	6#	7#
煤矸石	65	50	55	75	85	70.9	—
硅藻土	—	9	—	—	—	—	—
白云石	23	5	—	2.4	5	3.8	—
炉渣	5	30	30	—	—	—	—
三氧化二铁	—	5	5	—	—	—	—
硝酸钠	20	1	1.5	3.3	0.9	3.9	8
石灰	5	—	3	2.3	1.5	2.8	10
石灰石	—	—	3	—	—	—	—
黄土泥	—	—	2.5	—	—	—	—
碳酸氢钠	—	—	—	3.2	0.8	4.6	5
明矾	—	—	—	3.3	—	1.3	—
木屑	—	—	—	8.1	6.6	8.8	57
氧化铁红	—	—	—	2.4	0.2	3.9	4
垃圾污泥	—	—	—	—	—	—	16

【制备方法】　将上述各原料按比例进行混料,搅拌均匀可得成品。

【注意事项】　本品原料包括基料和助燃料。基料是指发热量在80kcal/kg以上的各类煤矸石、木屑、稻壳、棉子壳等。助燃料包括白云石、石灰、炉渣、木屑、硝酸钠、石灰石、三氧化二铁、氧化铁红、硅藻土、黄土泥、明矾、碳酸氢钠、自然发酵的垃圾污泥等,加入后能促进燃烧,提高发热量和利用率,并降低灰分。

【产品应用】　本品作为燃料可广泛应用于冶金、化工、发电及锅炉采暖等各个行业,也可用于劣质煤的优化。

【产品特性】　本品性能好,易着,火力强,发热量高,节省原煤,可对劣质煤进行优化,社会效益好;而且,以废料作为基料,来源广泛,成本低,工艺流程简单。

实例5　高能芳香型固体燃料

【原料配比】

原　　料	配比(质量份)			
	1#	2#	3#	4#
六次甲基四胺	97	95	98	96
硬脂酸	2	4	1	3.2
石蜡	0.8	0.7	0.9	0.5
香酊	0.2	0.3	0.1	0.3

【制备方法】　将六次甲基四胺、硬脂酸、石蜡、香酊依次放入粉碎搅拌机中(四种原料既可一次性地放入粉碎搅拌机中,也可边粉碎、边搅拌、边加入各原料),粉碎搅拌均匀,得到粉末状混合物后,将其倒入压片机的加料槽中或冲压机槽中冲压制成块状即可。原料中的香酊也可在最后放入。

【产品应用】　本品广泛地应用于行军打仗、边防哨所、野外作业、旅游勘探及勘察、宾馆饭馆、学校、医院、家庭做饭、轮船军舰的取火保暖等。

【产品特性】　本品造价低廉,芳香高能,燃烧值较高,无烟、无味、燃烧很完全;实用性高,易点燃,不会自然爆炸,使用安全可靠;有广泛的适用性,在温度为 -40~50℃ 范围内,使用不受任何影响;可制成块状,不变形;干净卫生,携带方便,便于贮存。

实例6 芳香型固体燃料

【原料配比】

原　　料	配比(质量份)
檀香脑	1
乙醇	410
柠檬酸三乙酯	360
二聚酸	25
氢氧化钠	25
工业用水	180

【制备方法】

(1)将檀香脑放入乙醇中,使之溶解。

(2)将檀香脑的乙醇溶液与柠檬酸三乙酯、二聚酸、氢氧化钠、工业用水放入反应釜中化合,然后冷却即可。

【产品应用】 本品适应高级消费市场的需求,可在餐厅饭馆大量火锅密集时使用。

【产品特性】 本品所用原料中含有柠檬酸三乙酯、檀香脑以及乙醇,使得本品在燃烧时对人的眼、鼻没有刺激的化学作用,同时具有檀香香气,克服了现有固体燃料在使用时的刺激醇味。

实例7 家用固体燃料(1)

【原料配比】

原　　料	配比(质量份)						
	1#	2#	3#	4#	5#	6#	7#
塑料废弃物	30	20	40	30	20	35	20
粉煤灰	45	50	45	30	60	30	55
生物燃料	25	30	15	40	20	35	25

【制备方法】 首先将塑料废弃物投入软化炉中加热,使塑料充分软化后,再加入粉煤灰进行不间断地搅拌,直至充分混匀后,再加入生物燃料,并连续搅拌直至彻底混匀,放入挤出成型机,挤出成型即可。

【注意事项】 粉煤灰为火力发电厂、热电厂及各种燃煤锅炉煤粉燃烧后产生的废料,但不得含有水分、杂质。过40目筛后可直接使用。

塑料废弃物是指生活及工农业生产后废弃的方便袋、塑料布、塑料包装物,各种食品包装袋以及农业生产中使用的地膜等农用薄膜,凡聚乙烯制品均可,但不得含水分、土质、硬质物质及金属,装有毒及腐蚀性物质的塑料废弃物禁用。对其形状不限,进行捆扎后可直接放入软化炉进行加热处理。

生物燃料主要是指林木或农产品及其废弃物中的可燃物质,如树皮、木材的片削及下脚料、农作物秸秆、植物的果实壳(或皮、叶和根茎)等。将其干燥粉碎,过40目筛后可直接使用。

【产品应用】 本品作为燃料,可取代目前广泛使用的蜂窝煤原料,用以生产蜂窝煤及引火产品。

【产品特性】 本品以粉煤灰和塑料废弃物为主要原料,充分利用了生活及工农业生产过程中的最终废料或废弃物,原料易得,成本低;加工工艺简单;质量轻、燃烧时间长;易保存,不怕水。

实例8 家用固体燃料(2)

【原料配比】

原　　料	配比(质量份)		
	1#	2#	3#
饱和高级脂肪酸	3	3	3
碱金属氢氧化物	4	4	4
一元脂肪醇	31	31	31
低碳饱和一元酸酯	31	—	31
水	31	31	—
酮	—	31	31

【制备方法】 将上述各原料放在反应釜中复合,即可得成品。

【注意事项】 本品生产中所用的饱和高级脂肪酸是一元酸或二元酸,优选的是二元酸中的二聚酸,尤其优选一元酸中的9,10-二羟基硬脂酸。

碱金属氢氧化物或碱性碱金属盐,包括碱金属氢氧化物、碳酸盐、碳酸氢盐或低级醇盐,优选的是碱金属氢氧化物,尤其是氢氧化钠和氢氧化钾。

一元脂肪醇是指 $C_{3\sim6}$ 一元脂肪醇,如甲醇衍生物、乙醇衍生物等,尤其优选的是二甲基甲醇和二乙基乙醇。

酮可以是饱和脂肪酮,也可以是环酮,优选的饱和脂肪酮是单酮,如丙酮等,优选的环酮是异佛尔酮。

低碳饱和一元酸酯指的是低级羟酸与醇反应所得到的酯,尤其是醋酸低级烷基酯,如醋酸甲酯、醋酸乙酯、醋酸正丁酯、醋酸异丁酯等,其中优选的是醋酸正丁酯。

【产品应用】 本品作为燃料可适应现代生活要求,能快速蒸焖面饭、炖煲肉食、炒炙菜肴、烧烤鱼肉、加热火锅。

【产品特性】 本品性能好,燃烧稳定,属火焰型燃烧,火焰温度为 $400\sim600℃$,高温 $800℃$;燃烧快速高效节能,节省用火时间,并能避免大火产生的有害物质,安全性更高。

实例9 甲醇固体燃料

【原料配比】

原 料	配比(质量份)	
	1#	2#
甲醇	75	75
杂醇油	10	10
羟丙甲基纤维素	1.6	2.5
氢氧化钠	1	1

续表

原　　料	配比（质量份）	
	1#	2#
斯盘 – 60	3.1	3.1
水	9.3	9.3

【制备方法】

（1）将甲醇、杂醇油、羟丙甲基纤维素放入不锈钢锅内,再将不锈钢锅放入盛水的铁锅中加热到60℃,搅拌均匀。

（2）将氢氧化钠放入不锈钢锅内,在60℃下搅拌均匀。

（3）将斯盘 – 60 放入水中,溶解后将溶液倒入不锈钢锅中,在60℃下搅拌均匀,灌装在包装容器内,冷却后便可得到胶体状成品。

【产品应用】 本品作为燃料可广泛适用于宾馆、饮食业、家庭桌用及旅游、野外作业等。

【产品特性】 本品成本低,无须专用炉具,使用方便;燃烧火焰温度均匀,无毒、无味、无污染、无残留物;不自燃,点火方便,火柴即可点燃;不自熄,可多次封熄点燃,直至燃尽;携带、保管及运输安全方便。

实例10　酒精固体燃料(1)

【原料配比】

原　　料	配比（质量份）
硝化纤维素	2 ~ 10
酒精	100 ~ 150
聚乙二醇	10 ~ 20
水性胶黏剂复合物	10 ~ 50

【制备方法】 将硝化纤维素溶于酒精中,形成黏稠状液体后加入聚乙二醇,形成均匀的非牛顿流体,再加入水性胶黏剂复合物。将该混合物静置约2d,即可凝固成胶体状成品。

【**产品应用**】 本品适合于饭店、旅游、野外作业部队等的使用。

【**产品特性**】 本品简化了制造工序,无须加热凝固;成本低,安全性高,在生产过程中不易发生爆炸、火灾;在燃烧过程中无毒、无味、无烟、不污染环境,克服了以往固体燃料在配制过程中需加热凝固,易发生火灾、爆炸的缺陷。

实例11 酒精固体燃料(2)

【**原料配比**】

原　　料	配比(质量份)
酒精	1000
硬脂酸	30
氢氧化钠溶液(30%)	40

【**制备方法**】 在酒精中加入硬脂酸,水浴加热至85℃±5℃,缓缓加入氢氧化钠溶液,不断搅拌逐渐冷却,即凝固为成品。

【**产品应用**】 本品可广泛用作旅游、野外作业、医院、饭店等的燃料。

【**产品特性**】 本品原料中不含氮、氯、硫、磷等有害元素,燃烧时无黑烟、无刺激性气味、无有害气体、无污染,且热值高,克服了现有同类产品的缺陷。

实例12 酒精固体燃料(3)

【**原料配比**】

原　　料	配比(质量份)
乙醇	75
硬脂酸	7
石蜡	1
熏衣草油	1
水	14
氢氧化钠	2

【制备方法】

（1）将金属或陶瓷容器 A 置于 65~75℃ 的热水中，将乙醇倒入容器 A 后，加入硬脂酸搅拌均匀使之溶解。

（2）加入石蜡、熏衣草油搅拌均匀。

（3）将水倒入金属或陶瓷容器 B 中，加入氢氧化钠，不断搅拌，使之溶解。

（4）将容器 B 中的混合物倒入容器 A 中，再加入乙醇，搅拌均匀。

（5）将容器 A 中的混合物趁热灌入成型模具中冷却，成型即为本产品。

【产品应用】　本固体酒精可作为燃料使用。

【产品特性】　本品克服了现有固体酒精使用硝化棉材料制作时的工艺复杂、成本高、产品硬度较差、夏季气温升高时易液化和挥发、使用不便、容易发生火灾的缺陷；具有原材料来源广泛、制作工艺简单、造价低、产品硬度高、不易液化、使用方便等优点。每 200g 本品可燃烧 50min 以上，燃烧时间长，火力强，无烟、无毒且有香味。

实例 13　酒精固体燃料（4）

【原料配比】

原　　料	配比（质量份）
酒精	83.2
羟丙甲基纤维素	1.4
斯盘-40	3.6
氢氧化钠	0.8
水	11

【制备方法】

（1）将酒精及羟丙甲基纤维素，放入装有搅拌装置的容器 A 中（可由不锈钢、搪瓷、玻璃或耐酒精及碱的其他材料制成）。在常温下进行搅拌 1~2min。

（2）将氢氧化钠和部分水放入容器 B 中（容器材料同容器 A），常温搅拌至氢氧化钠溶解为止。

（3）将斯盘-40 和余量的水放入容器 C 中（不锈钢材料），常温搅拌使其溶解完全。

（4）将容器 B 中的混合物倒入容器 A 中，搅拌至分散均匀为止，再将容器 C 中的混合物倒入容器 A 中，搅拌 3～5min。然后，将所得的混合物进行分装，分装后常温静置 6h 以上即可固化完全，得到本品。

【产品应用】　可用作火锅、方便餐的燃料。

【产品特性】　在常温下制造，不需加温，工艺流程简单安全。原料中不含氮、氯、硫、磷及重金属元素，因此燃烧后不产生有害气体，克服了现有同类产品燃烧后产生刺激性气体，损害人体健康的缺陷。

实例 14　酒精固体燃料（5）

【原料配比】

原　　料	配比（质量份）	
	1#	2#
硬脂酸	5.5	6.5
乙醇	78	78
水	5	4
氢氧化钠的乙醇溶液	10	0.5
硬脂酸锌	1	—
氯化铜	0.5	—
硬脂酸稀土	—	1
氯化稀土	—	0.5

【制备方法】

（1）将硬脂酸、乙醇、水、改性添加剂和颜色添加剂混合，搅拌混匀。

(2)将混合物进行水浴加热或电加热,慢慢滴加氢氧化钠的乙醇溶液,搅拌反应1h。

(3)静置冷却至所需温度,倒入模具,凝固即可得成品。

【产品应用】 本品可作为地质勘察、旅游、部队等野外作业者的理想热源,也可广泛适用于宾馆、饭店、医院、家庭及其他饮食服务行业。

【产品特性】 本品成本低、硬度高,利于长期保存;燃烧时无异味,方便大量使用;不流淌,不冒黑烟,燃烧后残渣量小。

实例15 节能固体燃料

【原料配比】

原　　料	配比(质量份)							
	1#	2#	3#	4#	5#	6#	7#	8#
工矿废渣	45~50	45~50	50~60	45~50	45~50	50~60	40	70
煤	20~30	20~30	10~20	20~30	20~30	10~20	30	—
玻璃粉	8	10	10	10	10	10	10	10
焦炭粉	4	—	—	—	5	4	5	—
硼渣	8	8	5	—	5	—	5	5
氧化钙	5	5	—	5	—	5	—	—
氧化铁	—	—	—	—	3	—	—	2
矾土	4	—	—	—	4	—	6	—
硝酸钡	1	—	—	—	—	—	—	—
石英砂	—	2	—	—	—	5	—	—
硫铁矿渣	—	3	—	—	—	5	—	—
铝质耐火土	—	2	—	—	—	—	—	—
硅石	—	—	5	—	—	—	3	—

续表

原　料	配比(质量份)							
	1#	2#	3#	4#	5#	6#	7#	8#
石油渣	—	—	3	—	—	—	—	2
自然铜	—	—	2	—	—	—	—	1
锰渣	—	—	5	—	—	—	—	—
焦油渣	—	—	—	3	—	—	—	—
磷矿粉	—	—	—	5	—	—	—	—
苦土	—	—	—	6	—	—	—	5
废铝渣	—	—	—	—	3	—	—	—
硫酸亚铁	—	—	—	1	—	—	—	—
淀粉	—	—	—	—	—	1	1	—
木炭	—	—	—	—	—	—	—	5
水	适量	适量	适量	适量	适量	适量	适量	适量

【制备方法】　将上述各原料与水一起混合,搅拌均匀即得成品。

【注意事项】　本品原料中所用的工矿废渣,可以是城乡堆集的生活垃圾、煤灰、炉渣、烟囱煤、煤矸石、石煤、劣质煤等。

原料中所用的玻璃粉、焦炭粉、石油渣、焦油渣、木炭、硅石、石英砂、硼渣、硫铁矿渣、锰渣、磷矿粉、废铝渣、氧化铁、苦土、铝质耐火土、矾土、自然铜、硫酸亚铁、淀粉、硝酸钡、氧化钙等均为助燃剂。

【产品应用】　本固体燃料可以作为能源广泛应用于工业和民用。

【产品特性】　本固体燃料原料丰富易得,造价低廉;着火快,火力集中,炉膛温度高,火苗均达到 150～250mm,燃烧时间长;用其制成的直径为125mm,上有 12 个直径为 15mm 通孔的普通蜂窝煤可持续燃烧达 1.5h 以上。同时,本品充分利用了各种工矿废渣为主要成分,只需含少量煤或不含煤,有利于节约能源和保护环境。

实例16 型煤固体燃料

【原料配比】

原 料	配比（质量份）		
	1#	2#	3#
低热值固体燃料	80	80	82
添加剂	5	5.5	3
黏土	12	12	15
石灰	3	2.5	—

【制备方法】 将低热值的固体燃料粉碎,加入黏土、石灰、添加剂即可得到本型煤固体燃料。

【注意事项】 原料中的低热值固体燃料可以是煤矸石、石煤、粉煤灰、工业炉渣和劣质煤中的一种、两种或两种以上的组合。

在添加剂中,除木屑、粉煤灰或工业炉渣作为主要载体外,还含有碳酸氢钠、氯化钠、三氧化二铁、生石灰、硝酸钾、五氧化二矾、六次甲基四胺。它们的质量配比关系为:木屑40～45份,粉煤灰或工业炉渣32～38份,碳酸氢钠1.5～2.5份,氯化钠2.5～3份,三氧化二铁2.2～2.8份,生石灰8～12份,硝酸钾1.1～1.3份,五氧化二矾1.1～1.3份,六次甲基四胺1.1～1.3份。其中,生石灰主要起固硫作用,使硫的氧化物生成硫酸钙,并以固态留在灰渣中,减少二氧化硫等有害气体;硝酸钾、五氧化二矾、六次甲基四胺作为催化剂,起催化、助燃的作用。其他成分为节煤添加剂,以使一氧化碳充分燃烧。

【产品应用】 本品可作为燃料用于工业生产及民用。

【产品特性】 本品燃烧效果好,有害气体排放量少,不大于 $0.28 mg/m^3$。原料中充分利用了工业废物,成本低且减小了对环境的污染。

实例17 民用液体燃料(1)

【原料配比】

原　　料	配比(质量份)
轻油	40
甲醇	56
水	3.9
甲苯和二钼铁(添加剂)	0.1

【制备方法】

(1)将轻油与添加剂甲苯和二钼铁混合配制成 A 液。

(2)将甲醇与水混合配制成 B 液。

(3)将 A 液和 B 液混合,即可制得成品。

【产品应用】 本品适合于城乡居民使用。

【产品特性】 本品原料来源广泛,在降低成本的同时可以大大减少城市垃圾和一氧化碳的污染;生产工艺简单,产品质量易于控制;燃料性能优良,点燃时不产生甲醇蒸气及有毒物质;积炭少,可减少灶具的清洗次数;使用安全方便,符合环保要求。

实例18 民用液体燃料(2)

【原料配比】

原　　料	配比(质量份)		
	1#	2#	3#
工业甲醇或工业乙醇	1000	1000	1000
过氧化氢	0.8	1.5	2
工业丙酮	2	6	8
樟脑精或香水	0.3	0.4	0.5
多功能添加剂	4	4.5	5

其中多功能添加剂配比：

原　　料		配比（质量份）		
		1#	2#	3#
环戊二烯三羰基锰		6	9	12
二甲苯胺		8	10	12
植物油	花生油	60	—	—
	豆油	—	70	—
	菜子油	—	—	80

【制备方法】

（1）将工业醇类装入塑料桶或不锈钢罐内,加入过氧化氢,同时搅拌3～8min。

（2）加入工业丙酮,同时搅拌3～8min。

（3）加入樟脑精或香水,同时搅拌3～8min。

（4）加入按配比混合均匀的多功能添加剂,同时搅拌3～8min,盖上桶盖或罐盖即可。若再存放6～12h后使用,效果更佳。

【产品应用】　本品可以替代现有家庭使用的石油液化气作为民用燃料。

【产品特性】　本品原料易得,成本低,无须专业设备,生产工艺简单;燃烧值高,热量高,燃烧充分不积炭,燃料消耗低,环保性能好;有香味,无烟,使厨具和灶具干净卫生,若发生火灾,只需用水即可扑灭,不会有爆炸危险,使用安全方便。

实例19　民用液体燃料(3)

【原料配比】

原　　料		配比（质量份）	
		1#	2#
主　料	63#石油醚	9.4	90

原　　料		配比(质量份)	
		1#	2#
辅助原料	添加剂(汽油)	0.12	2
	催化剂(高锰酸钾)	0.08	3
	分散剂(对苯二酚)		
	调节剂(碳酸氢钠)		
	除臭剂(柠檬油或丁子香油)		
	促进剂		
	稳定剂	0.4	5

【制备方法】 将主料和辅助原料分别称量,然后依次加入成品罐内,在常温常压下,用木棒或塑料棒搅拌,即可制得轻烃液体燃料。

【产品应用】 本品为民用燃料,适合于专用炉具使用。

使用前,将液体燃料盛入专用液化气罐内,压力不超过0.1MPa。当用户使用时,通过加气泵给专用液化气罐内充氧,便可使罐内的饱和烃类液体激化反应生成不饱和烃气体——烯烃类气体。这类可燃气体与一定量的空气混合后,通过专用灶具完全燃烧,从而达到供热目的。

【产品特性】 本品原料来源广泛,投资小,工艺简单,产品质量易于控制;燃料热值高,用量少,燃烧完全,节能效果好;火焰稳定,呈蓝绿色,低压储存,无爆炸危险,燃烧后无有害气体排放,使用安全方便,符合环保要求。

实例20　民用液体燃料(4)

【原料配比】

原　　料	配比(质量份)
粗甲醇(或甲醇)	90~95
汽油(70#以上)	3~6

原　　料	配比（质量份）
香精	1～2
氨水	1～2

【制备方法】　将主料粗甲醇（或甲醇）输入合成罐中，再添加汽油、香精、氨水后，用气泵充气合成。

【产品应用】　本品是用于民用火锅的液体燃料。

【产品特性】　本品原料易得，成本低，工艺简单，使用方便卫生，安全可靠；本燃料沸点为64.5℃，闪点为17.7℃，爆炸极限为15%～40%，熔点为－97.8℃，火焰温度为780℃；明火或电子点火均可，燃烧效果与乙醇相似，燃烧后气体无一氧化碳产生，其他有害气体未超出国家允许标准，符合环保要求。

实例21　民用液体燃料（5）

【原料配比】

原　　料	配比（质量份）		
	1#	2#	3#
C₃烷烃和C₄烷烃的混合物	1.29	—	—
C₄烷烃	—	1.18	3.41
正戊烷	—	28.08	26.08
异戊烷	50.27	61.47	67.53
环戊烷	—	1.72	0.35
正戊烷和环戊烷的混合物	18.68	—	—
二甲基丁烷	0.73	2.14	0.82
甲基戊烷	25.59	4.89	1.72
环己烷和正己烷的混合物	3.26	0.41	0.05

【制备方法】　将各组分混合均匀即可。

【产品应用】 将本液体燃料加到带插底管和组合阀的普通石油液化气钢瓶中,用微型空气泵将空气通入,形成烃和空气的混合物即可使用。要采用市售的专用灶具使用本品,可以替代民用石油液化气。

本液体燃料也可以用于热水器、取暖器等燃气用具。

【产品特性】 本品原料易得,工艺简单,使用方便;稳定性好,热值高,燃烧充分,残留率低,燃烧后的废气中,硫、氮污染物的浓度很低,污染小,符合环保要求。

实例22 民用液体燃料(6)

【原料配比】

原　　料	配比(质量份)	
	1#	2#
粗甲醇	720	600
乙醇(95%)	40	80
废汽油	36	108
二茂铁	0.08	0.3
氨水	10	27
硝酸铵	1	3

【制备方法】

(1)将二茂铁溶于废汽油中,再加入乙醇,搅拌均匀,得到呈淡黄色的油状液料。

(2)将粗甲醇置于另一搅拌器中,加入氨水、硝酸铵,充分搅拌,使硝酸铵溶解,然后加入淡黄色油状液料,搅拌15min,过滤后即可得成品。

【产品应用】 本品为民用燃料,是石油液化气和天然气的理想代用燃料。

【产品特性】 本品原料来源广泛,成本低,工艺简单;燃烧充分,热值高,燃烧气体无烟、无味、无毒,不污染环境;该液体燃料能在常温常压下储存,储运和使用过程中不会发生爆炸,安全可靠。

实例23 民用液体燃料(7)

【原料配比】

原 料	配比(质量份)		
	$1^{\#}$	$2^{\#}$	$3^{\#}$
A组分(主料)	90	98	80
B组分(溶剂)	5	1	10
C组分(燃油添加剂)	5	1	10

其中各组分配比:

原 料			配比(质量份)		
			$1^{\#}$	$2^{\#}$	$3^{\#}$
A 组分	$C_{1\sim5}$醇基燃料油		60	70	50
	烷基烃类燃料油(煤油和石脑油)		40	30	50
B 组分	丙酮		60	50	70
	乙醚		40	50	30
C 组分	表面活性剂	木糖醇酐单硬脂酸酯	15	—	20
		吐温	—	10	
	氧化剂	H_2O_2	40	—	10
		Na_2O_2	—	50	—
	除味剂	莰酮	1	1.2	0.3
	消烟剂	二茂铁	3	5	1
	增热值剂	蔗糖	39	—	50
		糖稀	—	10	
	促燃剂	$KMnO_4$	2	—	—
		$NaMnO_4$	—	5	—
		$Ca(MnO_4)_2$	—	—	1

【制备方法】 将 A 组分加入混合罐中,然后再加入溶剂 B 组分

使之混合均匀;然后加入表面活性剂,搅拌均匀,使之充分乳化后成乳液,再边搅拌边加入 C 组分其他添加剂使之完全互溶,得到浅棕色透明均一的液体。

【注意事项】 各配方中的 $C_{1\sim5}$ 醇基燃料油的质量配比范围如下:

1#:粗甲醇 70 份,工业酒精 20 份,杂醇油 10 份。

2#:粗甲醇 80 份,工业酒精 19 份,杂醇油 1 份。

3#:粗甲醇 40 份,工业酒精 40 份,杂醇油 20 份。

各配方中的烷基烃类燃料油的质量配比范围如下:

1#:石脑油 70 份,煤油 30 份。

2#:石脑油 80 份,煤油 20 份。

3#:石脑油 50 份,煤油 50 份。

【产品应用】 本品能够替代液化气作为家用液体燃料。

【产品特性】 本品原料广泛易得,成本低,工艺简单,燃料热值高,空气中甲醇含量 <0.007g/L,污染小,符合环保要求,使用安全方便。

实例24 民用液体燃料(8)

【原料配比】

原　　料		配比(质量份)		
		1#	2#	3#
甲苯		40	76	76
汽油		17	20	—
甲醇		40	—	—
乙醇		—	—	20
添加剂	助燃剂	1	1.5	1.5
	抗氧剂	1	1	1
	钝化剂	100mg/kg	50mg/kg	100mg/kg
	消烟剂	1	1.5	1.5

【制备方法】 将各组分加入混合罐中,搅拌混合均匀即可。

【注意事项】 本品以甲苯为主要成分,甲苯的爆炸范围是 1.2% ~ 7.4%,不易爆炸,使用更安全。甲醇能与甲苯以任意比例混合,作为本液体燃料的辅助成分之一。汽油是烃类混合物,燃烧性好,沸程为 30~180℃,易于汽化,闪点低,可以使液体燃料减少预热时间。

本品所用添加剂包括助燃剂、抗氧剂、钝化剂和消烟剂。助燃剂可以是金属有机化合物类的助燃剂,能够使烃类平稳充分地燃烧;抗氧剂是指烃基酚类抗氧剂,可以阻止不饱和烃等物质形成树脂状氧化物;钝化剂是指微量胺类金属钝化剂,可以延缓金属容器对油氧化反应的催化作用,使燃料长期储存而不会变质;消烟剂是指油溶性金属盐类消烟剂,可以对烃类物质起催化氧化作用,使其燃烧完全,减少或消除黑烟。

【产品应用】 本品是可以取代煤燃料的理想民用燃料,与专用炉具配合使用,燃烧效果更佳。

【产品特性】 本品原料来源广泛,成本低,工艺简单,常压储存及运输,无泄漏及爆炸危险,使用安全方便;本燃料易于汽化,燃烧充分,火焰呈纯蓝色,无黑烟,不生成炭黑,燃烧后无毒、无臭味,清洁卫生,对环境无污染。

实例25 民用液体燃料(9)

【原料配比】

原　　料	配比(质量份)		
	1#	2#	3#
凝析油	99.6	99.4	99.8
盐酸	适量	适量	适量
氯化亚铜	0.4	—	0.2
氯化铜	—	0.6	—
氮气	31	35	27

【制备方法】

(1)将凝析油装入油罐内。

(2)用盐酸把氯化亚铜或氯化铜溶解后,加入油罐内与凝析油搅拌 3~5min,搅拌均匀后静置24h,过滤后灌入半成品罐。

(3)从半成品罐中将已过滤好的液体燃料分别灌入专用液化气钢瓶内,然后将氮气分别加入每个专用液化气钢瓶内即可。

【注意事项】 所述凝析油是无色稍有汽油味的液体,是油田或炼油厂的副产品,其主要成分是含 C_{5-8} 饱和烃类混合物,沸点为 60~180℃,密度为 0.639,是很好的液体燃料。

所述氯化亚铜或氯化铜是化工原料,具有防腐、脱硫、脱臭、改善燃烧性能、提高热效率的作用。将氯化亚铜或氯化铜加入凝析油中,可大大降低凝析油中硫的含量。氮气是无色无味气体,在本品中作为液体燃料的压力添加剂。

【产品应用】 本品广泛适合于城乡居民家庭使用。

【产品特性】 本品原料来源广泛,工艺简单,价格低廉,易于推广;在常温常压下储存,所用炉具与钢瓶分离,使用时不需打气或电动搅拌气化,可有效避免爆炸事故发生,安全可靠;采用脉冲打火,一点即燃,操作方便;燃料含硫量较低,热值高,燃烧性能好,不需预热,火焰呈蓝色,燃烧后无油腻、油渍现象;炉具不结炭,燃烧时无臭、无毒、无烟,对环境污染小,符合环保要求。

实例26 民用液体燃料(10)

【原料配比】

原　　料	配比(质量份)		
	1#	2#	3#
粗甲醇	76	53	70
汽油(或废汽油)	15	30	20
蒸馏水	8	10	9

原　料	配比（质量份）		
	1#	2#	3#
乳化剂	0.3	1	0.5
助氧剂硝酸钠	0.2	0.2	0.2
氨水	0.4	0.4	0.3

【制备方法】

（1）将助氧剂硝酸钠溶于蒸馏水中，搅拌到完全溶解后再加入到粗甲醇中，然后再加入氨水，备用。

（2）将乳化剂加到汽油（或废汽油）中进行充分搅拌，接着在搅拌中将备用的混合液徐徐加入，待加完后再充分搅拌 0.5~2h，最后经过滤即可得成品。

【注意事项】　乳化剂可以是吐温 - 80 或吐温 - 60 与斯盘 - 60 或斯盘 - 80 按 10∶1 的比例混合而成的混合乳化剂。

【产品应用】　本品能够替代石油液化气与天然气作为民用燃料。

【产品特性】　本品原料来源广泛，成本低，工艺简单；燃料能在常压下储存，不需打气加压的专用炉具，使用安全方便；燃料热值高，无烟、无毒、无异味，符合环保要求。

实例 27　民用液体燃料（11）

【原料配比】

原　料		配比（质量份）				
		1#	2#	3#	4#	5#
主料	$C_{5~8}$ 的饱和烃	1000	1000	1000	1000	1000
辅料	煤油	55	75	60	65	79
添加剂	乙酸乙酯	1.2	2.2	1.3	1.5	1.8
	2,6 - 二特丁基对甲酚	1.2	2.2	1.3	1.5	1.8

【制备方法】 在钢制贮缸内先装入主料,再加入煤油,最后加入乙酸乙酯和2,6－二特丁基对甲酚,用小油泵打3~5min 循环,混合静止一昼夜,即可得到成品。

【产品应用】 本品适合于家庭(在特制炉具上)使用。

【产品特性】 本品原料易得,成本低,工艺简单;燃料热值高,火力旺,火焰呈蓝色,与液化气火焰相似,节能效果好;火焰调节自如,燃烧时无烟无味,不污染餐具,使用安全方便,符合环保要求。

实例28 民用液体燃料(12)

【原料配比】

原　料	配比(质量份)
水	50
混合醇(甲醇:乙醇＝3:2)	50
催化剂	0.2

其中催化剂配比:

原　料	配比(质量份)
二茂铁	0.05~4.6
三硝基甲苯	0.1~4.4
硝基苯	0.01~2
二甲苯	20~71
乳化剂 OP－10	加至100

【制备方法】 将混合醇加入水中,搅拌均匀后再加入已经混合均匀的催化剂,用机械高频震荡1.5~2h,密封物化20d 左右即成所需液体燃料,经专用炉具即可使用。

【产品应用】 本品为民用燃料,主要应用于人们的日常生活,特别适用于炊事炉具。

【产品特性】 本品原料丰富,成本低,工艺简单,开发前景广阔;

本品热值高,燃烧充分,燃烧后无残留,可保持炉具清洁,无毒、无味,对环境无污染;本燃料除自重外无压力,无须压力罐,只需装入塑料桶中即可,便于携带与运输;本燃料必须在特制的灶具中喷成雾状才能得以燃烧,因此平时遇上明火也不会燃烧,使用安全方便。

实例29　民用液体燃料(13)

【原料配比】

原　　料	配比(质量份)
甲醇	86～94
分散剂	5～10
增氧剂	0.5～3
香料	0.5～1

【制备方法】　在甲醇中加入分散剂、增氧剂、香料,边加入边搅拌,混合均匀即可。

【注意事项】　本品中用到的分散剂为丙酮,增氧剂是过氧化氢或者高锰酸钾溶液。过氧化氢或高锰酸钾不可以直接加入甲醇中,需将过氧化氢与水按5:1的比例混合制成溶液备用;或者将高锰酸钾与酒精按1:3的比例制成溶液备用。香料为樟脑精或香精的酒精溶液,也可将樟脑精或香精按1:3的比例溶于酒精备用。

【产品应用】　本品特别适合城乡居民使用。

【产品特性】　本品原料易得,价格低廉,工艺简单;在常温常压下为液体状态,不需压力,不需专用钢瓶,安全方便;无毒、无残液,燃烧充分不积炭。

实例30　民用液体燃料(14)

【原料配比】

原　　料	配比(质量份)
80%乙醇(低价醇)	71.5

原　　料	配比(质量份)
70#汽油(高级烃)	5.7
水	21.4
油酸(不饱和有机酸)	0.3
二聚环戊二烯铁(添加剂)	0.1

【制备方法】　在常温常压下,将以上原料混合均匀即可。

【产品应用】　本品是适合家庭使用的节能液体燃料。

【产品特性】　本品原料易得,成本低,工艺简单;燃料闪点为20~21℃,pH值为7左右,密度为0.02~0.05g/cm³(20℃),馏程为64~79℃,自燃点为420~500℃;燃烧性能好,不易爆炸,无毒,使用安全方便。

实例31　民用液体燃料(15)

【原料配比】

原　　料			配比(质量份)
粗甲醇			90
汽油			5
乙醇(95%)			15
添加剂	消烟催化剂	二茂铁	0.01
	消异味剂	氨水(20%)	0.9
		氯化钴(粉末)	0.09
	助氧剂	过氧化氢(27%)	0.1
	消毒剂	高锰酸钾(水溶液)	1
	促进剂	乌洛托品(粉末)	0.2
	净化剂	活性炭(工业级)	5
	香精		0.1

【制备方法】

(1)将消烟催化剂溶于汽油中,搅拌至完全溶解。

(2)将香精加入乙醇中。

(3)将催化剂的汽油溶液和香精的乙醇溶液混合搅拌,直至透明为止,备用。

(4)称取粗甲醇,加入氨水和助氧剂轻微搅拌。

(5)依次将消毒剂和氯化钴加入粗甲醇和氨水等的混合物中,搅拌。

(6)再加入催化剂、汽油、香精和乙醇的混合物料中,然后再加入促进剂在电磁场中搅拌30min。

(7)用净化剂将混合好的物料在净化过滤桶中净化,即可得成品。

【产品应用】　本品能够替代石油液化气和天然气作为民用燃料使用。

【产品特性】　本品原料来源广泛,生产成本低,易于推广;燃料热值高,燃烧稳定;在常压下储存,不易爆炸;无毒无烟、无异味,储存、运输及使用安全、方便、卫生,符合环保要求。

实例32　民用液体燃料(16)

【原料配比】

原　　　料	配比(质量份)
甲醇	87.2
丙酮	8
过氧化氢	2
樟脑精	0.8
高锰酸钾	2

【制备方法】　将丙酮、过氧化氢、樟脑精和高锰酸钾先混合均匀,再与甲醇混合均匀,即可制得成品。

【产品应用】　本品为新型民用液体燃料。

【产品特性】 本品原料来源广泛,价格低廉,工艺简单,贮存和运输方便安全;高效节能,经济耐用,灶具使用寿命为液化气灶具的两倍,燃料价格仅为液化气价格的 2/3 左右;上火快、火力猛、可调温,采用电子脉冲点火,火焰高低和大小可任意调节;不需打气、加压,采用水平供料,直接点燃;循环燃烧和多层气化同步进行,燃烧彻底,无积炭;不需预热,供料点燃一次完成,不易溢出着火,安全可靠;采用燃料灶具一体化的新颖构造,灶具内设料箱;无须专用钢瓶,燃料可随时添加,极为方便。

实例33 民用液体燃料(17)

【原料配比】

原　　料	配比（质量份）		
	1#	2#	3#
轻质油（密度≤0.63g/cm³,20℃）	94	94	94
汽油（70#或90#）	1	0.8	1.3
檀香油	0.015	0.015	0.01
丙酮	3.5	2	5
高锰酸钾	0.01	0.008	0.012
对苯二酚	0.02	0.02	0.02
水	0.1	0.1	0.1
碳酸氢钠	0.016	0.016	0.02

【制备方法】

(1)在轻质油中加汽油混合搅拌均匀,作为 A 组分。

(2)在丙酮中加檀香油搅拌均匀,再加入高锰酸钾搅拌均匀,作为 B 组分。

(3)将对苯二酚加入水中,再加入碳酸氢钠搅拌,作为 C 组分。

(4)B 组分和 C 组分分别制成后放置 1~2h,将 C 组分加入 B 组分搅拌均匀,所得作为 D 组分。

(5)D 组分制成后放置 3~6h,将 D 组分加入 A 组分搅拌混合均匀,即可制得成品。

【产品应用】 本品为民用液体燃料。1#适用于春秋季节;2#适用于夏季;3#适用于冬季。

将本液体燃料加到带插底管和组合阀的普通石油液化气钢瓶中,用微型空气泵将空气通入,空气通入量为 $0.7m^3/h$ 左右,形成气态烃和空气的混合物,采用市售的专用灶具使用,可以替代民用石油液化气使用。

本品也可以用于热水器、取暖器等燃气用具。

【产品特性】 本品原料易得,成本低,设备无特殊要求,工艺简单,均在常温常压下操作,产品质量容易控制;燃料性能优良,燃料充分,热值高,含硫量低,燃烧后残液量少,符合环保要求。

实例34 轻烃液体燃料

【原料配比】

原　料	配比(质量份)
C_5 燃料	85
石油醚	3
3-甲基-1-丁烯	6
二聚环戊二烯铁	0.4

【制备方法】

(1)先将 C_5 燃料倒入一个普通的反应罐内,然后加入石油醚,再加入3-甲基-1-丁烯及二聚环戊二烯铁,搅拌混合20min至均匀即得轻烃燃料。

(2)将配制好的轻烃燃料倒入带有微型气泵的气化罐内,用气管连接好普通的燃气炉具,即可使用。

【产品应用】 本品为民用燃料,是替代甲醇类燃料的理想产品,能够解决城乡燃料短缺的问题。

【产品特性】 本品原料易得,成本低,工艺简单,使用安全;不需预热,只需在微压气化下即可气化燃烧,且热值高;对环境无污染,即使在温度较低的环境下使用,其燃烧残液也极少。

实例35　轻油液体燃料

【原料配比】

原　　料		配比(质量份)		
		1#	2#	3#
轻油		900	950	990
甲醇		100	50	10
添加剂	亚硝酸钠	1	1.2	1.5
	对苯二酚	1	0.85	0.7
	三乙醇胺	0.25	0.32	0.4
	高锰酸钾	0.05	0.05	0.08
	乙二醇甲醚	0.5	0.5	0.8

【制备方法】　将轻油、甲醇及添加剂充分混溶后静置8h以上,即可制得轻油液体燃料。

【产品应用】　本品可作为民用燃料使用。

【产品特性】　本品原料来源广泛,工艺简单,在常温常压下贮存使用,安全性高;可低压气化,使用低压罐,且可以简化炉具结构,使用方便;热值高,无烟无毒,无异味,不污染环境。

实例36　清洁液体燃料(1)

【原料配比】

原　　料	配比(质量份)		
	1#	2#	3#
木精	900	1150	1025
90#汽油	2250	2500	2375

续表

原　　料	配比(质量份)		
	1#	2#	3#
溶剂油	750	1000	875
吐温	8	10	9
酊合剂	1	1.5	1.25
过氧化氢	1	2	1.5
二茂铁	1.5	2.5	2
清水	150	250	200
乳化剂	50	100	75

【制备方法】　将上述原料加入容器中,搅拌溶解,混合均匀即得成品。

【注意事项】　木精可采用农、林作物残料发酵工艺制取,如蔗糖渣、各种果渣、稻壳、秸秆等。

溶剂油、酊合剂、二茂铁、90#汽油的作用是提高燃料的热值;过氧化氢的作用是防止氧化;吐温的作用是提高燃料的活性;清水起到稀释作用;乳化剂的作用是乳化混合液体。

【产品应用】　本品可作为车用燃料使用。

【产品特性】　本品原料易得,成本低,热值高,废气中的有毒有害气体成分大幅度降低,对环境无污染。

实例37　清洁液体燃料(2)

【原料配比】

原　　料	配比(质量份)
自来水	100
粗甲醇	100
添加剂	6

其中添加剂配比:

原　料	配比(质量份)		
	1#	2#	3#
甲苯	10	8	12
硫酸	10	12	8
二叔丁基对甲酚	20	18	22
氨水	10	8	12
香精	5	3	7
晶盐	20	22	18
甲醛	5	7	3
明矾	20	22	18

【制备方法】

(1)将甲苯、硫酸、二叔丁基对甲酚、氨水、香精、晶盐、甲醛、明矾经搅拌混合,即可制成添加剂。

(2)将自来水和粗甲醇混合后,加入添加剂轻微搅拌,即可制得成品。

【产品应用】　本品可替代石油制成的汽油、柴油等液体燃料。

【产品特性】　本品原料易得,工艺简单,热效率高,无烟、无毒、无异味、无油渍、安全卫生;二氧化硫、烟尘、3,4 - 苯并芘等污染物能达到零排放,符合环保要求。

第十章　电镀化学镀液

实例1　化学镀钯液

【原料配比】

原　料	配比（g/L）					
	1#	2#	3#	4#	5#	6#
$PdCl_2$	2	0.2	0.6	0.6	1.2	0.8
氨水（25%）	—	—	—	50mL	100mL	100mL
乙二胺	50mL	5mL	15mL	—	—	—
柠檬酸	20	—	—	—	—	—
异丙醇胺	—	2	—	30	—	—
三乙醇胺	—	—	20	—	—	50
氨基乙酸	—	—	—	—	20mL	—
$NaH_2PO_2 \cdot H_2O$	12	2	4	4	10	5
硫脲	0.025	0.015	—	0.01	0.025	0.025
硝酸铋	—	—	0.02	—	—	—
水	加至1L	加至1L	加至1L	加至1L	加至1L	加至1L

【制备方法】　将各组分溶于水中，混合均匀即可。

【产品应用】　本品主要用于化学镀钯。

【产品特性】　本品含有两种钯络合物，其作用在于增强浴液的稳定性和稳定 pH 值的波动范围，使得浴液在钯浓度低的情况下稳定地析出。因此，在对 PCB 印刷电路板等的基底进行了化学镀镍后，通过使用本品的化学镀钯液进行镀覆，可以提高制品的耐腐蚀性和焊料的接合性。

实例2 化学镀铜液(1)

【原料配比】

原　　料	配比(g/L)		
	1#	2#	3#
五水合硫酸铜	10	3	12
七水合硫酸镍	1.75	1.105	5.25
乙二胺四乙酸二钠	22.3	26.1	29.8
一水合次亚磷酸钠	34	21.25	42.5
二甲氨基甲硼烷	0.48	0.29	0.51
硫脲	0.001	—	0.002
氨水(25%)	适量	适量	适量
蒸馏水	加至1L	加至1L	加至1L

【制备方法】

(1)用蒸馏水将质量分数为10%的二甲氨基甲硼烷水溶液稀释成质量分数为1%的二甲氨基甲硼烷水溶液;将硫脲和蒸馏水按常规方法配制成浓度为0.013mol/L的硫脲水溶液。

(2)用量筒量取适量蒸馏水倒入烧杯中,分别称取五水合硫酸铜、七水合硫酸镍、乙二胺四乙酸二钠,倒入烧杯中,用磁力搅拌器搅拌使其完全溶解,向溶液中加入一水合次亚磷酸钠,搅拌使其完全溶解,用移液管分别移取质量分数为1%的二甲氨基甲硼烷水溶液和浓度为0.013mol/L的硫脲水溶液,加入到溶液中,搅拌均匀,用质量分数为25%的氨水调节pH值至9,用蒸馏水定容至1000mL,即制备成次亚磷酸钠乙二胺四乙酸二钠体系化学镀铜溶液。

【产品应用】　本品主要应用于化学镀铜。

【产品特性】　本品以二甲氨基甲硼烷作为辅助还原剂,加快了反应速率,以乙二胺四乙酸二钠作为络合剂,提高了镀液的稳定性,以硫脲作为添加剂,使铜的晶粒细化从而使铜层质量得到明显改善。所制备的次亚磷酸钠乙二胺四乙酸二钠体系化学镀铜溶液是以一水合次亚磷酸钠、二甲氨基甲硼烷为还原剂的镀铜体系代替了传统的甲醛镀铜体系,大大减小了对环境的污染,对环境保护起到了重要作用。在一水合次磷酸钠体系中,用乙二胺四乙酸二钠代替了传统的柠檬酸钠作络合剂,不仅使镀层的结晶度得到了改善,也使镀液的稳定性得到了提高。

实例3　化学镀铜液(2)

【原料配比】

原　　料	配比(g/L)		
	1#	2#	3#
五水合硫酸铜	2	3	2
七水合硫酸铁	0.3	0.2	0.5
酒石酸钾钠	4	3	5
次磷酸钠	5	4	6
硫酸铵	0.8	1	1
硫脲	0.01	0.01	0.01
水	加至1L	加至1L	加至1L

【制备方法】　将各组分溶于水中,混合均匀即可。

【产品应用】　本品主要应用于化学镀铜。

【产品特性】　本品采用次磷酸钠作为还原剂,避免了采用甲醛所带来的环境污染,且采用酒石酸钾钠为络合剂以降低成本。另外,本配方稳定性较高,不含有甲醛,改善了工作环境,便于管控,且成本较低,具有很好的经济效益和社会效益。

实例4 化学镀锡溶液

【原料配比】

原　　料	配比(g/L)				
	1#	2#	3#	4#	5#
硫酸亚锡	10	40	25	30	35
浓硫酸(98%)	20mL	70mL	35mL	55mL	60mL
水杨醛缩氨基硫脲	0.1	3	2	2.5	3
聚乙二醇(6000)	0.005	0.015	0.01	0.012	0.013
一水合次亚磷酸钠	—	80	30	45	50
脒基硫脲	0.02	0.08	0.05	0.07	0.08
盐酸吡硫醇	0.01	0.06	0.04	0.05	0.02
4,4′-(2-吡啶亚甲基)二苯酚	0.01	0.05	0.03	0.04	0.05
葡萄糖醛酸	0.2	0.05	0.3	0.6	0.4
去离子水(或蒸馏水)	加至1L	加至1L	加至1L	加至1L	加至1L

【制备方法】　首先将浓硫酸缓慢加入去离子水中(总水量的50%~70%),然后依次将硫酸亚锡、水杨醛缩氨基硫脲、聚乙二醇(6000)、一水合次亚磷酸钠、脒基硫脲、盐酸吡硫醇、4,4′-(2-吡啶亚甲基)二苯酚和葡萄糖醛酸加入,充分溶解后将溶液过滤,并用去离子水配至规定体积。

【产品应用】　本品主要应用于化学镀锡。

本化学镀锡溶液用在钢铁、铜或铜合金材料表面置换镀锡,其工作温度为20~65℃,施镀时间为30~90s,镀层厚度为0.45~1.42μm,常温下镀液可稳定保存90d以上。

【产品特性】　本镀锡溶液中含有络合剂Schiff碱(水杨醛缩氨基硫脲)和脒基硫脲,可有效降低铜的电极电位,使置换反应能够进行;

盐酸吡硫醇使镀层光亮度增加;4,4′-(2-吡啶亚甲基)二苯酚和葡萄糖醛酸的使用使镀液更稳定,常温下镀液可稳定保存90d以上。该镀锡溶液的生产工艺过程易于控制,既可在钢材上,也能在铜或铜合金材料表面置换镀锡。使用该镀锡溶液得到的镀层厚度范围宽,能满足多数用户的要求。

实例5　环保光亮型化学镀镍添加剂

【原料配比】

原　　料	配比(g/L)		
	1#	2#	3#
乳酸	300mL	200mL	50mL
柠檬酸	50	50	200
苹果酸	50	50	100
碘酸钾	0.4	0.2	0.3
硫代硫酸钠	0.1	0.2	0.1
胱氨酸	0.05	0.1	0.1
硫酸铜	0.5	1	1.5
丙炔镝盐	5mL	3mL	4mL
十二烷基硫酸钠	0.4	0.2	—
正辛基硫酸钠	—	—	0.3
醋酸钠	400	350	300
去离子水	加至1L	加至1L	加至1L

【制备方法】　将各原料分别用去离子水溶解,然后将各溶解后的成分混合均匀,加入去离子水至所需的体积,即制成环保光亮型化学镀镍添加剂。

【产品应用】　本品主要应用于食品机械、模具、炊具、水暖阀门、缝制机械、汽摩配件、电子产品等。

【产品特性】

(1)本品不用有铅、镉等有毒重金属离子作稳定剂、光亮剂,因此添加该添加剂沉积出的镀层环保,可达到欧盟 ROHS 标准。

(2)本品不仅使用方便,添加量少、成本低,而且便于贮存和运输。

(3)采用本品可以减少镀层针孔的形成,降低镀层孔隙率,改善镀层性能,镀层外观达到全光亮,从而提高其耐蚀性和装饰性。

实例6　环保型化学镀镍光亮剂

【原料配比】

(1)光亮剂配比:

原　　料	配比(g/L)			
	1#	2#	3#	4#
1,5-萘二磺酸	0.8	0.6	1	0.5
硫脲	0.15	0.12	0.1	0.15
硫酸亚铁铵	1.2	1.5	1	0.8
硫酸铜	1	1.2	1	1.5
柠檬酸	30	45	40	35
去离子水	添加至1L	添加至1L	添加至1L	添加至1L

(2)补加液 A 配比:

原　　料	配比(g/L)			
	1#	2#	3#	4#
硫酸亚铁铵	0.1	0.15	0.1	0.12
硫酸铜	4	4.2	4.5	4
柠檬酸	30	45	40	35
去离子水	添加至1L	添加至1L	添加至1L	添加至1L

（3）补加液 B 配比：

原　　料	配比（g/L）			
	1#	2#	3#	4#
1,5 - 萘二磺酸	0.8	0.6	1	0.5
硫脲	0.15	0.12	0.1	0.15
柠檬酸	30	45	40	35
去离子水	添加至1L	添加至1L	添加至1L	添加至1L

【制备方法】

（1）光亮剂的配制：分别按上述配方称取 1,5 - 萘二磺酸、硫脲，置于容积为 1L 的容器中，加入去离子水；待完全溶解后，将硫酸亚铁铵、硫酸铜，溶解于上述溶液中；待完全溶解后，加入柠檬酸，摇匀，补加去离子水至 1L。

（2）补加液 A 的配制：分别按上述配方取硫酸亚铁铵、硫酸铜置于容积为 1L 的容器中，加入去离子水；待完全溶解后，加入柠檬酸，摇匀，补加去离子水至 1L。

（3）补加液 B 的配制：分别按上述配方取 1,5 - 萘二磺酸、硫脲置于容积为 1L 的容器中，加入去离子水；待完全溶解后，加入柠檬酸、摇匀，补加去离子水至 1L。

【产品应用】 本品主要应用于化学镀镍。

在进行化学镀镍前，每升化学镀镍液添加上述光亮剂 10 ~ 15mL，同时在每一个施镀周期，向每升化学镀镍液中各添加 10 ~ 15mL 的补加液 A 和补加液 B。

含有该光亮剂的化学镀镍液在施镀时的装载量为 0.5 ~ 2dm^2/L，优选 1dm^2/L，施镀温度为 85 ~ 92℃，使用中无须另外添加稳定剂。

【产品特性】 本环保型化学镀镍光亮剂中不含铅、铬等重金属离子、无毒无害对环境友好；1,5 - 萘二磺酸主要起去极化抑制剂的作用；硫脲起去极化抑制剂、稳定剂的作用，且在适当浓度下能加快镀速;硫酸亚铁铵和硫酸铜的作用是和镍发生共沉积;因为亚铁离子在酸性条件下才能稳定,柠檬酸即作为络合剂达到让光亮剂更稳定的效果。将该光亮剂加入化学镀镍液中并对工件施镀后,镀层光亮度达到或高于含 $CdSO_4$ 光亮剂的光亮效果,且镀层致密无孔隙、硬度高。同时,该光亮剂兼有稳定剂的作用,在应用到化学镀镍液中时,无须额外添加稳定剂。

实例7 混合型非甲醛还原剂的化学镀铜液

【原料配比】

原　　料	配比(g/L)				
	1#	2#	3#	4#	5#
$CuSO_4 \cdot 5H_2O$	20	20	30	20	20
EDTA—4Na · 2H$_2$O	45	45	60	45	45
NaOH	20	20	20	20	20
$NaH_2PO_2 \cdot H_2O$	30	30	40	20	—
(HCHO)$_n$	—	—	1	2	1
NaHSO$_3$	—	—	2.5	5	.2.5
OHC—COOH	2.5	2.5	—	—	10
α,α' - 联吡啶	5mg/kg	10mg/kg	5mg/kg	10mg/kg	10mg/kg
水	加至1L	加至1L	加至1L	加至1L	加至1L

【制备方法】 将各组分溶于水中,混合均匀即可。

【产品应用】 本品主要应用于化学镀铜。

处理条件如下:采用摇摆浸泡和打气装置,处理温度为40℃,化学镀铜时间为20min,pH = 13。

【产品特性】 本品采用了至少两种非甲醛还原剂混合而成,无环境污染,沉淀速率快,铜沉积层纯度高和铜沉积致密(背光级别优良)性好,操作简单,成本低廉。

实例8 甲磺酸铅、甲磺酸锡电镀液光亮整平剂

【原料配比】

原　　料		配比（质量份）			
		1#	2#	3#	4#
水		75	77	78	77
二甘醇		7	—	—	—
乙二醇		—	—	8.5	—
丙三醇		—	—	—	10
主光亮剂	戊二醛	—	—	0.8	—
	萘甲醛	—	—	—	2
	茴香醛	—	0.5	—	—
	苯甲醛	1	—	—	—
辅助光亮剂	双酚A	—	0.5	—	1
	2,6-二叔丁基对甲酚	1	—	0.7	—
异丙醇		—	8	—	—
烷基酚聚氧乙烯醚（表面活性剂）		16	14	12	10

【制备方法】　先将主光亮剂、辅助光亮剂溶于醇中,同时把表面活性剂溶于水中,然后将水溶液与醇溶液混合即得光亮整平添加剂。在电镀液中,光亮剂的加入量,视电镀液中铅、锡离子的浓度和电流密度来进行调整。

【产品应用】　本品主要应用于电镀光亮剂。

【产品特性】　本品就是用于甲磺酸铅、甲磺酸锡电镀液的光亮整平剂。采用本光亮整平剂的电镀液,长时间电镀后,镀层致密、均匀,且与金属的结合力强。

实例9 碱性化学镀镍复合光亮剂

【原料配比】

原　料		配比（g/L）					
		1#	2#	3#	4#	5#	6#
初级光亮剂	糖精钠	10	20	10	5	15	8
	苯亚磺酸钠	—	—	10	10	5	8
次级光亮剂	1,4-丁炔二醇	5	10	6	8	10	7
	吡啶	20	40	25	30	35	30
	硫脲	0.5	1	0.6	0.8	1	0.6
辅助光亮剂	丙炔磺酸钠	0.5	2	0.8	1.2	1.6	1.8
	烯丙基磺酸钠	30	50	35	40	45	50
水		加至1L	加至1L	加至1L	加至1L	加至1L	加至1L

【制备方法】 将各组分溶于水中,混合均匀即可。

【产品应用】 本品主要应用于化学镀镍。

碱性化学镀镍复合光亮剂的使用方法:取 2~4mL 复合光亮剂缓慢加入 1L 化学镀镍的镀液中,并用 5%~10% 的氨水溶液调节 pH 值至 8~11;施镀温度为 40~80℃;将经过除油、酸洗、活化处理的零件浸入镀液中 10~150min,即可在零件表面获得光亮的镀镍层。

【产品特性】

(1)不仅能显著提高镀层的光亮性和增加镀层的整平性,而且有助于降低镀层的孔隙率。

(2)出光快,分散能力好,能提高镀液的稳定性,延长镀液的寿命,且光亮剂的分解产物不影响镀液成分和镀件质量。

(3)镀层致密平整,表面应力小、韧性好。

实例10　金属表面抗磨镀层电镀液

【原料配比】

原　　料	配比（g/L）		
	1#	2#	3#
硫酸镍	30	60	95
钨酸钠	65	40	50
柠檬酸铵	100	90	80
糖精	1	2	0.5
1,4-丁炔二醇	0.5	1	2.5
水	加至1L	加至1L	加至1L

【制备方法】　将原料分别溶解于少量的水中,再按顺序混合搅拌均匀,用水稀释到镀槽规定量搅拌均匀,然后用浓氨水调 pH 值至7.8～8.4,在电流密度为 $1A/dm^2$ 下电解 7h。

【产品应用】　本品主要应用于金属表面电镀。

本品的电镀工艺如下：

(1)金属工件进行镀前处理:按照常规金属表面的处理或安装方式,将金属工件固定在夹具上,进行电解除油→用酸活化金属表面→粗化处理→化学除油→自来水清洗→电解除油→自来水清洗→酸活化→自来水清洗→超声波清洗和去离子水清洗。

(2)电镀实施过程:将配好的电镀液升温至70℃,电镀的过程中保持 pH 值稳定在8.0,电流密度为 $6A/dm^2$。阳极选用耐腐性强的不锈钢材料,电镀速度为 $2\mu m/h$,可在金属工件表面形成光亮的耐磨镀层,镀层厚度为 $23\mu m$。

(3)电镀完成后对镀层表面进行热处理:处理温度为550℃,保温1～2h。按照常规方法抛光去除氧化膜,再用机械法抛光去除低硬度氧化膜。

【产品特性】 采用电镀工艺用本品在金属表面沉积耐磨镀层的过程,无废水排放,不会对环境造成污染;镀层显微硬度 1000 ~ 1250HV,耐磨性和摩擦系数高于镀硬铬。

实例11 聚合物粉化学镀钴液

【原料配比】

原　料	配比(g/L)
硫酸钴	30
次亚磷酸钠	30
酒石酸钾钠	25
硼酸	15
硫酸铵	15
柠檬酸钠	10
硫脲	0.002
氢氧化钠溶液	适量
水	加至1L

【制备方法】

(1)分别将硫酸钴、酒石酸钾钠、硼酸、硫酸铵、柠檬酸钠、次亚磷酸钠溶于适量水中配制成溶液,备用。

(2)将硫酸钴溶液倒入酒石酸钠溶液中,再将搅拌均匀的溶液倒入硼酸溶液中,混合均匀再加入硫酸铵溶液,最后加入柠檬酸钠溶液。

(3)使用前,加入还原剂次亚磷酸钠溶液,还可以酌情加入稳定剂硫脲,稀释至所需体积,并用氢氧化钠溶液调节 pH 值至10。

【产品应用】 本品主要应用于聚合物粉的化学镀钴工艺中。

聚合物粉化学镀钴工艺:首先将聚合物粉经除油、粗化、敏化、活化等预处理后,进行化学镀钴。施镀温度为 70℃,施镀时间为 1.5h。

【产品特性】　本品涉及的聚合物粉化学镀钴液的配方及工艺简单、方便,易于操作和控制,镀液稳定,不易变质,制备出的磁性聚合物粉的技术参数令人满意。

实例 12　聚合物粉化学镀镍液

【原料配比】

原　　料	配比(g/L)
硫酸镍	30
次亚磷酸钠	20
柠檬酸钠	15
氯化铵	45
水	加至 1L

【制备方法】

(1)分别用适量水把硫酸镍、柠檬酸钠、氯化铵和次亚磷酸钠溶解配成溶液。

(2)将氯化铵倒入硫酸镍溶液中,搅拌均匀后将溶液倒入柠檬酸钠溶液中。

(3)使用前加入还原剂次亚磷酸钠,最后稀释至所需体积,并用氨水调节 pH 值至 8.5~9.5。

【产品应用】　本品主要应用于化学镀镍。

工艺:首先将聚合物粉经除油、粗化、敏化、活化等预处理后,进行化学镀镍。施镀温度为 35~55℃,施镀时间为 1.5~2.5h。

【产品特性】　本品涉及的聚合物粉化学镀镍配方及工艺简单、方便,易于操作和控制,镀液稳定,不易变质,制备出的磁性聚合物粉的技术参数令人满意。

实例13 硫酸盐体系三价铬电镀液

【原料配比】

原　　料	配比（g/L）			
	1#	2#	3#	4#
硫酸铬	0.4	0.4	0.5	0.6
硼酸	0.5	0.8	1.2	1
甲酸铵	0.5	—	—	—
乙酸钠	—	1	—	—
氨三乙酸	—	1	—	—
氨基乙酸	0.5	—	—	1.5
丁二酸	—	—	—	1.5
草酸	—	—	—	2
尿素	—	—	—	2
硫酸钾	0.5	1	1.2	1.5
次亚磷酸钠	0.3	0.5	0.8	1
溴化铵	0.02	0.2	0.3	0.5
硫酸亚铁	0.01	0.02	0.09	0.1
增厚剂	0.01	0.2	0.4	0.5
蒸馏水	加至1L	加至1L	加至1L	加至1L

【制备方法】 取硫酸铬溶于蒸馏水中，搅拌至完全溶解；取硼酸溶于60～70℃的蒸馏水中，搅拌至溶解；将上述所得硫酸铬溶液与硼酸溶液混合，搅拌均匀；加入络合剂在60℃下搅拌0.5h，随后依次加入硫酸钾、次亚磷酸钠、溴化铵、硫酸亚铁、增厚剂，边加边搅拌，直至完全溶解，静止12h；添加水至接近1L；然后检测、用氨水或硫酸溶液调整镀液的pH值为1.0；定容后控温30℃。

【注意事项】 所述络合剂可以是甲酸铵、乙酸钠、氨基乙酸、氨三乙酸、丁二酸、草酸、尿素中的一种或几种。前述的甲酸盐或乙酸盐对应的阳离子为钾、钠或铵离子。所述复配络合剂,不仅可以保持铬的持续沉积,还可提高三价铬的沉积速度和电流效率。

所述增厚剂为多元羧酸与 Al^{3+} 的配合物,多元羧酸为柠檬酸、酒石酸、羟基乙酸、氨基乙酸、氨三乙酸、丁二酸、乙二酸、苹果酸中的一种或几种。它可以有效防止长时间电镀过程中镀层的起皮和脱落,可提高长时间电镀层的结合力和光亮度。

【产品应用】　本品主要应用于化学镀铬。

电镀方法:将工件按照常规的镀前预处理进行清洗、除锈和活化后,在 $10 \sim 45 A/dm^2$ 电流密度下电镀 $20 \sim 300 min$,取出后用水冲洗干净;待试片干后即可得到厚度为 $20 \sim 80 \mu m$ 光亮平整、无裂纹的三价铬硬铬镀层。

【产品特性】

(1)本品研制的三价铬电镀液在电镀过程中,阳极仅析出氧气,清洁无污染,厚度可达 $80 \mu m$,镀层外观光亮、裂纹少、结合力好,而且所用原料来源丰富,成本较低,具有优异的性价比。

(2)在本电镀液中引入增厚剂后,有效地防止了电镀镀层的起皮和脱落,提高了硬铬镀层的结合力和光亮度,使三价铬镀硬铬镀层具有良好的结合力和外观,克服了原镀硬铬过程中镀层灰暗、裂纹多、结合力差、镀层容易起皮等弊病。

实例14　铝及铝合金化学镀镍镀前浸镍液

【原料配比】

原　　料	配比(g/L)
硫酸镍	$30 \sim 50$
酒石酸钠和柠檬酸钠	$20 \sim 30$
醋酸铵或硫酸铵	$20 \sim 30$
乙二胺和苯胺	5mL
2-乙基己基磺酸钠	1

原　　料	配比(g/L)
氢氟酸	1～5mL
水	加至1L

【制备方法】　将配方中各原料加入水中,搅拌混合均匀即可。

【产品应用】　本品主要应用于镀镍前的浸镍。

【产品特性】

(1)浸镍直镀工艺简单,比浸锌预镀工艺省掉了预镀工序,省掉了预镀设备和预镀原材料。

(2)浸镍直镀成品率高,浸锌(锌合金)在中性、弱碱性镀液中预镀,由于浸锌层较松软,在镀液流动、搅动、产生气体冲击的作用下,镀件边角、盲孔等处易产生漏镀,若镀件形状复杂,更易产生这种缺陷。

(3)浸镍直镀使镀层与基体结合牢、均匀、致密。镀好的成品,锉、锯不掉层,300℃热振试验不起泡、不脱皮。

(4)浸镍直镀镍层的抗蚀性好,如用相同的两铝件分别浸镍和浸锌,然后在同一化学镀镍液中施镀80min,镀层厚约20μm,再投入同一浓硝酸中退镍,浸锌镍件4～5h镀层脱皮或脱落,浸镍件2～3d也无脱皮现象。

(5)浸镍层表面活性高,浸镍后施镀1～2s起镀,5min内出光,成品率为100%。

实例15　铝及铝合金化学镀镍

【原料配比】

原　　料	配比(g/L)
六水合硫酸镍	25
次亚磷酸钠	27
三水合醋酸钠	30

原　料	配比（g/L）
柠檬酸	18
水	加至1L

【制备方法】　将配方中的各组分加入水中,搅拌混合均匀即可。

【产品应用】　本品主要应用于化学镀镍。

铝及铝合金化学镀镍的镀镍工艺如下:

(1)预处理:首先,使用质量分数为15%的NaOH溶液在60℃下对需要化学镀镍的铝件进行化学除油,然后用热水清洗,再用冷水冲洗直到不挂水珠;接着,用55g/L的NaOH溶液在55℃下脱氧化膜,用蒸馏水冲洗;之后,将脱氧化膜后的铝件放入本铝及铝合金化学镀镍的预处理活化液中进行碱性活化处理,碱活化处理的温度为25℃,时间为2min。活化处理后用冷水冲洗。

(2)化学镀镍处理:在温度85℃下对铝件进行化学镀镍处理,时间为120min。

【产品特性】　该预处理活化液不含有其他金属离子,预处理活化后的铝及铝合金件上不会带有其他金属离子,就不会对后续工序中的化学镀镍溶液造成污染,从而延长了化学镀镍溶液的使用寿命,且预处理活化液中没有剧毒品,不会对人的身体造成危害,不会对生产环境造成污染。

实例16　镁合金表面化学镀镍液

原料配比

原　料	配比（g/L）				
	1#	2#	3#	4#	5#
$NiSO_4 \cdot 6H_2O$	30	20	25	35	30
$NaH_2PO_2 \cdot H_2O$	30	20	25	15	20

原　料	配比（g/L）				
	1#	2#	3#	4#	5#
$C_6H_8O_7 \cdot H_2O$	25	10	15	25	25
氢氟酸(40%)	10mL	6mL	14mL	12mL	10mL
NH_4HF_2	10	14	6	8	10
硫脲	1	0.7	1.2	1	1
水	加至1L	加至1L	加至1L	加至1L	加至1L

【制备方法】　将各组分溶于水中,混合均匀即可。

【产品应用】　本品主要应用于化学镀镍。

镁合金化学镀镍的具体步骤如下:

(1)脱脂:采用丙酮或三氯乙烯为洗剂,将待处理的镁合金件在超声波作用下,浸泡清洗 2~5min。

(2)水洗:将脱脂处理后的镁合金先用自来水清洗 1~2min,再用去离子水洗 1~2min。

(3)碱洗:将水洗后的镁合金放置在碱洗液中,在室温下处理 1~2min。所用碱洗液含有 Na_3PO_4(以 $Na_3PO_4 \cdot 12H_2O$ 计其浓度为20g/L)和浓度为 40g/L 的 NaOH。

(4)水洗:用去离子水冲洗碱洗后的镁合金 1~2min。

(5)酸洗:室温下,将水洗后的铝合金放置于酸性洗液中处理 2~6min。该酸性洗液含有浓度为 200g/L 的 CrO_4^{2-} 和浓度为 1.5g/L 的 KF。

(6)水洗:用去离子水冲洗经过酸洗后的镁合金表面 1~2min。

(7)活化处理:室温下,将水洗后的镁合金放置于活化液中处理 15min,该活化液含有浓度为 60g/L 的 NH_4HF_2。

(8)化学镀镍:在80℃下,使用本品镀镍,施镀时间 4h,并要在施镀时不断缓慢搅拌,以在镁合金表面镀上一层具有良好耐蚀性的镀镍层。所得镀层均匀致密,镀层与基体结合牢固,在磷含量为 10.2% 的中性盐雾中测试96h,镀层没发生腐蚀现象。

【产品特性】 本品可在镁合金构件上形成均匀且具有良好耐酸、耐碱、耐盐性的优良镍层,避免了保护层厚度不均匀、在结构复杂部分发生漏喷、漏涂的现象,且显著提高了镁合金构件的防腐性能。

实例17 镁合金化学镀镍钨磷镀液

【原料配比】

原　　料	配比（g/L）	
	1#	2#
硫酸镍	11.5	18
钨酸钠	7.6	13
柠檬酸钠	30.3	40
次亚磷酸钠	15.2	18
碳酸钠	15.2	18
氟化氢铵	6	10
碘酸钾	0.0001	0.0001
蒸馏水或去离子水	加至1L	加至1L

【制备方法】 先用少量蒸馏水或去离子水分别溶解各固体原料,然后混合并稀释到要求的浓度,调整溶液的pH值至6~10,便得到产品。

【产品应用】 本品主要应用于镁合金的化学镀镍。

对镁合金工件施镀之前,应对镁合金工件表面进行前处理,前处理包括脱脂、碱洗和一步活化过程。然后,将工件放入加热到85℃±2℃的化学镀液中,超声波震荡施镀2h。每一步骤间用蒸馏水清洗干净,并使其在空气中停留时间尽量短。镀完后,应对镁合金工件进行水洗和干燥。

本品针对镁合金在镀液中产生基体腐蚀及pH值变化的问题采取的措施有:镀前在磷酸–氢氟铵活化液中对镁合金进行一次活化处理,在镁合金工件上形成一层氟化物保护膜,该保护膜在镀液中能稳定存在,能对基体起保护作用;在镀液中添加了一定量的氟化物,因为一定浓度的氟离子可以修复破损的氟化膜,保护基体;pH 值的调节采用添加剂碳酸钠作为缓冲剂。

【产品特性】 在按本品配方配制的镀液中进行化学镀,镁合金基体不会受镀液腐蚀,得到的镀层光滑、基体与镀层结合良好,具有较好的耐腐蚀能力。采用本品得到的镀层可作为镁合金单独的保护层,也可作为电镀的底层。

本品用硫酸镍代替碱式碳酸镍引入,并添加钨酸钠,使得镀层的耐腐蚀性、耐磨性能更好,且镀液配制方便,成本大为降低,同时也解决了化学镀镍层耐腐蚀性能、耐磨性能较低的问题。

实例18 镁合金化学镀镍液(1)

【原料配比】

(1)碱性化学镀镍溶液配比:

原　　料	配比(g/L)
硫酸镍	30
柠檬酸钠	25
次亚磷酸钠	15
碳酸氢钠	30
水	加至 1L

(2)酸性化学镀镍溶液配比:

原　　料	配比(g/L)
硫酸镍	20
柠檬酸钠	15
醋酸钠	15
次亚磷酸钠	25
水	加至 1L

【制备方法】

(1)碱性化学镀镍溶液的制备:先将配方中的原料分别用少量水溶解,然后混合稀释至1L,即获得碱性化学镀镍溶液。

(2)酸性化学镀镍溶液的制备:先将配方中的原料分别用少量水溶解,然后混合稀释至1L,利用硫酸和浓氨水将溶液pH值调至5.8,即获得酸性化学镀镍溶液。

【产品应用】　本品主要应用于镁合金的化学镀镍。

镁合金化学镀镍的方法为:

(1)进行前处理:包括除灰、清洗、烘干等步骤。

(2)表面喷砂处理:为使镁合金表面清洁、均匀需要进行喷砂处理。喷砂时,气压保持在0.03~0.07MPa,砂料可为棕刚玉、白刚玉、铁砂、玻璃珠等,尺寸在80~200目之间。

(3)超声波清洗1~10min:为去掉喷砂可能留下的砂料和更进一步去污,进行超声波清洗。

(4)表面预处理:为防止清洁的镁合金表面被氧化,在对镁合金进行镀镍前要进行预处理。表面预处理的方法是将镁合金部件放入每升含有胶体磷酸钛0.1~10g、磷酸1~5g的溶液中进行处理,生成转化膜。

(5)中和:为除去上一步中残留下的酸性物质,将经表面处理并清洗的镁合金部件,放入溶液中进行中和。

(6)碱性化学镀镍:此步是将经中和并水洗的镁合金部件放置在碱性化学镀镍溶液中镀镍的一道工序;溶液温度应保持在70~95℃,并放置10~60min。

(7)酸性化学镀镍:此步是将经过碱性化学镀镍并清洗后的镁合金部件放入酸性化学镀镍溶液中镀镍的一道工序;溶液温度应保持在50~90℃,并放置10~120min。

(8)烘烤:将镁合金部件从酸性化学镀镍溶液中取出,清洗干净,并烘烤干燥,则镁合金镀镍工序完成。

【产品特性】　本品采用无氟无铬化学镀工艺,有效解决了镁合金化学镀镍成本高、污染大的问题。

实例19   镁合金化学镀镍液(2)

【原料配比】

原　　料	配比（g/L）					
	1#	2#	3#	4#	5#	6#
硫酸镍	5	12.5	12.5	22	50	40
次亚磷酸钠	12.5	5	5	20	12.5	35
柠檬酸钠	3	45	3	45	18.5	3
硫脲	0.5mg	1.6mg	0.5mg	2mg	1mg	2mg
氟化钠	7	12	7	12	9	12
水	加至1L	加至1L	加至1L	加至1L	加至1L	加至1L

【制备方法】 将原料分别用水溶解,然后混合稀释至1L,即可获得本镁合金的化学镀镍溶液。

【产品应用】 本品主要应用于镁合金的化学镀镍。

用本镁合金化学镀镍溶液进行镁合金表面镀镍,包括以下工艺步骤:

(1)将表面清洁的镁合金部件放入浓度为15%的硝酸溶液中处理10~60s,然后在水中洗净。

(2)将用硝酸处理后的镁合金部件放在浓度为40%的氢氟酸中浸1~10min,然后在水中洗净。

(3)将经上述处理后的镁合金部件浸渍于用浓氨水调至pH值为5~7的上述化学镀镍溶液中进行化学镀镍,其工作温度为82~90℃,施镀时间按所需获得的镀覆层的厚度而定。

(4)将镀好的工件用水洗后烘干即可。

【产品特性】 化学镀镍溶液的成分简单,配制方便,成本较低,各种成分的浓度可在较大范围内变化,稳定性好,配制后可长期存放,操作十分方便,镀速高。当本镀液作为一次性(即一次镀后不再调整成分,而将其在40%氢氟酸中处理1~10min,然后在水中洗净,废液丢弃)镀液使用时,可在较高负载量的情况下一次性长时间施镀,使镀液中的有效成分接近耗尽,且施镀过程无须进行工艺监控。加温的方式采用水浴。利用该工艺可在镁合金表面镀覆功能性镀层。采用本品获得的化学镀镍层均匀光亮、平滑致密、结合力好,镀层为含磷量2%~11%的非晶态镍磷合金。镀速高达25μm/h,镀层可多次施镀,厚度可达2mm。

实例20　镁合金化学镀镍液(3)

【原料配比】

(1)碱性化学镀镍溶液配比:

原　　料	配比(g/L)	
	1#	2#
硫酸镍	30	20
柠檬酸钠	25	10
氟化氢铵	15	10
次磷酸钠	30	20
水	加至1L	加至1L

(2)酸性化学镀镍溶液配比:

原　　料	配比(g/L)	
	1#	2#
硫酸镍	25	15
柠檬酸钠	15	8
醋酸钠	10	8
次亚磷酸钠	25	15
氟化氢氨	15	10
水	加至1L	加至1L

(3)化学活化溶液配比:

原　　料	配比(g/L)	
	1#	2#
氟化氢铵	8	5
磷酸二氢铵	5	3
硼酸	2	1.5
丙酸	4	3
水	加至1L	加至1L

【制备方法】

(1)碱性化学镀镍溶液的制备:将原料分别用少量水溶解,然后混合稀释至1L,并用浓氨水及硫酸将溶液的pH值调整至8.0,即可得到碱性化学镀镍溶液。

(2)酸性化学镀镍溶液的制备:将原料分别用少量水溶解,然后混合稀释至1L,并用浓氨水及硫酸将溶液的pH值调整至5.4,即可得到酸性化学镀镍溶液。

(3)化学活化溶液的制备:将原料用少量水溶解,然后混合稀释至1L,并用浓氨水及硫酸将溶液的pH值调整至5.5,即可得到化学活化溶液。

【产品应用】 本品主要应用于镁合金的化学镀镍。

用本品进行化学镀镍的步骤如下:

(1)前处理:先对镁合金样品进行前处理,对其表面依次进行除灰、清洗、烤干;为进一步去除该镁合金样品表面上的污渍,在气压保持在0.03~0.07MPa,利用尺寸在80~200目之间的棕刚玉、白刚玉、铁砂及玻璃珠等砂料对该镁合金样品作表面喷砂处理,随后用超声波及水清洗该样品1~10min,以去除喷砂后可能留下的砂料。

(2)活化处理:为了使该镁合金样品不被腐蚀,可将该样品浸渍于上述配制好的化学活化溶液中处理10min,以生成化学转化膜;之后,还需用超声波及水清洗该样品。

（3）碱性化学镀镍:将活化后的镁合金样品清洗干净后,置于上述配制好的碱性化学镀镍溶液中处理15min,温度保持在50℃。

（4）酸性化学镀镍:该镁合金样品经上述处理后,还需用超声波及水清洗,清洗干净后再将该样品浸渍于上述酸性化学镀镍溶液中,处理温度为80℃,处理时间为120min。

（5）烘烤:将镀好的镁合金样品用超声波及水清洗后进行烘烤,烘烤温度为180℃,烘烤时间为60min。经上述各步骤后,即可完成在该镁合金样品表面的镀镍处理。

【产品特性】 本品采用无氟无铬化学镀工艺,可以有效地解决镁合金化学镀镍成本高、污染大的问题。

实例21 镁合金化学镀镍液(4)

【原料配比】

（1）除油溶液配比:

原　　料	配比（g/L）	
	1#	2#
焦磷酸钠	15	20
碳酸钠	8	10
硅酸钠	3	5
表面活性剂 OP-10	0.3	0.5
去离子水	加至1L	加至1L

（2）酸洗溶液配比:

原　　料	配比（g/L）	
	1#	2#
草酸	10	8
水溶性苯并三唑缓蚀剂（BTA）	2mL	3mL
去离子水	加至1L	加至1L

(3)活化液配比:

原　料	配比（g/L）	
	1#	2#
碳酸钠	8	10
氢氧化钠	0.8	1
去离子水	加至1L	加至1L

(4)化学镀镍溶液配比:

原　料	配比（g/L）		
	1#	2#	3#
硫酸镍	25	15	35
次亚磷酸钠	25	25	30
乳酸	3	3	5
柠檬酸钠	5	2	6
硫脲	1mg	1mg	0.9mg
碘酸钠	0.5mg	—	0.9mg
硝酸铈	0.6mg	0.8mg	0.1mg
氟化氢氨	15	15	10
氟化钠	6	6	8
去离子水	加至1L	加至1L	加至1L

(5)焦磷酸镀铜溶液配比:

原　料	配比（g/L）
三水焦磷酸铜	80
焦磷酸钾	300
氨水	3mL
CuMac PY XD7443 开缸剂	0.9mL
去离子水	加至1L

(6)光亮镀铜液配比:

原　　料	配比(g/L)
硫酸铜	200
硫酸	80
氯化物	100mL
CuMac 8000 建浴剂	2mL
CuMac 8000 Part A	0.6mL
CuMac 8000 Part B	2mL
去离子水	加至1L

【制备方法】　将各组分溶于去离子水中,混合均匀即可。

【产品应用】　本品主要应用于镁合金的化学镀镍。

镁合金工件镀镍的具体操作步骤如下:

(1)除油:将除油溶液加热到50℃,再将待处理的镁合金工件浸泡于除油溶液中,保持溶液温度为50℃,进行超声除油10min。

(2)热水洗:将上述经超声波除油的工件浸入50℃的去离子水中,浸泡处理2min。

(3)冷水洗:将上述经热水洗的工件在室温下,以流动的去离子水清洗2min。

(4)酸洗:将上述经冷水冲洗的工件浸入酸洗溶液中,在35℃下浸泡1min。

(5)冷水洗:工艺条件及操作方法同步骤(3)。

(6)活化:将经上述步骤处理的工件置于活化液中,在35℃下浸泡3min。

(7)冷水洗:操作条件及操作方法同步骤(3)。

(8)化学镀镍:将经过步骤(7)处理的工件浸入化学镀镍溶液中,控制化学镀镍溶液的温度为80℃,采用空气搅拌,化学镀镍的时间为 15min。

(9)冷水洗:操作条件及操作方法同步骤(3)。

(10)焦磷酸镀铜:将经过化学镀镍并经冷水洗净的工件浸入焦磷酸镀铜溶液中,焦磷酸镀铜溶液的温度为 55℃,采用空气搅拌,阴极电流密度为 5.0A/dm^2,镀铜时间为 12min。

(11)冷水洗:操作条件及操作方法同步骤(3)。

(12)光亮镀铜:将经过焦磷酸镀铜并水洗过的铸件浸入光亮镀铜溶液中,光亮镀铜溶液的温度为 30℃,采用空气搅拌,电流密度为 3.0A/dm^2,光亮镀铜时间为 28min。

(13)冷水洗:操作条件及操作方法同步骤(3)。

【产品特性】 由于本镁合金化学镀镍溶液中加入了硝酸铈,使基材与镀层结合力明显增加。本品提供的镁合金电镀预处理方法,工艺简单、操作方便、对环境污染少、基材与镀层结合力强、工件表面平整美观、成本低廉、经济效益高。

实例22 镁合金化学镀锌的镀液

【原料配比】

原　料		配比（g/L）				
		1#	2#	3#	4#	5#
锌盐(硫酸锌)		50	100	150	20	180
助剂	硫酸铜	5	—	—	10	—
	硝酸钠	—	10	—	—	—
	硫酸亚铁	—	—	20	20	—
	氯化铁	—	—	—	—	45
络合剂	焦磷酸钠	50	—	—	—	150
	EDTA	—	100	200	—	—
	三乙醇胺	—	—	—	150	150

原　　料		配比（g/L）				
		1#	2#	3#	4#	5#
缓蚀剂	硅酸钠	—	5	—	—	—
	钼酸钠	—	—	15	—	—
	磷酸钠	—	—	—	35	—
	磺酸钠	—	—	—	—	45
促进剂	硫脲	—	10	—	—	—
	氯化锡	—	—	20	—	—
	氯化铝	—	—	—	30	—
	氯化铜	—	—	—	—	40
活性剂	氯化钠	10	—	—	—	10
	十六烷基三甲基氯化铵	—	—	25	—	25
	硫酸镍	—	—	—	15	—
水		加至1L	加至1L	加至1L	加至1L	加至1L

【制备方法】　将原料中的各组分加入水中搅拌均匀,然后调节pH 值至 8～13 即可。

【产品应用】　本品主要应用于镁合金的化学镀锌。

镁合金化学镀锌方法:可以在 10～100℃ 下将镁合金工件在镀液中浸渍 0.5～30min,然后取出镁合金工件并水洗、干燥。在对镁合金工件进行化学镀锌之前,还可以对镁合金工件表面进行前处理,前处理可以包括脱脂、碱洗和酸洗。其中所述脱脂、碱洗和酸洗的步骤已为本领域技术人员所公知,在此不再赘述。

【产品特性】　本镀液中所述助剂可以辅助锌盐进行沉积,从而改善锌镀层的组织结构,提高锌镀层的致密度,阻隔空气中的氧与镁合金接触,从而有效地防止镁合金被腐蚀。当所述助剂为硫酸铜、硫酸亚铁和氯化铁中的一种或几种时,助剂中的其他金属离子可以与锌离子一起被还原成金属单质沉积在镁合金表面,从而可以调节锌镀层的颜色,使锌镀层呈现灰色和黑色等一系列颜色。

实例23 镁或其合金化学镀镍镀液

【原料配比】

原　料	配比(g/L)			
	1#	2#	3#	4#
硫酸镍	20	30	25	20
次亚磷酸钠	20	30	25	20
柠檬酸	5	7.5	6	7
乳酸	5mL	7.5mL	5mL	7mL
氢氟酸	5mL	—	5mL	10mL
醋酸铅	0.0005	—	0.0001	0.0001
氟化氢铵	—	15	10	5
糖精纳	—	2	—	0.1
聚乙二醇	—	0.0005	—	0.0001
硫脲	0.0005	—	0.0001	0.0001
水	加至1L	加至1L	加至1L	加至1L

【制备方法】 将各原料分别用少量的蒸馏水溶解后混合稀释至1L,然后使用氨水调节 pH 值至 6.2 即可。

【产品应用】 本品主要应用于镁及镁合金的化学镀。

【产品特性】

(1)使用硫酸镍替代碱式碳酸镍,大幅降低了化学镀的成本,且提高了镀液的配置效率,提高了工效,无须使用高浓度的氢氟酸,减少了对人和环境的毒害。

(2)使用柠檬酸和乳酸的复合络合剂,能使化学镀的镀速保持恒定,降低了初始沉积速度,提高了镀层的表面质量,且对镀液具有优良的缓冲作用,有效保持了镀液的 pH 值在 5.8~6.2 之间。

(3)本品在化学镀过程中不发生分解,且可得到光亮的镀层表面。

(4)使用本镀液得到的化学镀层结合力良好,耐蚀性能优良,表面外观光亮。

(5)本化学镀镍镀液的镀速在 13~18μm 之间,镀层的磷含量在 9.5%~10.2% 之间,镀层镀态硬度均值为 425(HV_{100}),镀态镀层可作为产品的最终表面使用。

实例 24　镁及镁合金化学镀镀液(1)

【原料配比】

原　料	配比(g/L)					
	1#	2#	3#	4#	5#	6#
氯化镍	40	20	55	40	35	45
柠檬酸	20	10	30	20	16	24
氟化氢铵	45	20	30	—	40	—
氟化铵	—	—	30	60	—	50
次亚磷酸钠	25	15	45	25	20	30
硫脲	0.001	0.0005	0.0015	0.001	0.0008	0.0011
十二烷基磺酸钠	0.3	0.1	0.5	0.3	0.2	0.4
水	加至1L	加至1L	加至1L	加至1L	加至1L	加至1L

【制备方法】　先用少量蒸馏水或去离子水分别溶解原料,然后混合并稀释到要求浓度,调整溶液的 pH 值至 6.5~7.0 即可。

【产品应用】　本品主要应用于镁及镁合金的化学镀。

【产品特性】　本品的镀液使用氯化镍取代碱式碳酸镍作为镍

盐引入,使得镁合金化学镀的成本大大降低,而且镀液的配制过程也大大简化。该镀液的配制过程中不需要氢氟酸,因此避免了环境污染。利用本品得到的镀层可以作为镁及镁合金单独的保护层,也可以作为普通电镀层的基底。

实例25　镁及镁合金化学镀镀液(2)

【原料配比】

原　　料	配比（g/L）			
	1#	2#	3#	4#
硫酸镍	30	15	40	30
柠檬酸	20	10	30	10
氢氟酸	60mL	—	—	30mL
氟化氢铵	—	20	—	20
氟化铵	—	—	60	—
次亚磷酸钠	30	15	40	30
硫脲	0.001	—	—	0.001
碘酸钾	—	0.003	—	—
醋酸铅	—	—	0.0005	—
水	加至1L	加至1L	加至1L	加至1L

【制备方法】　将原料分别用少量蒸馏水溶解,然后混合稀释至1L,配制好的镀液的 pH 值为6.5～7.0。

【产品应用】　本品主要应用于镁及镁合金的化学镀。

【产品特性】　本品使用硫酸镍取代碱式碳酸镍作为镍盐引入,使得镁合金化学镀的成本大大降低,而且镀液的配制过程也大大简化,效率提高。利用本品得到的镀层可以作为镁及镁合金单独的保护层,也可以作为普通化学镀或电镀层的基底。

实例26 面向等离子体镀层电镀液

【原料配比】

原　　料	配比（g/L）			
	1#	2#	3#	4#
钨酸钠	65	80	40	70
酒石酸钾钠	60	45	75	45
柠檬酸	40	50	30	15
硫酸亚铁	25	40	15	20
抗坏血酸	2	1	1.5	1
十二烷基磺酸钠	0.02	0.1	0.05	0.01
去离子水	加至1L	加至1L	加至1L	加至1L

【制备方法】 先加去离子水,再加入钨酸钠、酒石酸钾钠、柠檬酸、硫酸亚铁、抗坏血酸和十二烷基磺酸钠,按照所列顺序加入每种物质后必须分别充分搅拌,使其完全溶解。在抗坏血酸和十二烷基磺酸钠加入时,首先分别在烧杯中将其充分溶解,然后用氨水调 pH 值达 7~9,再加去离子水定容即可。

【产品应用】 本品主要应用于金属的电镀。

采用本品对金属工件进行电镀的步骤如下:

(1)对金属工件进行镀前处理:按照常规金属表面的处理方式进行除油、除锈、机械磨光、清洗、活化,或者将金属工件放入煮沸的10%氢氧化钠溶液中,碱洗15min,用清水冲洗后,再将工件放入15%的稀盐酸中酸洗15min,用清水冲洗,然后采用机械方法将表面难以去除的缺陷去除后,在超声波中清洗,最后用10%的稀盐酸活化,用去离子水清洗。

(2)电镀过程:将配好的电镀液升温到70℃,电镀过程中保持 pH 值稳定在8.0,电流密度为 $10A/dm^2$,阳极选用不锈钢材料,电镀1h,即可在金属表面形成均匀致密的钨合金镀层,镀层厚度为 60~70μm。

【产品特性】

(1)本品能在碳钢、合金钢、铜及其合金等基体材料上电镀得到光洁、均匀致密的面向等离子体钨合金镀层。

(2)本品所用各种化学试剂对环境无污染,镀液组分简单,镀液稳定性好可长期保存,覆盖能力和分散能力好。

(3)所采用的电镀工艺电流密度范围宽,温度范围也宽,使得电镀工艺简单易于掌握。

(4)由本品所获得的钨合金镀层中,钨含量占55%以上,镀层与基体结合牢固。

实例27 纳米复合化学镀层 Ni—P—Au 镀液

【原料配比】

原　　料	配比(g/L)		
	1#	2#	3#
硫酸镍	25	25	27
次磷酸钠	30	25	37
醋酸钠	30	20	23
柠檬酸钠	25	25	28
醋酸铅	0.003	0.004	0.003
金纳米粒子	5×10^{-6} mol	5×10^{-5} mol	3×10^{-7} mol
水	加至 1L	加至 1L	加至 1L

【制备方法】　将各组分溶于水中,混合均匀即可。

【产品应用】　本品主要应用于金属的化学镀。

【产品特性】

(1)本化学镀液中添加了金纳米粒子,由于金纳米粒子有稳定剂的保护作用,克服了粉体粒子在镀液中的团聚问题。

(2)本品的施镀温度比基础镀液降低10℃,同样的施镀时间,可以获得厚度增加,硬度提高,耐蚀性、耐磨性能优越的镀层,不但有利于节约能源,而且镀层的性价比大大提高。

实例28 耐海水腐蚀镍基多元合金的酸性化学镀液

【原料配比】

原　　料	配比（g/L）		
	1#	2#	3#
硫酸镍	8	10	12
次亚磷酸钠	38	41	45
柠檬酸三钠	15	17.5	20
乳酸	10mL	11mL	12mL
醋酸钠	15	17.5	20
硫酸铜	0.5	0.75	1
氯化铬	8	11.5	15
钼酸钠	0.4	0.6	0.8
聚乙二醇	0.15	0.225	0.3
碘化钾（稳定剂）	0.75mg	1mg	0.4mg
蒸馏水	加至1L	加至1L	加至1L

【制备方法】 先用蒸馏水或去离子水分别溶解原料,然后在搅拌条件下把硫酸铜、柠檬酸三钠、醋酸钠、乳酸、聚乙二醇、次亚磷酸钠、稳定剂、氯化铬、钼酸钠依次加入硫酸镍溶液中,稀释到接近要求的浓度,用氨水调整化学镀镍溶液的 pH 值至4.6～6,再稀释到要求浓度,在室温下静置10h,然后过滤,便完成了整个镀液的配制过程。

【产品应用】 本品主要应用于合金的化学镀。

进行化学镀时,将合金钢板经砂纸打磨、碱性除油、清水彻底冲洗、15% 盐酸中酸洗 30s、清水彻底冲洗、1.5% 盐酸中活化 30s、蒸馏水冲洗后,立即放入本镀液中施镀 20min。取出后,将合金钢板放入含聚乙二醇与柠檬酸三钠的 60℃的蒸馏水溶液中清洗 3min,浸泡 1min,再立即放入镀液中施镀 20min,如此反应 4 次,便可在低碳钢板上得到 $16\mu m$ 的均匀、致密、光滑的镍磷多元合金镀层。将该镀层在 5% NaCl

溶液中浸泡30d后,观察不到腐蚀;用称重法测腐蚀实验前后的质量后发现,失重为零。

【产品特性】 由本品获得的化学镀镍层为非晶态的均匀、光亮、平滑致密、结合力强的镀层。该镀层的脆性较镍磷二元合金得到了改善。镀液稳定性好,镀层致密度高,镀层中较高的铜含量可以使镀层免遭海洋生物的吸附。该镀层在海水中的耐蚀性优于铜基合金,克服了其他方法制备的镍基合金的易点蚀的缺点。在海水的腐蚀环境下,该镀层的耐蚀性还优于电镀锌镍层,是一种理想的替代电镀镉层的化学镀层。

实例29 镍电镀液

【原料配比】

原　　料	配比（g/L）				
	1#	2#	3#	4#	5#
六水合硫酸镍	91	—	91	91	91
氨基亚丙基膦酸	100	50	—	100	100
抗坏血酸	50	50	20	50	50
四水合氨基磺酸镍	—	140	—	—	—
氨基二乙酸	—	—	50	—	—
硼酸	—	—	—	—	50
水	加至1L	加至1L	加至1L	加至1L	加至1L

【制备方法】 将各组分溶于水中,混合均匀即可。

【产品应用】 本品主要应用于电镀镍。

电镀时,将等电镀基体与本镍电镀液接触,对该电镀液施加密度足够大的电流,并持续一段时间,以足以沉积镍层。可以使用多种电流密度。示范性的电流密度包括但不限于 $0.01 \sim 1A/dm^2$ 的电流密度,当使用脉冲电镀时,典型的电流密度为 $0.05 \sim 0.2A/dm^2$,然而也可使用高于或低于此范围的电流密度。电镀时间的改变,取决于所需镀层的厚度,但通常为 10 ~ 120min。

【产品特性】　本品对于待电镀的基体没有限制,可以电镀任何所需的基体,使用该电镀液可以使由陶瓷复合材料制成的电子部件如片状电阻器或片状电容器,得到理想地电镀,特别是该电镀液可以在陶瓷复合材料上沉积镍层,而不腐蚀基体材料。

实例30　镍磷合金化学镀液

【原料配比】

原　　　料	配比(g/L)
硫酸镍	26
次亚磷酸钠	28
柠檬酸钠	11
乳酸	8mL
丙酸	1mL
丁二酸	16
碘化钾(稳定剂)	2mL
聚乙二醇	1mL
蒸馏水	加至1L

【制备方法】　将各组分在常温常压下混合,加入到1L蒸馏水中,再用氨水调节 pH 值达5.0即可。

【产品应用】　本品主要应用于石油、化工、煤矿、纺织、造纸、汽车、食品、机械、电子计算机、航空航天等领域。

【产品特性】　化学镀镍磷具有集耐腐蚀和耐磨损于一身,硬度高,可焊接,润滑性好,在沟槽、螺纹、盲孔及复杂内腔均能镀覆高精度镀层等优良特性,可广泛应用于石油、化工、煤矿、纺织、造纸、汽车、食品、机械、电子计算机、航空航天等领域。本品为两元镀液,采用双络合剂柠檬酸钠和乳酸,双缓冲剂丙酸和丁二酸加稳定剂的特效匹配,使该镀液的寿命达12个周期(镀液初始镍离子含量被耗尽或补充一次为一个周期),一般化学镀液或者只采用单一络合剂和单一缓冲剂的化学镀液或者由于匹配不合理,通常寿命少于8个周期。本品稳定性较好,另由于使用原料组分少,从而易于对镀液进行维护和保养,降低了成本,可在大批量生产中重复并稳定使用。由该镀液镀出的镀层质量好,光亮度、耐蚀性及耐磨损性能均优于现有镀液。

实例31 镍钛合金复合化学镀液

【原料配比】

原　　料		配比(g/L)				
		1#	2#	3#	4#	5#
柠檬酸钠		26	29	36	32	30
硫酸铵		40	58	70	65	50
硫酸镍		5	5	13	8	10
硫酸钴		23	25	30	28	26
钨酸钠		0.3	0.8	3.3	1.6	2.2
药物	氟尿嘧啶	1000mg	—	—	—	—
	阿糖胞苷	—	100mg	—	—	—
	丝裂霉素	—	—	100mg	—	—
	甲氨蝶呤	—	—	—	100mg	—
	环磷酰胺	—	—	—	—	200mg
次磷酸钠		17	19	25	21	23
蒸馏水		加至1L	加至1L	加至1L	加至1L	加至1L

【制备方法】

(1)取柠檬酸钠和硫酸铵加入容器中,用蒸馏水300mL溶解得溶液。

(2)取硫酸镍、硫酸钴和钨酸钠依次加入容器中,用蒸馏水400mL溶解得溶液。

(3)在搅拌下将步骤(2)所得到的溶液加入到步骤(1)所得到的溶液中,得混合溶液。

(4)取可用于治疗疾病的药物加入容器中,用蒸馏水 20mL 溶解得药物溶液。

(5)将步骤(4)所得到的药物溶液在搅拌下缓慢加入步骤(3)所得到的混合溶液中,得到含治疗疾病药物的混合溶液。

(6)取次磷酸钠加入容器中,用蒸馏水 200mL 溶解次磷酸钠溶液。

(7)将得到的次磷酸钠溶液在搅拌下缓慢加入含治疗疾病药物的混合溶液中,得到混合溶液。

(8)用 15% 的氨水将最后得到的混合溶液的 pH 值调节至 8 ~ 10.5,然后用蒸馏水将该混合溶液稀释到 980mL;在 pH 计测试中,用 10% 氨水微调 pH 值至 8 ~ 10.5,最后用蒸馏水补充至 1L,即得到含治疗疾病药物的复合化学镀液。

【产品应用】 本品主要应用于镍钛合金的复合化学镀。

复合化学镀液用于复合化学镀载药磁性金属薄膜的工艺:将基材表面经碱洗、酸洗、敏化、活化处理后,在所述的复合化学镀液中于 45 ~ 85℃ 浸镀 60 ~ 200min,取出用清水洗涤干净,然后吹干,即得到外层镀有含药物的镍钴钨合金薄膜的镀件。

以镍钛合金丝或镍钛合金丝医用金属支架为例,复合化学镀载药镍钴钨合金薄膜的具体步骤如下:

(1)以镍钛合金丝或镍钛合金丝医用金属支架作为基材,先将基材依次进行碱洗、酸洗、敏化、活化处理。

(2)将复合化学镀液置于可控温的镀槽中,并将镀槽中的复合化学镀液用氨水调节 pH 值至 8 ~ 10.5,温度调节至 45 ~ 85℃。

(3)将预处理后的基材浸入镀槽中的复合化学镀液中实施化学镀,其间用搅拌机搅拌复合化学镀液,复合化学镀时间为 60 ~ 200min。镀后从镀槽中取出镀件,用清水洗涤 2 遍,并用电吹风吹干,即得到外层载有药物的磁性金属薄膜的镍钛合金丝或镍钛合金丝支架。

【产品特性】 本品可用于制备载药磁性医用金属支架,使该金属支架不仅具有物理治疗作用,而且还有化学药物治疗的作用,特别是它具有靶向作用,能使带磁性的药物吸附在支架上,对人体进行化学药物治疗,达到靶向和局部给药的目的。

实例32 钕铁硼永磁材料电镀液

【原料配比】

原　　料	配比（g/L）						
	1#	2#	3#	4#	5#	6#	7#
硫酸镍	280	300	320	290	310	300	315
氯化镍	35	40	45	38	42	45	39
次亚磷酸钠	35	45	55	40	50	52	48
硼酸	40	45	50	42	48	45	50
山梨醇	25	30	35	28	32	30	35
硫酸钕	0.2	0.4	0.6	0.8	0.3	0.5	0.7
水	加至1L	加至1L	加至1L	加至1L	加至1L	加至1L	加至1L

【制备方法】

(1)把硫酸镍、氯化镍、硼酸、山梨醇、硫酸钕加水溶解并混合均匀。

(2)把次亚磷酸钠加水溶解。

(3)在搅拌的条件下,把次亚磷酸钠溶液缓缓倒入硫酸镍等的混合溶液中,并搅拌均匀。

(4)加蒸馏水或去离子水至规定体积,并搅拌均匀即可。

【产品应用】 本品主要应用于钕铁硼永磁材料的电镀。

本电镀液使用方法为:施镀时用5%～10%的氢氧经钠调节pH值为3.0～5.0,加温至50～75℃,阴极电流密度2～8A/dm²,阳极为镍金属,阴极为磁体。

【产品特性】

(1)稀土钕的4f电子对原子核的封闭不严密,其屏蔽系数比主量子数相同的其他内电子要小,因而有较大的有效核电荷数,表现出较强的吸附能力。当它们以适宜的量加入镀液后,能够聚集在磁体表面,抑制了富钕相的腐蚀,在磁体表面获得一层致密、均匀的初始沉积层,同时还会吸附在基体表面的晶体缺陷处(如空位、位错露头、晶界等处),因而降低了表面能,提高了合金镀层的成核率,使沉积加快。

(2)通过稀土元素的特性吸附,改变了电极界面双电层的结构,从而影响了镍磷元素的电沉积和界面扩散过程,使镍原子不能到达正常的晶格结点,从而改变了镀层的显微结构,促进非晶态的形成。同时,稀土元素还可以改善镀液的深镀能力、分散能力和电流效率。

(3)稀土具有较好的络合性能,因而其离子在水溶液中易与无机及有机配合体形成一系列的络合物,促进了镀液中金属离子的平衡离解,减小了镀液自发分解的趋势,从而使镀液更加稳定不易分解,提高了镀液的稳定性。

(4)镀液中添加适量的稀土元素后,金属胞状物颗粒较细小而致密,镀层表面较为平整,胞状物隆起中心和边缘的落差小,层内金属的分布也相对均匀,成分起伏较小,因而使电化学腐蚀倾向降低,有效提高了镀层的耐腐蚀性能。

实例33　三价铬电镀液

【原料配比】

原　　料	配比（g/L）					
	1#	2#	3#	4#	5#	6#
六水氯化铬	15	20	18	15	20	18
氯化铵	90	100	95	90	100	95
甲酸铵	40	60	50	40	60	50
溴化铵	8	12	10	8	12	10
氯化钾	70	80	70	70	80	70
硼酸	40	70	60	40	70	60

原　料	配比（g/L）					
	1#	2#	3#	4#	5#	6#
硫酸钾	40	50	45	40	50	45
OP（润湿剂）	2mL	2mL	2mL	2mL	2mL	2mL
丙三醇	2mL	2mL	2mL	2mL	2mL	2mL
蒸馏水	加至1L	加至1L	加至1L	加至1L	加至1L	加至1L

【制备方法】

（1）在已经配制好的氯化铬溶液中加入配好的氯化铵溶液后，充分搅拌至其溶解在氯化铬溶液中。

（2）加入络合剂甲酸铵、氯化钾、硫酸钾、溴化铵、缓冲剂硼酸、润湿剂辛基酚聚氧乙烯醚（OP）以及光亮剂丙三醇。

（3）用40℃水浴加热混合物，使配制过程中的不溶物溶解。

（4）配制完成后，经抽滤陈化即得三价铬电镀液。

【产品应用】　本品主要应用于金属电镀。

采用本品对镀镍及镀铝工件进行镀铬的方法是：镀镍及镀铝工件先经过酸洗后，用本三价铬电镀液进行电镀，电镀的条件为：室温下，电流密度为 $15 \sim 30A/dm^2$，用适量硫酸调节镀液的 pH 值为 $4 \sim 5$，电镀时间为 $10 \sim 40min$，阳极电极为高纯石墨电极；电镀后用水将工件清洗干净，吹干即可。

【产品特性】

（1）本品的镀液易制备、低毒。

（2）本品的镀液中使用 OP 为润湿剂，OP 相对于其他润湿剂（如十二烷基苯磺酸钠）有更好的润湿效果，镀层结合力好、较厚且均匀，其光亮度接近于六价铬电镀镀层的光亮度。

主要参考文献

[1] 胡振云,蒋福涛,都甲用. 清洁燃料及制备方法:中国,01138808.0 [P].2002 - 6 - 19.

[2] 张存泰. 一种用于尼龙膜复合的聚氨酯胶粘剂:中国,200410034033.4 [P].2005 - 1 - 12.

[3] 杨志文,陈志强. 烹饪用食品添加剂:中国,200410066992.4[P]. 2006 - 4 - 5.

[4] 张静. 改性红辉沸石净水剂:中国,200510020301.1[P].2005 - 9 - 28.

[5] 杨辉,高基伟. 玻璃防雾剂及其制备方法:中国,200510061116.7 [P].2006 - 3 - 22.

[6] 颜科文. 混合型汽车干洗清洁剂:中国,200610026720.0[P].2007 - 11 - 21.

[7] 权力敏,曲奕. 冰箱消毒清洁剂:中国,200610042547.3[P].2007 - 9 - 5.

[8] 贺江,张丽萍,李小明,等. 钢质材料用低表面处理的带锈防锈底漆及制造方法:中国,200810115543.2[P].2008 - 11 - 5.

[9] 吴道新,肖忠良,刘迎,等. 一种化学镀钯液:中国,200910312132.7[P].2010 - 5 - 19.

[10] 张春晖. 一种薄层耐磨磷化液及其配制方法:中国,201010122354.5 [P].2010 - 7 - 28.